范畴论方法在计算机科学中的应用

FANCHOULUN FANGFA ZAI
JISUANJI KEXUE ZHONG DE YINGYONG

苗德成　王朝阳　刘新盛　编著

中山大學出版社
SUN YAT-SEN UNIVERSITY PRESS
·广州·

图书在版编目（CIP）数据

范畴论方法在计算机科学中的应用／苗德成，王朝阳，刘新盛编著．—广州：中山大学出版社，2020.11

ISBN 978－7－306－07019－7

Ⅰ．①范…　Ⅱ．①苗…②王…③刘…　Ⅲ．①范畴论—应用—计算机科学　Ⅳ．①TP3

中国版本图书馆 CIP 数据核字（2020）第 208881 号

出 版 人：王天琪
策划编辑：曾育林
责任编辑：曾育林
封面设计：曾　斌
责任校对：唐善军
责任技编：何雅涛
出版发行：中山大学出版社
电　　话：编辑部 020－84110283，84111996，84111997，84113349
　　　　　发行部 020－84111998，84111981，84111160
地　　址：广州市新港西路 135 号
邮　　编：510275　　　　传　真：020－84036565
网　　址：http://www.zsup.com.cn　　E-mail:zdcbs@mail.sysu.edu.cn
印 刷 者：广州市友盛彩印有限公司
规　　格：787mm×1092mm　1/16　11 印张　240 千字
版次印次：2020 年 11 月第 1 版　　2023 年 6 月第 2 次印刷
定　　价：68.00 元

内 容 简 介

作为一种高度抽象的数学理论，范畴论方法在计算机科学中的应用前景广阔. 本书作者从事范畴论方法在计算机科学中应用领域的研究工作十余年，大部分内容是作者近期的研究成果. 全书内容包括 5 章：第 1 章从范畴论方法在计算机科学中应用的角度介绍了本书研究所需的基本定义及其相关运算，第 2 章讨论了范畴论方法在形式语言中的应用，第 3 章讨论了范畴论方法在数据类型中的应用，第 4 章讨论了范畴论方法在数据库系统中的应用，第 5 章讨论了范畴论方法在共享系统数据模型中的应用.

本书可作为高等学校数学、计算机相关专业高年级本科生、研究生的教材，也适合从事相关领域研究的广大科研工作者参考.

前　言

20 世纪 40 年代，S. Eilenberg 和 S. MacLane 在研究同调代数时引入了范畴概念，用以描述“自然同构”的确切含义. 经过几十年的发展，范畴论的理论体系已成熟，成为一门新的数学理论，为形式系统及其间的多样化联系提供了一种高度抽象、简洁统一、灵活扩展的数学语言. 范畴论方法在计算机科学中，尤其是形式语言理论、程序设计方法学等领域有广泛的应用，为理解计算机体系结构，抽象描述软件规范与程序间的联系提供了一种具有普适意义的数学方法、理论工具和研究手段.

本书着重介绍范畴论方法在计算机科学中的应用. 本书由 5 章内容构成：

第 1 章从范畴论方法在计算机科学中应用的角度给出本书研究所需的基本定义及其相关运算. 首先给出范畴的形式化定义，引入对偶原理，在函子概念的基础上简要论证了自然变换复合定理. 介绍极限的 3 种形式：锥与共锥、等值子与共等值子、拉回与推出. 引入伴随函子的概念并分析了伴随结构，简要介绍 Fibrations 方法与有限离散素描.

第 2 章讨论范畴论方法在形式语言中的应用. 建立一种形式语言代数模型 FL，将 FL 扩展为一种类 Java 的内核小语言 KSL，提出语言重用的概念. 在此基础上，构造了语言族模型 $\{L_i\}$，并论证 $\{L_i\}$ 的范畴结构. 建立一种基于模的范畴语义计算模型 M_K，应用 M_K 对 KSL 的范畴语义解释及其语义规则进行描述与分析. 最后，建立形式文法模型 $\boldsymbol{G}$ 上的形式语言模型 $L(\boldsymbol{G})$，在语言族模型 $\{L_i\}$ 内对形式语言模型 $L(\boldsymbol{G})$ 转换的语义一致性与完备性进行了初步地探讨.

第3章讨论范畴论方法在数据类型中的应用. 主要内容包括：首先构建谓词fibration的语义模型，应用保持真值的函子提升与折叠函数对简单归纳数据类型的语义性质及其归纳规则进行分析与描述；其次，基于伴随函子及其伴随性质构造真值函子、内涵函子等fibration上的基本结构，建立非索引fibration的语义模型对纤维化归纳数据类型的语义性质进行了分析，并描述其具有普适意义的归纳规则；再次，建立纤维化索引fibration、单类索引fibration与多类索引fibration的语义模型，对纤维化、单类与多类3种索引归纳数据类型的语义性质及其归纳规则进行分析与描述；最后，对简单共归纳数据类型与索引共归纳数据类型的语义行为及其共归纳规则进行分析与描述.

第4章讨论范畴论方法在数据库系统中的应用. 首先分析时态数据模型的研究现状，建立一种形式化时态数据模型*FTDM*与时态形式语言模型*L*(*FTDM*)，应用语言重用建立时态形式语言族模型，并在此基础上构造时态形式语言模型范畴，简要探讨时态数据库系统的开发；其次，应用素描工具建立范畴数据模型*SDM*，设计了ER模型向*SDM*转换的算法并进行相关工作的比较；最后，研究了数据库系统的视图更新问题.

第5章讨论范畴论方法在共享系统数据模型中的应用. 主要内容包括：建立范畴共享系统数据模型*CSD*，分析与描述*CSD*的语义性质和语义行为. 简要分析了范畴共享系统数据模型研究当前面临的主要问题.

本书的写作得到了广东省自然科学基金(2018A0303130274)与广东省高等学校优秀青年教师培养计划项目(YQ2014155)的共同资助.

由于本书编写时间仓促，加之作者水平有限，书中难免出现失误和不足，诚挚希望读者不吝赐教.

编著者

2019年11月

符号说明

$\boldsymbol{O}bj\ \mathscr{C}$	范畴$\mathscr{C}$的全体对象
$\boldsymbol{M}or\ \mathscr{C}$	范畴$\mathscr{C}$的全体态射
dom	论域函数
cod	共论域函数
$\circ$	态射的复合操作
id	恒等态射
Id	恒等函子
$\exists!$	表示摹状词唯一存在
$\boldsymbol{S}et$	集合范畴
$\mathscr{C}/A$	A 上的切片范畴
$\mathscr{C}^{\to}$	$\mathscr{C}$的射范畴
$\mathscr{C}^{\mathrm{op}}$	$\mathscr{C}$的对偶范畴
$\cong$	同构
$\mathbf{0}$	初始对象
$\mathbf{1}$	终结对象
$\boldsymbol{F}in\boldsymbol{S}et$	有穷集合范畴
$\mathscr{C}_1\times\mathscr{C}_2$	范畴$\mathscr{C}_1$，$\mathscr{C}_2$ 的积范畴
$\mathscr{C}_1+\mathscr{C}_2$	范畴$\mathscr{C}_1$，$\mathscr{C}_2$ 的和范畴
$\uplus$	不相交并
$\approx$	同余
$[f]$	态射f的同余类
$\mathscr{C}/_{\approx}$	商范畴
$Cons$	常函子
Inc	包含函子
$\boldsymbol{G}p$	群范畴
U	遗忘函子

$\boldsymbol{Cat}$	局部小范畴及其函子构成的范畴
$Quot$	商函子
$\boldsymbol{F}un(\mathscr{C},\mathscr{D})$	范畴$\mathscr{C}$到范畴$\mathscr{D}$的函子范畴
F^{-1}	函子 F 的逆
$\sim$	等价
Equ	等价函子
$\mathscr{C}_G$	范畴$\mathscr{C}$的基础图
Dia	图表
$eq(f,g)$	平行态射f与 g 的等值子
$ceq(f,g)$	平行态射f与 g 的共等值子
$Ker(f)$	态射f的核对
$F\dashv G:\mathscr{C}\to\mathscr{D}$	伴随函子
η	伴随函子的单位
ε	伴随函子的共单位
$\mathscr{C}[C,G(D)]$	范畴$\mathscr{C}$中对象 C 到 $G(D)$间的态射集
(T,η,μ)	范畴$\mathscr{C}$上的一个模
$\boldsymbol{Alg}_F$	F - 代数范畴
$(\mu F,in)$	$\boldsymbol{Alg}_F$ 中初始 F - 代数
$fold$	折叠函数
$\boldsymbol{Coalg}_F$	F - 共代数范畴
$(out,\nu F)$	$\boldsymbol{Coalg}_F$ 中终结 F - 共代数
$unfold$	共折叠函数
EM_T	Eilenberg-Moore 范畴
$\mathscr{K}$	Kleisli 范畴
$f_Y^{\downarrow}$	f与 Y 的卡式射
$Sub(\mathscr{B})$	子对象范畴
$\mathscr{T}_C$	对象 C 上的纤维
$f_{\downarrow}^X$	f与 X 的对偶卡式射
$\boldsymbol{S}$	有限离散素描
$\boldsymbol{L}$	有限离散锥集
$\boldsymbol{K}$	有限离散共锥集

$\boldsymbol{Mod}(M,\ \mathscr{D})$	模型范畴
$\boldsymbol{Th}(\boldsymbol{S})$	素描 $\boldsymbol{S}$ 的理论
(S,Σ)	标记
KSL	内核小语言
$\{L_i\}$	语言族模型
$\mathscr{L}$	形式语言范畴
$\Rightarrow$	语义蕴涵
$\models$	语法推导关系
$\triangleq$	语义解释
$\perp$	底元素
$\boldsymbol{F}_{GC}$	形式文法模型范畴
$\boldsymbol{F}_{LC}$	形式语言模型范畴
$L(\boldsymbol{G})$	形式文法 $\boldsymbol{G}$ 上的形式语言模型
SYN	$L(\boldsymbol{G})$的语法域
SEM	$L(\boldsymbol{G})$的语义域
$\triangleright$	形式可推导
$\sqsubseteq$	逻辑蕴涵
$\mathscr{P}$	谓词范畴
f^*	重索引函子
$^*f$	对偶重索引函子
$Alg(T)$	F - 代数范畴 $\boldsymbol{Alg}_F$ 到 $F^\perp$ - 代数范畴 $\boldsymbol{Alg}_{F^\perp}$ 的函子
$Alg\{-\}$	$F^\perp$ - 代数范畴 $\boldsymbol{Alg}_{F^\perp}$ 到 F - 代数范畴 $\boldsymbol{Alg}_F$ 的函子
(A,P)	纤维化索引归纳数据类型
$<X,P>$	谓词
$(B,b\times Pa)$	(A,P)沿 f 的索引共积
$I^\perp$	由索引 fibration I 归纳的代数 fibration
P/I	单类索引 fibration
$Rel(P)$	fibration P 的关系 fibration
$Rel(P/I)$	P/I 的关系 fibration
$FTDM$	形式化时态数据模型
$L(FTDM)$	时态形式语言模型

SDM	素描数据模型
V^*	数据库视图更新函子
SD	共享系统数据模型

目　录

第1章　范畴论基础 ······ 1
1.1　范畴与对偶原理 ······ 1
1.2　函子与自然变换复合定理 ······ 6
1.3　极限 ······ 9
1.3.1　锥与共锥 ······ 11
1.3.2　等值子与共等值子 ······ 14
1.3.3　拉回与推出 ······ 15
1.4　伴随 ······ 17
1.4.1　伴随函子 ······ 17
1.4.2　模 ······ 19
1.4.3　Eilenberg-Moore 范畴 ······ 21
1.4.4　Kleisli 范畴 ······ 25
1.5　Fibrations 方法 ······ 25
1.6　有限离散素描 ······ 29

第2章　在形式语言中的应用 ······ 33
2.1　形式语言代数模型 ······ 33
2.1.1　形式语言代数模型 ······ 34
2.1.2　内核小语言 *KSL* ······ 34
2.1.3　语言重用 ······ 36
2.1.4　可重用的语言族模型 ······ 36
2.2　基于模的语义计算模型 ······ 39
2.2.1　范畴语义计算模型研究现状 ······ 39
2.2.2　一种基于模的范畴语义计算模型 ······ 40
2.2.3　*KSL* 的语义解释 ······ 42
2.2.4　*KSL* 的语义规则 ······ 43
2.2.5　相关工作比较 ······ 44

2.3 形式语言模型转换 …………………………………………… 45
2.3.1 形式语言模型研究现状 …………………………………… 46
2.3.2 形式文法模型与形式语言模型 …………………………… 48
2.3.3 形式文法模型范畴与形式语言模型范畴 ………………… 49
2.3.4 形式语言模型转换的语义一致性 ………………………… 50
2.3.5 完备性分析 …………………………………………………… 52
2.3.6 相关工作比较 ………………………………………………… 53

第3章 在数据类型中的应用 ………………………………………… 55
3.1 简单归纳数据类型 …………………………………………… 55
3.1.1 谓词 fibration …………………………………………………… 56
3.1.2 谓词 fibration 的语义模型 ……………………………………… 57
3.1.3 简单归纳数据类型的语义性质 …………………………… 59
3.1.4 简单归纳数据类型的归纳规则 …………………………… 61
3.2 纤维化归纳数据类型 ………………………………………… 62
3.2.1 重索引函子与对偶重索引函子 …………………………… 62
3.2.2 非索引 fibration 的语义模型 …………………………………… 64
3.2.3 纤维化归纳数据类型的语义性质 ………………………… 65
3.2.4 纤维化归纳数据类型的归纳规则 ………………………… 67
3.3 索引归纳数据类型 …………………………………………… 69
3.3.1 纤维化索引归纳数据类型 ………………………………… 69
3.3.1.1 纤维化索引 fibration 的语义模型 ………………………… 70
3.3.1.2 纤维化索引归纳数据类型的语义性质与归纳规则 …………………………………………………………… 71
3.3.1.3 Beck-Chevalley 条件与代数 fibration ……………………… 73
3.3.1.4 纤维化索引归纳数据类型的语法构造…………………… 75
3.3.1.5 纤维化索引归纳数据类型的不确定语义计算…… 77
3.3.2 单类索引归纳数据类型 …………………………………… 81
3.3.2.1 单类索引 fibration 的语义模型 …………………………… 81
3.3.2.2 单类索引归纳数据类型的语义性质…………………… 83
3.3.2.3 单类索引归纳数据类型的归纳规则…………………… 84
3.3.3 多类索引归纳数据类型 …………………………………… 85

3.3.3.1　多类索引 fibration 的语义模型 …… 85
3.3.3.2　多类索引归纳数据类型的语义性质 …… 87
3.3.3.3　多类索引归纳数据类型的归纳规则 …… 88
3.4　小结 …… 90
3.5　简单共归纳数据类型 …… 91
3.5.1　关系 fibration 与等式函子 …… 92
3.5.2　简单共归纳数据类型的语义行为 …… 93
3.5.3　简单共归纳数据类型的共归纳规则 …… 95
3.5.4　相关研究 …… 98
3.6　索引共归纳数据类型 …… 99
3.6.1　单类索引 fibration 与其等式函子 …… 100
3.6.2　商函子与保持等式的提升 …… 101
3.6.3　索引共归纳数据类型的语义行为 …… 102
3.6.4　索引共归纳数据类型的共归纳规则 …… 104

第 4 章　在数据库系统中的应用 …… 108
4.1　时态数据模型 …… 108
4.1.1　时态数据模型研究现状 …… 109
4.1.2　时间模型 …… 111
4.1.3　形式化时态数据模型 …… 111
4.1.4　时态形式语言模型 …… 113
4.1.5　时态形式语言模型族 …… 117
4.2　范畴数据模型 …… 117
4.2.1　范畴数据模型相关研究工作 …… 118
4.2.2　词范畴与扩张函子 …… 119
4.2.3　范畴数据模型 *SDM* …… 120
4.2.4　*ER* 模型向 *SDM* 转换的算法 …… 121
4.2.5　相关工作比较 …… 123
4.2.6　范畴数据模型的总结与展望 …… 125
4.3　视图更新 …… 126
4.3.1　视图定义映射的提升 …… 127
4.3.2　视图更新函子的分裂性 …… 130

4.3.3 视图更新函子的 Grothendieck 构造 …………………… 130

第 5 章 在共享系统数据模型中的应用 ………………………… 134
5.1 范畴共享系统数据模型的研究现状 ……………………… 135
5.2 范畴共享系统数据模型的建立 …………………………… 137
5.3 语义性质分析 ……………………………………………… 138
5.4 语义行为描述 ……………………………………………… 141
5.5 主要工作与贡献 …………………………………………… 143
5.6 范畴共享系统数据模型研究当前面临的主要问题 ……… 144

参考文献 ………………………………………………………… 146
索　　引 ………………………………………………………… 157

第 1 章　范畴论基础

范畴论是描述形式系统内部结构及其性质的数学方法，研究对象的普适性与相关性，注重对象间的联系而不局限于特定计算环境的约束．范畴论方法适于建立较高抽象层次的数学模型．我们从范畴论方法在计算机科学中应用的角度出发，给出本书研究所需的基本定义及其相关运算．

1.1　范畴与对偶原理

范畴是一个重要的基础概念，在引入范畴定义前我们先做一些常用记号上的约定：本书用大写英文花体字母，如$\mathscr{C}$、$\mathscr{D}$等，表示范畴；范畴中的对象用大写英文字母表示，态射用小写英文字母表示；恒等态射(identity morphism)用 id 表示，恒等函子(identity functor)用 Id 表示；自然变换(natural transformation)用小写希腊字母表示，$\exists!$ 表示摹状词(description)唯一存在．

定义 1.1(范畴)　范畴$\mathscr{C}$是一个形式系统，$\mathscr{C}=(\boldsymbol{Obj}\ \mathscr{C},\boldsymbol{Mor}\ \mathscr{C},\mathrm{dom},\mathrm{cod},\circ)$，其中：

(1)$\boldsymbol{Obj}\ \mathscr{C}$是范畴$\mathscr{C}$的全体对象，其个体称为$\mathscr{C}$的对象．

(2)$\boldsymbol{Mor}\ \mathscr{C}$是范畴$\mathscr{C}$的全体态射，其个体称为$\mathscr{C}$的态射．

(3)$\mathrm{dom}:\boldsymbol{Mor}\ \mathscr{C}\to\boldsymbol{Obj}\ \mathscr{C}$称为论域(domain)函数，若$\exists f: A\to B\in\boldsymbol{Mor}\ \mathscr{C}$，则 $\mathrm{dom}(f)=A$．

(4)$\mathrm{cod}:\boldsymbol{Mor}\ \mathscr{C}\to\boldsymbol{Obj}\ \mathscr{C}$称为共论域(codomain)函数，若$\exists f: A\to B\in\boldsymbol{Mor}\ \mathscr{C}$，则 $\mathrm{cod}(f)=B$．

(5)$\circ:\boldsymbol{Mor}\ \mathscr{C}\times\boldsymbol{Mor}\ \mathscr{C}\to\boldsymbol{Mor}\ \mathscr{C}$称为态射的复合，若$\exists f: A\to B, g: B\to C\in\boldsymbol{Mor}\ \mathscr{C}$，则 $g\circ f: A\to C\in\boldsymbol{Mor}\ \mathscr{C}$．

同时，范畴$\mathscr{C}$满足以下三个条件：

(1)匹配条件．若$f,g\in\boldsymbol{Mor}\ \mathscr{C}$，且 $\mathrm{cod}(f)=\mathrm{dom}(g)$，则称 $g\circ f$ 有定义．若 $g\circ f$ 有定义，则 $g\circ f\in\boldsymbol{Mor}\ \mathscr{C}$，$\mathrm{dom}(g\circ f)=\mathrm{dom}(f)$且 $\mathrm{cod}(g\circ f)$

$=\mathrm{cod}(g)$.

(2)结合律条件. 若 $g\circ f$, $h\circ g$ 有定义, 则 $h\circ(g\circ f)=(h\circ g)\circ f$.

(3)恒等态射存在条件. 对 $\forall A\in \boldsymbol{Obj}\ \mathscr{C}$, 存在唯一的恒等态射 id_A, 即 $\exists !id_A$: $A\to A\in \boldsymbol{Mor}\ \mathscr{C}$, 有 $\mathrm{dom}(id_A)=\mathrm{cod}(id_A)=A$. 若 $\mathrm{dom}(f)=A$, 则 $f\circ id_A=f$; 若 $\mathrm{cod}(g)=A$, 则 $id_A\circ g=g$.

在给定集合论模型中, 以集合为对象, 函数为态射构造集合范畴, 记为 $\boldsymbol{Set}$. 定义 1.1 中的复合运算 $\circ$ 是范畴的基本操作, $\boldsymbol{Set}$ 中的复合运算为函数的合成操作. 下面, 我们给出局部小范畴(local small category)的定义.

定义 1.2(局部小范畴) 范畴 $\mathscr{C}$, $\forall A,B\in \boldsymbol{Obj}\ \mathscr{C}$, 若由 A 到 B 的所有态射构成集合, 则称 $\mathscr{C}$ 为局部小范畴.

范畴论方法在计算机科学中应用的主要思路是: 将具有相似特征的不同研究对象及其关系高度抽象为统一的范畴概念, 而态射则是实现这种抽象的数学工具. 同时, 每个对象均可由恒等态射等价替换, 即态射是范畴论研究与应用的核心. 当前部分文献基于特定应用领域业务逻辑的考虑不预设集合论模型, 不要求任意两个对象间的全体态射构成集合. 但从计算机处理有限离散对象的实际应用角度分析, 将态射的全体限定在集合内是合适的. 本书所有的研究内容均基于定义 1.2 的局部小范畴.

例 1.1 范畴 $\mathscr{C}$, $A\in \boldsymbol{Obj}\ \mathscr{C}$, 记 $\mathscr{C}$ 中以 A 为共论域的态射 $f: B\to A$ 为二元组 (B,f). 构造一个所有以 A 为共论域的态射为对象的新范畴 $\mathscr{C}/A$, 对 $\mathscr{C}/A$ 中另一对象 (C,g), 令 (B,f) 与 (C,g) 间的态射为 $h: (B,f)\to(C,g)\in Mor\ (\mathscr{C}/A)$ 是范畴 $\mathscr{C}$ 中的态射 $h: B\to\mathscr{C}$, 并使得 $f=g\circ h$, 则称 $\mathscr{C}/A$ 为 A 上的切片范畴(Slice Category).

例 1.2 范畴 $\mathscr{C}$, 以 $\mathscr{C}$ 的态射为对象, 以态射间的映射为态射, 构成 $\mathscr{C}$ 的射范畴(arrow category), 记为 $\mathscr{C}^{\to}$. 即对 $\forall f: A\to B, g: C\to D\in \boldsymbol{Obj}\ \mathscr{C}^{\to}$, 从 f 到 g 的态射为序对 $(h,k): f\to g\in \boldsymbol{Mor}\ \mathscr{C}^{\to}$, $h: A\to C, k: B\to D$, 且满足 $k\circ f=g\circ h$.

例 1.3 范畴 $\mathscr{C}$, 以 $\mathscr{C}$ 的对象为对象, 以 $\mathscr{C}$ 的反向态射为态射, 构成 $\mathscr{C}$ 的对偶范畴, 记为 $\mathscr{C}^{\mathrm{op}}$. 即 $\forall f: A\to B\in \boldsymbol{Mor}\ \mathscr{C}$, $\exists f^{\mathrm{op}}: B\to A\in \boldsymbol{Mor}\ \mathscr{C}^{\mathrm{op}}$.

对任意范畴 $\mathscr{C}$, 都有 $(\mathscr{C}^{\mathrm{op}})^{\mathrm{op}}=\mathscr{C}$ 成立. 任意概念与命题, 可定义其对偶的概念与命题, 从而得到下面的对偶原理(duality principle).

对偶原理　若 P 是一个关于所有范畴都为真的命题，则 P 的对偶命题 P^{op} 也是一个关于所有范畴都为真的命题.

由对偶原理可知，对范畴论中任意一对对偶命题或定理，只需要证明其中一个成立，其对偶命题或定理亦成立.

下面，我们给出范畴中三类重要的态射类型：单态射(monomorphism)、满态射(epimorphism)与双态射(bimorphism).

定义 1.3(单态射)　范畴 $\mathscr{C}$，$f: A \to B \in \boldsymbol{Mor}\ \mathscr{C}$. 若对范畴 $\mathscr{C}$ 中任意的一对态射 $g,h: C \to A$ 使 $f \circ g = f \circ h$，则有 $g = h$，并称 f 是一个单态射.

定义 1.4(满态射)　范畴 $\mathscr{C}$，$f: A \to B \in \boldsymbol{Mor}\ \mathscr{C}$. 若对范畴 $\mathscr{C}$ 中任意的一对态射 $g,h: B \to C$ 使 $g \circ f = h \circ f$，则有 $g = h$，并称 f 是一个满态射.

定义 1.5(双态射)　范畴 $\mathscr{C}$，$f: A \to B \in \boldsymbol{Mor}\ \mathscr{C}$. 若 f 即是单态射又是满态射，则称 f 是一个双态射.

由对偶原理可知，单态射与满态射是对偶概念，而双态射则是自对偶(endo-dual)概念. 集合范畴 $\boldsymbol{Set}$ 中的单态射是单射函数，满态射是满射函数，双态射是双射函数. 对范畴 $\mathscr{C}$ 中的另一个态射 g，若 $\mathrm{cod}(f) = \mathrm{dom}(g)$，且 $g \circ f$ 是双态射，则 f 是单态射，g 是满态射.

对 $f: A \to B \in \boldsymbol{Mor}\ \mathscr{C}$，如果 $\exists g: B \to A \in \boldsymbol{Mor}\ \mathscr{C}$，使得 $g \circ f = id_A$ 且 $f \circ g = id_B$，则称态射 f 是一个同构态射(isomorphism). A 与 B 是同构对象，记为 $A \cong B$. 由对偶原理可知，同构是一个自对偶性质. 若 f 是一个同构态射，则 f 同时也是一个双态射.

对应地，我们给出单态射、满态射与双态射的弱化概念：常态射(constant morphism)、共常态射(coconstant morphism)与零态射(zero morphism).

定义 1.6(常态射)　范畴 $\mathscr{C}$，$f: A \to B \in \boldsymbol{Mor}\ \mathscr{C}$. 若对范畴 $\mathscr{C}$ 中任意一对态射 $g, h: C \to A$ 都有 $f \circ g = f \circ h$，则称 f 是一个常态射.

定义 1.7(共常态射)　范畴 $\mathscr{C}$，$f: A \to B \in \boldsymbol{Mor}\ \mathscr{C}$. 若对范畴 $\mathscr{C}$ 中任意一对态射 $g,h: B \to C$ 都有 $g \circ f = h \circ f$，则称 f 是一个共常态射.

定义 1.8(零态射)　范畴 $\mathscr{C}$，$f: A \to B \in \boldsymbol{Mor}\ \mathscr{C}$. 若 f 即是常态射又是共常态射，则称 f 是一个零态射.

对比定义 1.3 与定义 1.6，我们发现，如果不要求定义 1.3 中的条件：$g = h$，则单态射弱化为常态射. 满态射与共常态射也类似. 由对偶原理可知，常态射与共常态射是对偶概念，零态射是自对偶概念. 集合范畴 $\boldsymbol{Set}$ 中的常态射是常函数.

下面，我们给出范畴论中两类重要的对象类型：初始对象（initial object）与终结对象（terminal object）.

定义 1.9（初始对象） 范畴$\mathscr{C}$，$A \in \boldsymbol{Obj}\ \mathscr{C}$．若对范畴$\mathscr{C}$中任意一个对象 B，从 A 到 B 有唯一的一个态射，则称 A 是初始对象.

定义 1.10（终结对象） 范畴$\mathscr{C}$，$A \in \boldsymbol{Obj}\ \mathscr{C}$．若对范畴$\mathscr{C}$中任意一个对象 B，从 B 到 A 有唯一的一个态射，则称 A 是终结对象.

由对偶原理可知，初始对象与终结对象是对偶的概念，且在同构意义下，初始对象与终结对象若存在，则唯一．本书约定：初始对象与终结对象分别用加粗正体数字 $\mathbf{0}$ 与 $\mathbf{1}$ 表示．集合范畴 $\boldsymbol{Set}$ 中的初始对象是空集，终结对象是单点集.

令 $\mathbf{0}$ 与 $\mathbf{1}$ 分别是范畴$\mathscr{C}$的初始对象与终结对象，$\forall A \in \boldsymbol{Obj}\ \mathscr{C}$，$\exists ! i : \mathbf{0} \to A \in \boldsymbol{Mor}\ \mathscr{C}$，$\exists ! t : A \to \mathbf{1} \in \boldsymbol{Mor}\ \mathscr{C}$，则 i 是共常态射，t 是常态射.

本节最后，我们给出子范畴、全子范畴（full subcategory）、积范畴（product category）、和范畴（sum category）与商范畴（quotient category）等常用概念.

定义 1.11（子范畴） 范畴$\mathscr{C}$，$\mathscr{D}$，若满足以下条件：

（1）$\boldsymbol{Obj}\ \mathscr{D} \subseteq \boldsymbol{Obj}\ \mathscr{C}$，$\boldsymbol{Mor}\ \mathscr{D} \subseteq \boldsymbol{Mor}\ \mathscr{C}$

（2）$\mathscr{D}$中的复合与$\mathscr{C}$中的复合相同.

（3）$\mathscr{D}$中的恒等态射与$\mathscr{C}$中的恒等态射相同，则称$\mathscr{D}$是$\mathscr{C}$的子范畴.

定义 1.12（全子范畴） 令$\mathscr{D}$是$\mathscr{C}$一个子范畴，若 $\forall A, B \in \boldsymbol{Obj}\ \mathscr{D}$，$\mathscr{D}$中由 A 到 B 的态射集与$\mathscr{C}$中由 A 到 B 的态射集相等，则称$\mathscr{D}$是$\mathscr{C}$的全子范畴.

定义 1.11 中的子范畴关系是自反、传递和反对称的．任意一个范畴都有两个平凡的子范畴，即空范畴及其自身．以有穷集合为对象，有穷集合间的函数为态射，构成有穷集合范畴 $\boldsymbol{FinSet}$．$\boldsymbol{FinSet}$ 是 $\boldsymbol{Set}$ 的一个全子范畴.

定义 1.13（积范畴） 范畴$\mathscr{C}_1$，$\mathscr{C}_2$，积范畴$\mathscr{C}_1 \times \mathscr{C}_2$ 的定义为：

（1）记$\mathscr{C}_1 \times \mathscr{C}_2$ 的对象 $A \times B \in \boldsymbol{Obj}(\mathscr{C}_1 \times \mathscr{C}_2)$为$(A, B)$，$A \in \boldsymbol{Obj}\ \mathscr{C}_1, B \in \boldsymbol{Obj}\ \mathscr{C}_2$.

（2）记$\mathscr{C}_1 \times \mathscr{C}_2$ 的态射 $f \times g \in \boldsymbol{Mor}(\mathscr{C}_1 \times \mathscr{C}_2)$为$(f, g)$，$f \in \boldsymbol{Mor}\ \mathscr{C}_1, g \in \boldsymbol{Mor}\ \mathscr{C}_2$.

（3）记$\mathscr{C}_1 \times \mathscr{C}_2$ 的恒等态射 $id_A \times id_B$ 为(id_A, id_B)，$A \in \boldsymbol{Obj}\ \mathscr{C}_1, B \in \boldsymbol{Obj}\ \mathscr{C}_2$.

(4) $\mathscr{C}_1 \times \mathscr{C}_2$ 的态射逐点复合，即若 $f_1, f_2 \in \boldsymbol{Mor}\ \mathscr{C}_1, g_1, g_2 \in \boldsymbol{Mor}\ \mathscr{C}_2$，且满足 $\mathrm{cod}(f_1) = \mathrm{dom}(f_2)$ 与 $\mathrm{cod}(g_1) = \mathrm{dom}(g_2)$，则 (f_2, g_2) 与 (f_1, g_1) 有定义，并有 $(f_2, g_2) \circ (f_1, g_1) = (f_2 \circ f_1, g_2 \circ g_1)$.

定义 1.13 给出了二元积范畴的定义，有限 n 元积范畴 $\mathscr{C}_1 \times \mathscr{C}_2 \times \cdots \times \mathscr{C}_n$ 的定义类似可以得到. 下面，我们引入不相交并(disjoint union)的记号 $\uplus$，给出和范畴的定义.

定义 1.14(和范畴)　范畴 $\mathscr{C}_1$，$\mathscr{C}_2$，和范畴 $\mathscr{C}_1 + \mathscr{C}_2$ 的定义为：

(1) 记 $\mathscr{C}_1 + \mathscr{C}_2$ 的对象 $A + B = (A \times \{1\}) \uplus (B \times \{2\}) \in \boldsymbol{Obj}\ (\mathscr{C}_1 + \mathscr{C}_2)$ 为 $[A, B]$，$A \in \boldsymbol{Obj}\ \mathscr{C}_1, B \in \boldsymbol{Obj}\ \mathscr{C}_2$.

(2) 记 $\mathscr{C}_1 + \mathscr{C}_2$ 的态射 $f_1 + f_2 \in \boldsymbol{Mor}(\mathscr{C}_1 + \mathscr{C}_2)$ 为 $[f_1, f_2]$，$f_1 \in \boldsymbol{Mor}\ \mathscr{C}_1$，$f_2 \in \boldsymbol{Mor}\ \mathscr{C}_2$.

(3) 记 $\mathscr{C}_1 + \mathscr{C}_2$ 的恒等态射 $id_A + id_B$ 为 $[id_A, id_B]$，$A \in \boldsymbol{Obj}\ \mathscr{C}_1, B \in \boldsymbol{Obj}\ \mathscr{C}_2$.

(4) $\mathscr{C}_1 + \mathscr{C}_2$ 的态射逐点复合，即若 $f_1, g_1 \in \boldsymbol{Mor}\ \mathscr{C}_1, f_2, g_2 \in \boldsymbol{Mor}\ \mathscr{C}_2$，且满足 $\mathrm{cod}(f_1) = \mathrm{dom}(g_1)$ 与 $\mathrm{cod}(f_2) = \mathrm{dom}(g_2)$，则 $[g_1, g_2]$ 与 $[f_1, f_2]$ 有定义，并有 $[g_1, g_2] \circ [f_1, f_2] = [[g_1 \circ f_1], [g_2 \circ f_2]]$.

定义 1.14 给出了二元和范畴的定义，有限元和范畴的定义类似可以得到. 商范畴的定义需要同余关系(congruence relation)的概念，我们先给出同余关系的定义.

定义 1.15(同余关系)　令 $\approx$ 是范畴 $\mathscr{C}$ 中态射间的一个等价关系，$f, g \in \boldsymbol{Mor}\ \mathscr{C}$ 且 $f \approx g$，若：

(1) f 与 g 有相同的论域与共论域.

(2) 对 $h, k \in \boldsymbol{Mor}\ \mathscr{C}$，若 $f \circ h$，$g \circ h$，$k \circ f$ 与 $k \circ g$ 有定义，有 $f \circ h \approx g \circ h$ 与 $k \circ f \approx k \circ g$，

则称 $\approx$ 是范畴 $\mathscr{C}$ 中态射间的一个同余关系，记态射 f 的同余类为 $[f]$.

由定义 1.15 知，同余关系是一种特殊的等价关系，同余关系的复合、交仍是同余关系. 最后，我们在定义 1.15 的基础上，给出商范畴的定义.

定义 1.16(商范畴)　令 $\approx$ 是范畴 $\mathscr{C}$ 中态射间的同余关系，商范畴 $\mathscr{C}/_{\approx}$ 满足：

(1) $\boldsymbol{Obj}\ \mathscr{C}/_{\approx} = \boldsymbol{Obj}\ \mathscr{C}$.

(2) $\boldsymbol{Mor}\ \mathscr{C}/_{\approx} = \{[f] \mid f \in \boldsymbol{Mor}\ \mathscr{C}\}$.

(3) $f, g \in \boldsymbol{Mor}\ \mathscr{C}$，若 $\mathrm{cod}(f) = \mathrm{dom}(g)$，则 $[g] \circ [f] = [g \circ f] \in \boldsymbol{Mor}\ \mathscr{C}/_{\approx}$.

1.2 函子与自然变换复合定理

定义 1.17(函子) 范畴$\mathscr{C}$, $\mathscr{D}$, 函子 F: $\mathscr{C}\to\mathscr{D}$满足:

(1)对 $\forall A\in \boldsymbol{Obj}\ \mathscr{C}$, 有 $F(A)\in \boldsymbol{Obj}\ \mathscr{D}$.

(2)对 $\forall f\in \boldsymbol{Mor}\ \mathscr{C}$, 有 $F(f)\in \boldsymbol{Mor}\ \mathscr{D}$.

(3)对 $\forall f\in \boldsymbol{Mor}\ \mathscr{C}$, 有 $\mathrm{dom}(F(f))=F(\mathrm{dom}(f))$, $\mathrm{cod}(F(f))=F(\mathrm{cod}(f))$; 对范畴$\mathscr{C}$中另一态射 g, 若 $g\circ f$ 有定义, 则有 $F(g\circ f)=F(g)\circ F(f)$.

(4)对 $\forall A\in \boldsymbol{Obj}\ \mathscr{C}$, 有 $F(id_A)=id_{F(A)}$.

态射研究同一范畴内对象间的关系, 而函子则为研究不同范畴对象之间的关系提供了一种有力的形式化工具. 函子本质上是范畴间一种保持结构的映射, 如恒等、复合等. 下面, 我们引入几种常用的函子.

例 1.4 范畴$\mathscr{C}$, 函子 Id: $\mathscr{C}\to\mathscr{C}$满足: 对 $\forall A\in \boldsymbol{Obj}\ \mathscr{C}$, $\forall f\in \boldsymbol{Mor}\ \mathscr{C}$, 有 $Id(A)=A$ 与 $Id(f)=f$, 称 Id 为恒等函子, 也称自函子(endofunctor).

例 1.5 范畴$\mathscr{C}$, $\mathscr{D}$, 函子 $Cons$: $\mathscr{C}\to\mathscr{D}$满足: 对 $\forall f\in \boldsymbol{Mor}\ \mathscr{C}$, $\exists A\in \boldsymbol{Obj}\ \mathscr{D}$, 有 $Cons(f)=id_A$, 称 $Cons$ 为常函子(constant functor).

例 1.6 范畴$\mathscr{C}$是$\mathscr{D}$的子范畴, 函子 Inc: $\mathscr{C}\to\mathscr{D}$ 称为包含函子(inclusion functor).

群是一种重要的代数结构, 以群为对象, 群同态(group homomorphism)为态射, 构成群范畴, 记为 $\boldsymbol{Gp}$. 函子 U: $\boldsymbol{Gp}\to\boldsymbol{Set}$ 将群映射为其所对应的基础集合, 而将群同态映射为集合函数. 函子 U 直观上忽略了群的代数结构, 只考虑集合性质, 即将群弱化为没有群运算的基础集合, 群同态弱化为集合函数. 对函子 U, 我们把群范畴 $\boldsymbol{Gp}$ 抽象为一类形式结构较为复杂的范畴, 集合范畴 $\boldsymbol{Set}$ 抽象为一类形式结构较为简单并与范畴$\mathscr{C}$相对应的基础范畴$\mathscr{D}$, 则函子 U: $\mathscr{C}\to\mathscr{D}$称为遗忘函子(forgetful functor). 遗忘函子不同于包含函子, 不要求 U 的论域范畴$\mathscr{C}$是其共论域范畴$\mathscr{D}$的子范畴.

例 1.7 以定义 1.2 的局部小范畴为对象, 以局部小范畴之间的函子为态射, 构成范畴 $\boldsymbol{Cat}$. 对任意一个范畴$\mathscr{C}$, 称函子 F: $\mathscr{C}\to\boldsymbol{Cat}$ 为范畴值函子(category-value functor), 函子 F: $\mathscr{C}\to\boldsymbol{Set}$ 为集值函子(set-value functor).

例1.8　范畴$\mathscr{C}$，若存在其商范畴$\mathscr{C}/_{\approx}$，则称 $Quot: \mathscr{C} \to \mathscr{C}/_{\approx}$为商函子(quotient functor)．对$\forall f \in \boldsymbol{Mor}\ \mathscr{C}$，$Quot(f) = [f]$．

例1.9　范畴$\mathscr{C}$，$\mathscr{D}$，$\mathscr{E}$，$F: \mathscr{C} \to \mathscr{D}$与$G: \mathscr{D} \to \mathscr{E}$为函子．如果对$\forall A \in \boldsymbol{Obj}\ \mathscr{C}$，有$(G \circ F)(A) = G(F(A))$成立，则可构造一个函子$G \circ F: \mathscr{C} \to \mathscr{E}$，称为$F$与$G$的复合函子．

为与定义3.29中fibration的商函子相区别，我们称例1.8的商函子为简单商函子(simple quotient functor)．例1.9中的复合函子满足结合律，即对另一函子$H: \mathscr{E} \to \mathscr{F}$，且$H \circ (G \circ F)$与$H \circ G$有定义，则$H \circ (G \circ F) = (H \circ G) \circ F$成立．同时，若例1.9存在恒等函子$Id_C$: $\mathscr{C} \to \mathscr{C}$与$Id_D$: $\mathscr{D} \to \mathscr{D}$，则$F \circ Id_C = F = Id_D \circ F$．下面，我们给出函子的两个重要性质：可靠的(faithful)与完全的(full)．

定义1.18(可靠的)　范畴$\mathscr{C}$，$\mathscr{D}$，函子$F: \mathscr{C} \to \mathscr{D}$．对$\forall f$，$g \in \boldsymbol{Mor}\ \mathscr{C}$,如果$f \neq g$，则有$F(f) \neq F(g)$，称函子$F$是可靠的．

定义1.19(完全的)　范畴$\mathscr{C}$，$\mathscr{D}$，函子$F: \mathscr{C} \to \mathscr{D}$．对$\forall f \in \boldsymbol{Mor}\ \mathscr{D}$，若$\exists g \in \boldsymbol{Mor}\ \mathscr{C}$，有$F(g) = f$，则称函子$F$是完全的．

恒等函子是可靠的，同时也是完全的．遗忘函子$U: \boldsymbol{Gp} \to \boldsymbol{Set}$是可靠的，但不是完全的．例1.6的包含函子是可靠的，若包含函子的论域范畴是其共论域范畴的全子范畴，则该包含函子同时也是完全的．

函子是研究不同范畴间对象关系的数学工具，而描述函子间对应关系的自然变换则是研究同一对象被映射到另一范畴中两个不同对象的关系．下面，我们引入自然变换的形式化定义．

定义1.20(自然变换)　范畴$\mathscr{C}$，$\mathscr{D}$，函子$F: \mathscr{C} \to \mathscr{D}$与$G: \mathscr{C} \to \mathscr{D}$．对$\forall A \in \boldsymbol{Obj}\ \mathscr{C}$，$F$与$G$的自然变换$\alpha: F \to G$是一个映射：$\boldsymbol{Obj}\ \mathscr{C} \to \boldsymbol{Mor}\ \mathscr{D}$，$\alpha_A$: $F(A) \to G(A)$．对$\forall f: A \to B \in \boldsymbol{Mor}\ \mathscr{C}$，有$G(f) \circ \alpha_A = \alpha_B \circ F(f)$成立．

定义1.20的条件$G(f) \circ \alpha_A = \alpha_B \circ F(f)$称为自然性(natural property)．自然变换$\alpha: F \to G$若满足对$\forall A \in \boldsymbol{Obj}\ \mathscr{C}$，$\alpha_A$: $F(A) \to G(A)$是一个同构态射，则称α是一个自然同构，即$F \cong F$．

与复合函子的构造类似，自然变换也可以复合．令$H: \mathscr{C} \to \mathscr{D}$是定义1.20中的另一个函子，$\beta: G \to H$是$G$与$H$的自然变换．若满足$(\beta \circ \alpha)_A = \beta_A \circ \alpha_A$，则称$\beta \circ \alpha: F \to H$为$\alpha$与$\beta$的复合．以函子为对象，自然变换为态射，自然变换的复合与恒等操作的定义如上，可构造一个新的范畴．

下面，给出函子范畴(category of functors)的定义.

定义 1.21(函子范畴) 范畴$\mathscr{C}$, $\mathscr{D}$为局部小范畴. 以范畴$\mathscr{C}$到$\mathscr{D}$的所有函子为对象，以自然变换为态射，构成函子范畴，记为$\boldsymbol{Fun}(\mathscr{C},\mathscr{D})$.

定理 1.1 范畴$\mathscr{C}$, $\mathscr{D}$, $\mathscr{E}$, 函子$F,G:\mathscr{C}\to\mathscr{D}$与$H,K:\mathscr{D}\to\mathscr{E}$, 自然变换，$\alpha: F\to G$, $\beta: H\to K$. 对$\forall A\in \boldsymbol{Obj}\ \mathscr{C}$, F与H的复合$H\circ F$, G与K的复合$K\circ G$, 存在一个自然变换$\mu: H\circ F\to K\circ G$是一个映射：$\boldsymbol{Obj}\ \mathscr{C}\to \boldsymbol{Mor}\ \mathscr{E}$, $\mu_A:(H\circ F)(A)\to(K\circ G)(A)$. 对$\forall f: A\to B\in \boldsymbol{Mor}\ \mathscr{C}$, 有$((K\circ G)(f))\circ\beta_{G(A)}\circ H\alpha_A=\beta_{G(B)}\circ H\alpha_B\circ((H\circ F)(f))$成立.

证明： 对自然变换$\alpha: F\to G$, 有其自然性$G(f)\circ\alpha_A=\alpha_B\circ F(f)$成立，记为(1)式. 施加函子$H$, 由(1)式得到$((H\circ G)(f))\circ H\alpha_A=H\alpha_B\circ((H\circ F)(f))$, 记为(2)式. 与自然变换$\beta_{G(B)}$复合，由(2)式得到$\beta_{G(B)}\circ((H\circ G)(f))\circ H\alpha_A=\beta_{G(B)}\circ H\alpha_B\circ((H\circ F)(f))$, 记为(3)式. 再由$\beta: H\to K$是自然变换，有$((K\circ G)(f))\circ\beta_{G(A)}=\beta_{G(B)}\circ((H\circ G)(f))$, 记为(4)式. 两端施加$H\alpha_A$则得到(5)式，即$((K\circ G)(f))\circ\beta_{G(A)}\circ H\alpha_A=\beta_{G(B)}\circ((H\circ G)(f))\circ H\alpha_A$. 由(3)式与(5)式，可最终得到$((K\circ G)(f))\circ\beta_{G(A)}\circ H\alpha_A=\beta_{G(B)}\circ H\alpha_B\circ((H\circ F)(f))$成立. 证毕.

定理1.1的自然变换复合定理进一步拓展了函子的复合操作，即函子的复合亦可构成相应的自然变换，这为应用函子与自然变换工具，深入研究同一对象经多个不同的函子映射到另一范畴中不同对象间的复杂关系，提供了可能与便利. 本小节的最后，我们简单讨论一下范畴的同构与等价.

定义 1.22(同构范畴) 范畴$\mathscr{C}$, $\mathscr{D}$, 函子$F:\mathscr{C}\to\mathscr{D}$. 若存在函子$G:\mathscr{D}\to\mathscr{C}$, 使得$G\circ F=Id_C$, $F\circ G=Id_D$, 则称范畴$\mathscr{C}$, $\mathscr{D}$同构，记为$\mathscr{C}\cong\mathscr{D}$, 并称函子$F$为同构函子，$G$为$F$的逆，记为$G=F^{-1}$.

恒等函子是同构函子. 同构函子的逆若存在，则唯一，且有$F=(F^{-1})^{-1}$. 同构函子的复合也是同构函子，并有$(G\circ F)^{-1}=F^{-1}\circ G^{-1}$. 由此可见，范畴的同构关系是自反、对称和传递的，即一种特殊的等价关系.

两个同构的范畴要求具有完全一致的形式结构，而在计算机科学的实际应用中难以满足定义1.22的严格要求，通常弱化为等价范畴. 下面，我们给出与等价范畴密切相关的骨架(skeleton)的定义.

定义 1.23(骨架) 范畴$\mathscr{C}$. 若对$\mathscr{C}$中任意一个同构态射f, 都满足$\mathrm{cod}(f)=\mathrm{dom}(f)$, 则称范畴$\mathscr{C}$是一个骨架.

任意一个范畴都有骨架, 且骨架在同构意义下唯一存在. 若范畴$\mathscr{C}$的一个全子范畴$\mathscr{D}$是骨架, 对$\forall A\in \boldsymbol{Obj}\ \mathscr{C}$, 都$\exists B\in \boldsymbol{Obj}\ \mathscr{D}$, 有$A\cong B$, 则称$\mathscr{D}$是$\mathscr{C}$的一个骨架.

定义 1.24(等价范畴) 范畴$\mathscr{C}$, $\mathscr{D}$, 令$\mathscr{A}$, $\mathscr{B}$分别为$\mathscr{C}$与$\mathscr{D}$的骨架. 若$\mathscr{A}\cong\mathscr{B}$, 则称范畴$\mathscr{C}$与$\mathscr{D}$等价, 记为$\mathscr{C}\sim\mathscr{D}$, 并称函子$Equ:\mathscr{C}\to\mathscr{D}$为等价函子.

定义 1.22 的同构函子也是等价函子, 等价函子是可靠的与完全的. 同时, 对等价函子$Equ:\mathscr{C}\to\mathscr{D}$, $\forall A\in \boldsymbol{Obj}\ \mathscr{D}$, 都$\exists B\in \boldsymbol{Obj}\ \mathscr{C}$, 则有$Equ(B)\sim A$.

1.3 极限

图表(diagram)与函子的描述方式虽然不同, 但本质上都是形式系统间保持结构的映射. 以对象为顶点、态射为边的图表直观表达形式结构及其范畴性质, 如定义 1.1 中态射的复合操作在图表中可直观地表示为连接两个顶点的边. 如果任意两个对象在不同路径上的复合结果均相等, 则称此图表为交换图表(commutative diagram).

图表是描述范畴极限的重要基础, 给出图表定义前首先需要引入基础图的概念. 我们将定义 1.1 的五元组$\mathscr{C}=(\boldsymbol{Obj}\ \mathscr{C},\boldsymbol{Mor}\ \mathscr{C},\mathrm{dom},\mathrm{cod},\circ)$弱化为以下的四元组$\mathscr{C}_G=(\boldsymbol{Obj}\ \mathscr{C},\boldsymbol{Mor}\ \mathscr{C},\mathrm{dom},\mathrm{cod})$, 称$\mathscr{C}_G$为范畴$\mathscr{C}$的基础图.

定义 1.25(图表) 范畴$\mathscr{C}$, 令$\boldsymbol{I}$与$\boldsymbol{J}$为元素可相互区分的两个集合. 如果对$\boldsymbol{D}=(V_i,e_j,\sigma),(i\in\boldsymbol{I},j\in\boldsymbol{J})$, 有$\{V_i\mid i\in\boldsymbol{I}\}\subseteq \boldsymbol{Obj}\ \mathscr{C}$与$\{e_j\mid j\in\boldsymbol{J}\}\subseteq \boldsymbol{Mor}\ \mathscr{C}$, 且若$\sigma(e_j)=(V_s,V_t)$为范畴$\mathscr{C}$中的一个态射, $s,t\in\boldsymbol{I}$, 有$\mathrm{dom}(e_j)=V_s$与$\mathrm{cod}(e_j)=V_t$, 则称$Dia:\boldsymbol{D}\to\mathscr{C}_G$为范畴$\mathscr{C}$的一个图表, 简记为$Dia$.

$\boldsymbol{D}$到范畴$\mathscr{C}$基础图$\mathscr{C}_G$的图表$Dia:\boldsymbol{D}\to\mathscr{C}_G$是一个保持形式结构的图同态(graph homomorphism), 图表Dia可能将不同的V_i映射为范畴$\mathscr{C}$中相同的对象, 不同的e_j映射为范畴$\mathscr{C}$中相同的态射. 如果$\boldsymbol{D}$中的$\{V_i\mid i\in I\}$为一个有限集合, 则称图表Dia为有限图表.

定义 1.26(交换图表) 范畴$\mathscr{C}$, $Dia: \boldsymbol{D} \to \mathscr{C}_G$ 为范畴$\mathscr{C}$的一个图表.

(1)如果 $a, b, c \in \boldsymbol{I}, 1, 2, 3 \in \boldsymbol{J}$, $\sigma(e_1) = (V_a, V_b)$, $\sigma(e_2) = (V_b, V_c)$, $\sigma(e_3) = (V_a, V_c)$. $\exists A, B, C \in \boldsymbol{Obj}\ \mathscr{C}$, $\exists f, g, h \in \boldsymbol{Mor}\ \mathscr{C}$, 有 $Dia(V_a) = A$, $Dia(V_b) = B$, $Dia(V_c) = C$, 且 $Dia(e_1) = f$, $Dia(e_2) = g$, $Dia(e_3) = h$. 若满足 $g \circ f = h$, 则称如图 1.1 所示的三角图表是交换图表.

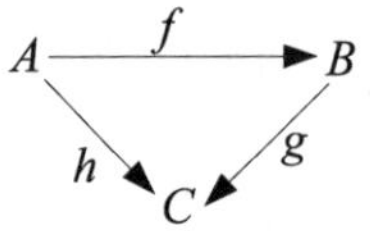

图 1.1 三角图表

(2)如果 $a, b, c, d \in \boldsymbol{I}, 1, 2, 3, 4 \in \boldsymbol{J}$, $\sigma(e_1) = (V_a, V_b)$, $\sigma(e_2) = (V_b, V_d)$, $\sigma(e_3) = (V_a, V_c)$, $\sigma(e_4) = (V_c, V_d)$. $\exists A, B, C, D \in \boldsymbol{Obj}\ \mathscr{C}$, $\exists f, g, h, k \in \boldsymbol{Mor}\ \mathscr{C}$, 有 $Dia(V_a) = A$, $Dia(V_b) = B$, $Dia(V_c) = C$, $Dia(V_d) = D$, 且 $Dia(e_1) = f$, $Dia(e_2) = g$, $Dia(e_3) = h$, $Dia(e_4) = k$. 若满足 $g \circ f = k \circ h$, 则称图 1.2 所示的矩形图表是交换图表.

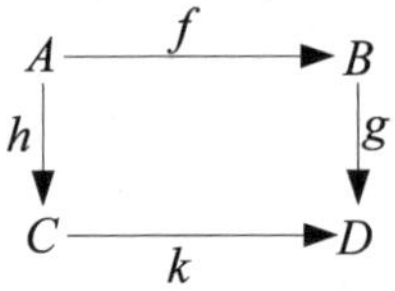

图 1.2 矩形图表

(3)如果图表 $Dia: \boldsymbol{D} \to \mathscr{C}_G$ 中所有形如图 1.1 的三角图表与图 1.2 的矩形图表都是交换的, 则称 $Dia: \boldsymbol{D} \to \mathscr{C}_G$ 是交换图表.

图 1.1 的三角图表与图 1.2 的矩形图表是交换图表的两种基础结构, 任何复杂的交换图表都可以由这两种基础交换图表构成. 另外, 矩形图表可由一对三角图表等价转换, 如图 1.2 的矩形图表可等价转换为如图 1.3 所示的两个三角图表.

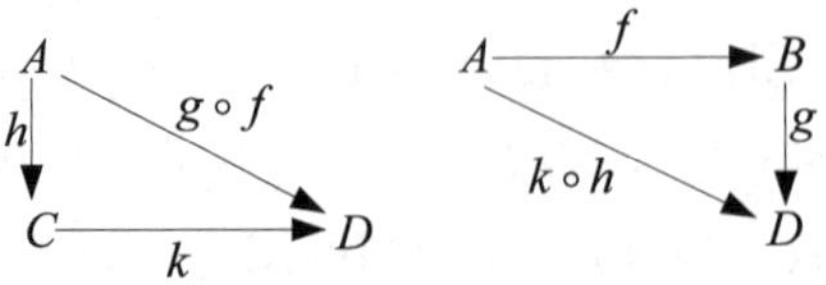

图 1.3 矩形图表与三角图表的等价转换

图表交换是范畴论方法表达等式的重要方式. 以对象为顶点、态射为边的交换图表可直观地描述范畴的一些重要性质，特别是泛性质(universal properties)的描述. 本书约定：图表中用虚线表示态射唯一存在的泛性质.

锥(cone)与共锥(cocone)、等值子(equalizer)与共等值子(coequalizer)、拉回(pullback)与推出(pushout)是构造范畴极限的 3 种常用方法. 下面，我们首先讨论锥与共锥.

1.3.1　锥与共锥

定义 1.27(锥)　范畴$\mathscr{C}$, $Dia: \boldsymbol{D}\to\mathscr{C}_G$ 为范畴$\mathscr{C}$的一个图表. 对 $\forall A\in \boldsymbol{Obj}\ \mathscr{C}$，若 $\varphi_i: A\to Dia(V_i)$满足对 $\boldsymbol{D}$ 中任意的态射 $f: V_i\to V_j, i, j\in\boldsymbol{I}$，都有 $Dia(f)\circ\varphi_i=\varphi_j$ 成立，如图 1.4 所示的交换图表，则称 $\varphi_i: A\to Dia(V_i)$是图表 Dia 上的一个锥，A 为锥 $\varphi_i: A\to Dia(V_i)$的顶点.

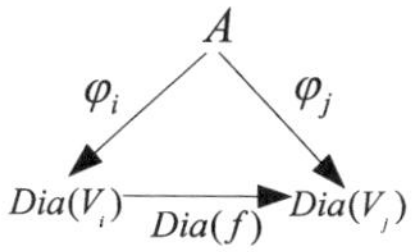

图 1.4　锥

定义 1.28(极限锥)　范畴$\mathscr{C}$, $Dia: \boldsymbol{D}\to\mathscr{C}_G$ 为范畴$\mathscr{C}$的一个图表，令 $\varphi_i: A\to Dia(V_i)$是图表 Dia 上的一个锥. 如果锥 $\varphi_i: A\to Dia(V_i)$关于 Dia 上其他的所有锥都具有泛性质，即对 $\forall B\in\boldsymbol{Obj}\ \mathscr{C}$, $\psi_i: B\to Dia(V_i)$是 Dia 上的另一个锥，$\exists!\ g: B\to A\in\boldsymbol{Mor}\ \mathscr{C}$，满足 $\varphi_i\circ g=\psi_i$，如图 1.5 所示的交换图表，则称 $\varphi_i: A\to Dia(V_i)$是图表 Dia 的极限锥，也称泛锥.

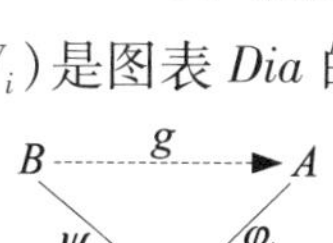

图 1.5　极限锥

定义 1.27 的图表 Dia 如果是离散的，则称锥 $\varphi_i: A\to Dia(V_i)$是离散锥(discrete cone). 空锥是一种简单的离散锥. $\varphi_i: A\to Dia(V_i)$与 $\psi_i: B\to Dia(V_i)$是范畴$\mathscr{C}$中的任意两个锥，称 $m: A\to B$ 为 $\varphi_i: A\to Dia(V_i)$到 $\psi_i: B\to Dia(V_i)$的锥态射.

图表 Dia 为空，则极限锥为范畴$\mathscr{C}$中的终结对象. 极限锥若存在，则在同构意义下是唯一的. 定义 1.28 的极限锥 $\varphi_i: A \to Dia(V_i)$，$i \in \boldsymbol{I}$ 是单态射，即对 $\forall f, g: B \to A \in \boldsymbol{Mor}\ \mathscr{C}$，$\forall i \in \boldsymbol{I}$，若 $\varphi_i \circ f = \varphi_i \circ g$ 成立，则 $f = g$.

如果范畴$\mathscr{C}$的每一个图表 Dia 都有极限，则称范畴$\mathscr{C}$有极限或$\mathscr{C}$是一个完备范畴(complete category). 如果范畴$\mathscr{C}$的每一个有限图表 Dia 都有极限，则称范畴$\mathscr{C}$有有限极限或$\mathscr{C}$是一个有限完备范畴(finitely complete category).

定义 1.29(共锥) 范畴$\mathscr{C}$，$Dia: \boldsymbol{D} \to \mathscr{C}_G$ 为范畴$\mathscr{C}$的一个图表. 对 $\forall A \in \boldsymbol{Obj}\ \mathscr{C}$，如果 $\phi_i: Dia(V_i) \to A$ 满足对 $\boldsymbol{D}$ 中任意的态射 $h: V_i \to V_j$，$i, j \in \boldsymbol{I}$，都有 $\phi_j \circ Dia(h) = \phi_i$ 成立，如图 1.6 所示的交换图表，则称 $\phi_i: Dia(V_i) \to A$ 是图表 Dia 上的一个共锥，A 为共锥 $\phi_i: Dia(V_i) \to A$ 的顶点.

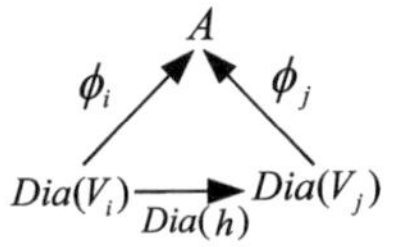

图 1.6 共锥

定义 1.30(共极限共锥) 范畴$\mathscr{C}$，$Dia: \boldsymbol{D} \to \mathscr{C}_G$ 为范畴$\mathscr{C}$的一个图表，令 ϕ_i: $Dia(V_i) \to A$ 是图表 Dia 上的一个共锥. 如果共锥 $\phi_i: Dia(V_i) \to A$ 关于 Dia 上其他的所有共锥都具有泛性质，即对 $\forall B \in \boldsymbol{Obj}\ \mathscr{C}$，$\omega_i$: $Dia(V_i) \to B$ 是 Dia 上的另一个共锥，$\exists! k: A \to B \in \boldsymbol{Mor}\ \mathscr{C}$，都满足 $k \circ \phi_i = \omega_i$，如图 1.7 所示的交换图表，则称 $\phi_i: Dia(V_i) \to A$ 是图表 Dia 的共极限共锥，也称泛共锥.

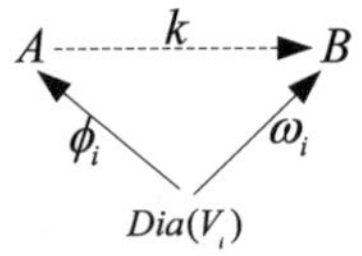

图 1.7 共极限共锥

定义 1.29 的图表 Dia 如果是离散的，则称共锥 $\phi_i: Dia(V_i) \to A$ 是离散共锥(discrete cocone). $\phi_i: Dia(V_i) \to A$ 与 $\omega_i: Dia(V_i) \to B$ 是范畴$\mathscr{C}$中的任意两个共锥，称 $n: B \to A$ 为 $\omega_i: Dia(V_i) \to B$ 到 $\phi_i: Dia(V_i) \to A$ 的共锥态射.

图表 Dia 为空，则共极限共锥为范畴 $\mathscr{C}$ 中的初始对象. 共极限共锥若存在，则在同构意义下是唯一的. 定义 1.30 的共极限共锥 $\phi_i: Dia(V_i) \to A$，$i \in \boldsymbol{I}$ 是满态射，即对 $\forall k,p: A \to B \in \boldsymbol{M}or\ \mathscr{C}$，$\forall i \in \boldsymbol{I}$，如果 $k \circ \phi_i = p \circ \phi_i$ 成立，则 $k = p$.

如果范畴 $\mathscr{C}$ 的每一个图表 Dia 都有共极限，则称范畴 $\mathscr{C}$ 有共极限或 $\mathscr{C}$ 是一个共完备范畴(cocomplete category). 如果范畴 $\mathscr{C}$ 的每一个有限图表 Dia 都有共极限，则称范畴 $\mathscr{C}$ 有有限共极限或 $\mathscr{C}$ 是一个有限共完备范畴(finitely cocomplete category).

锥与共锥、极限锥与共极限共锥是对偶的概念. 在计算机科学中，积锥(product cone)与和共锥(sum cocone)是两个实用的范畴论工具，下面我们给出相关概念.

对范畴 $\mathscr{C}$，$\forall A,B \in \boldsymbol{O}bj\ \mathscr{C}$，$A$ 与 B 的积是下述一个形式结构：$\exists P \in \boldsymbol{O}bj\ \mathscr{C}$ 与 $\pi_1: P \to A, \pi_2: P \to B \in \boldsymbol{M}or\ \mathscr{C}$，如图 1.8 所示.

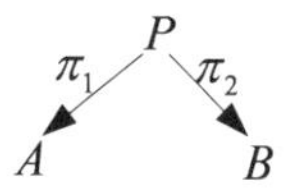

图 1.8　对象的二元积

对 $\forall Q \in \boldsymbol{O}bj\ \mathscr{C}$ 与 $q_1: Q \to A, q_2: Q \to B \in \boldsymbol{M}or\ \mathscr{C}$，$\exists ! q: Q \to P \in \boldsymbol{M}or\ \mathscr{C}$，满足 $\pi_1 \circ q = q_1$ 和 $\pi_2 \circ q = q_2$. 图 1.8 所示二元积对应的图表称为积锥，记为 $A \times B$，π_1 和 π_2 称为投影，序对 (A,B) 称为该积锥的基. 类似可定义有限元积锥的概念.

二元和与二元积是两个对偶的范畴概念. 对范畴 $\mathscr{C}$，$\forall A,B \in \boldsymbol{O}bj\ \mathscr{C}$，$A$ 与 B 的和是下述一个形式结构：$\exists S \in \boldsymbol{O}bj\ \mathscr{C}$ 与 $i_1: A \to S, i_2: B \to S \in \boldsymbol{M}or\ \mathscr{C}$，如图 1.9 所示.

对 $\forall T \in \boldsymbol{O}bj\ \mathscr{C}$ 与 $t_1: A \to T, t_2: B \to T \in \boldsymbol{M}or\ \mathscr{C}$，$\exists ! s: S \to T \in \boldsymbol{M}or\ \mathscr{C}$，满足 $s \circ i_1 = t_1$ 和 $s \circ i_2 = t_2$. 如图 1.9 所示二元和对应的图表称为和共锥，记为 $A + B$，i_1 和 i_2 称为内射，i_1 和 i_2 不一定是单态射. 类似可定义有限元和共锥的概念.

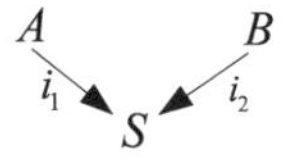

图 1.9　对象的二元和

1.3.2 等值子与共等值子

范畴中有相同论域和共论域的两个态射称为平行态射(parallel morphism). 考虑范畴的图表 Dia 为平行态射，构造等值子与共等值子.

定义 1.31(等值子) 范畴$\mathscr{C}$, $Dia: \boldsymbol{D} \to \mathscr{C}_G$ 为范畴$\mathscr{C}$的一个图表. $\forall A, B \in \boldsymbol{Obj}\ \mathscr{C}$, $f, g: A \to B \in \boldsymbol{Mor}\ \mathscr{C}$是图表 Dia 中的一对平行态射. 如果$\exists E \in \boldsymbol{Obj}\ \mathscr{C}$与 $e: E \to A \in \boldsymbol{Mor}\ \mathscr{C}$, 满足: $f \circ e = g \circ e$, 并且对$\forall C \in \boldsymbol{Obj}\ \mathscr{C}$与 $h: C \to A \in \boldsymbol{Mor}\ \mathscr{C}$, 当$f \circ h = g \circ h$ 都$\exists ! k: C \to E \in \boldsymbol{Mor}\ \mathscr{C}$使得 $e \circ k = h$, 则称二元组(E, e)为平行态射f与 g 的等值子, 记为 $eq(f, g)$, 如图 1.10 所示.

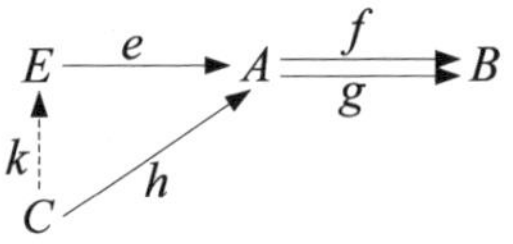

图 1.10 等值子

从定义 1.31 可以看出, 等值子 $eq(f, g)$本质上是图表 Dia 中平行态射 f 与 g 的极限. 等值子在同构的意义下是唯一的. 等值子是单态射, 但单态射不一定是等值子, 称是等值子的单态射为正则单态射(regular monomorphism). ***Set*** 中的正则单态射为单射. 如果范畴$\mathscr{C}$的任意一对平行态射都有等值子, 则称范畴$\mathscr{C}$有等值子.

定义 1.32(共等值子) 范畴$\mathscr{C}$, $Dia: \boldsymbol{D} \to \mathscr{C}_G$ 为范畴$\mathscr{C}$的一个图表. $\forall A, B \in \boldsymbol{Obj}\ \mathscr{C}$, $f, g: A \to B \in \boldsymbol{Mor}\ \mathscr{C}$是图表 Dia 中的一对平行态射. 若$\exists Q \in \boldsymbol{Obj}\ \mathscr{C}$与 $c: B \to Q \in \boldsymbol{Mor}\ \mathscr{C}$, 满足: $c \circ f = c \circ g$, 并且对$\forall C \in \boldsymbol{Obj}\ \mathscr{C}$与$h: B \to C \in \boldsymbol{Mor}\ \mathscr{C}$, 当 $h \circ f = h \circ g$ 都$\exists ! k: Q \to C \in \boldsymbol{Mor}\ \mathscr{C}$使得: $k \circ c = h$, 则称二元组(c, Q)为平行态射f与 g 的共等值子, 记为 $ceq(f, g)$, 如图 1.11 所示.

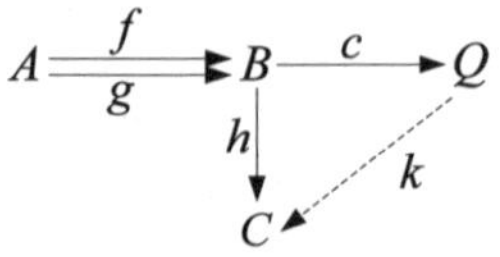

图 1.11 共等值子

类似锥与共锥，等值子与共等值子也是一对对偶的范畴概念. 由定义 1. 32 可知，共等值子 $ceq(f,g)$ 本质上就是图表 *Dia* 中平行态射 f 与 g 的共极限. 共等值子在同构意义下是唯一的. 共等值子是满态射，但满态射不一定是共等值子，称是共等值子的满态射为正则满态射（regular epimorphism）. **Set** 中的正则满态射为满射. 如果范畴 $\mathscr{C}$ 的任意一对平行态射都有共等值子，则称范畴 $\mathscr{C}$ 有共等值子.

下面，我们给出另外一对重要的范畴概念：拉回与推出.

1. 3. 3　拉回与推出

考虑如图 1. 12 所示的图表 $Dia, a, b, c \in \boldsymbol{I}, 1, 2 \in \boldsymbol{J}$，$\sigma(e_1) = (V_a, V_c)$，$\sigma(e_2) = (V_b, V_c)$. 如果 *Dia* 有极限，则可对应得到范畴 $\mathscr{C}$ 中的一个交换的矩形，如图 1. 13 所示.

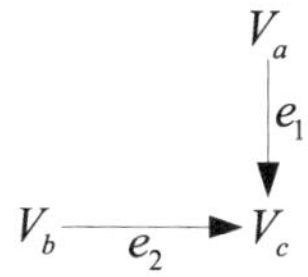

图 1. 12　拉回图表

对 $\exists A, B, C \in \boldsymbol{Obj}\ \mathscr{C}$，$\exists f_1, f_2 \in \boldsymbol{Mor}\ \mathscr{C}$，有 $D(V_a) = A$，$D(V_b) = B$，$D(V_c) = C$，且 $D(e_1) = f_1$，$D(e_2) = f_2$.

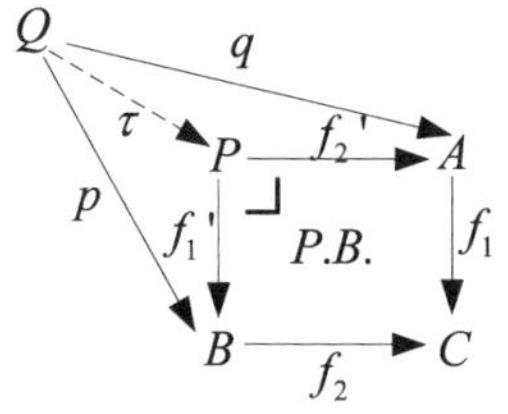

图 1. 13　拉回方形

定义 1. 33（拉回）　范畴 $\mathscr{C}$，$f_1, f_2, f_1', f_2' \in \boldsymbol{Mor}\ \mathscr{C}$. 令 $f_1 \circ f_2' = f_2 \circ f_1'$，若 $\exists Q \in \boldsymbol{Obj}\ \mathscr{C}$，$p: Q \to B, q: Q \to A \in \boldsymbol{Mor}\ \mathscr{C}$ 使得 $f_1 \circ q = f_2 \circ p$，并 $\exists !\, \tau: Q \to P \in \boldsymbol{Mor}\ \mathscr{C}$ 使得 $f_1' \circ \tau = p$ 与 $f_2' \circ \tau = q$，则称态射 f_1' 为 f_1 沿 f_2 的拉回，态射 f_2' 为 f_2 沿 f_1 的拉回，并称图 1. 13 的交换矩形为拉回方形.

如果范畴$\mathscr{C}$的任意一个形如图 1.12 的图表 *Dia* 都存在极限，则称范畴$\mathscr{C}$有拉回. 拉回可由二元积对象和等值子完全确定. 拉回保持单态射，即定义 1.33 中的态射f_1 是单态射，则沿f_2 的拉回f_1'也是单态射.

如果范畴$\mathscr{C}$有有限极限，图表 *Dia* 中每对平行态射有共等值子，且在拉回方形中正则满态射的拉回仍是正则满态射，则称范畴$\mathscr{C}$为正则范畴 (regular category). 正则范畴间的函子如果保持有限极限和正则满态射，则称该函子为正则函子(regular functor).

考虑如图 1.14 所示的图表 $Dia, a, b, c \in \boldsymbol{I}$，$1, 2 \in \boldsymbol{J}$，$\sigma(e_1) = (V_c, V_a)$，$\sigma(e_2) = (V_c, V_b)$. 如果 *Dia* 有极限，则可对应得到范畴$\mathscr{C}$中的一个交换的矩形，如图 1.15 所示.

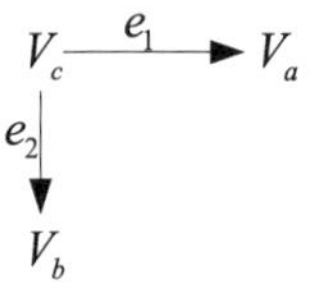

图 1.14　推出图表

对$\exists A, B, C \in \boldsymbol{Obj}\ \mathscr{C}$，$\exists f_1, f_2 \in \boldsymbol{Mor}\ \mathscr{C}$，有 $D(V_a) = A$，$D(V_b) = B$，$D(V_c) = C$，且 $D(e_1) = f_1$，$D(e_2) = f_2$.

定义 1.34(推出)　范畴$\mathscr{C}$，$f_1, f_2, f_1', f_2' \in \boldsymbol{Mor}\ \mathscr{C}$. 令$f_2' \circ f_1 = f_1' \circ f_2$，若$\exists Q \in \boldsymbol{Obj}\ \mathscr{C}$，$u: B \to Q, v: A \to Q \in \boldsymbol{Mor}\ \mathscr{C}$使得$v \circ f_1 = u \circ f_2$，$\exists ! \delta: P \to Q \in \boldsymbol{Mor}\ \mathscr{C}$使得$\delta \circ f_1' = u$ 与$\delta \circ f_2' = v$，则称态射f_1' 为f_1 沿f_2 的推出，态射f_2' 为f_2 沿f_1 的推出，并称图 1.15 的交换矩形为推出方形.

如果范畴$\mathscr{C}$的任意一个形如图 1.15 的图表 *Dia* 都存在共极限，则称范畴$\mathscr{C}$有推出. 推出可由二元和对象与共等值子完全确定. 推出保持满态射与正则满态射，即定义 1.34 中的态射f_1 是满态射或正则满态射，则沿f_2 的推出f_1' 也是满态射或正则满态射. 本小节的最后，我们给出核对 (kernel pair)的概念.

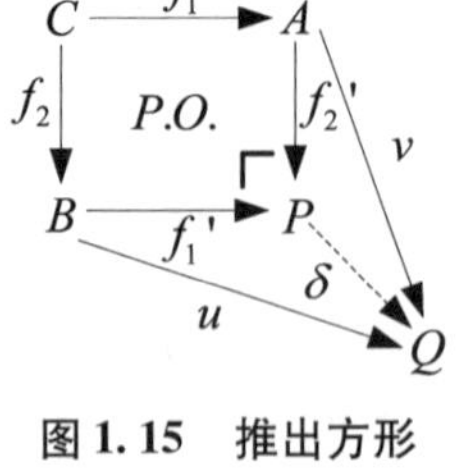

图 1.15　推出方形

定义 1.35(核对)　范畴$\mathscr{C}$, $f: A \to B \in \boldsymbol{Mor}\ \mathscr{C}$. 态射$f$沿自身的拉回称为$f$的核对，记为，$Ker(f) = (f', f')$，如图 1.16 所示.

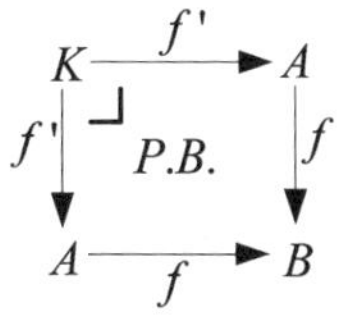

图 1.16　核对

当且仅当f是其核对的共等值子，f是正则满态射.

1.4　伴随

自然变换研究同一对象被映射到另一范畴中两个不同对象的关系，而伴随函子(adjoint functors)则是研究不同范畴中不同对象间的相互关系，其伴随性质有效融合了初始对象与终结对象、等值子与共等值子、拉回与推出、极限与共极限等对偶范畴工具的形式结构与数学性质，在计算机科学中有广泛的应用.

1.4.1　伴随函子

定义 1.36(伴随函子)　范畴$\mathscr{C}$, $\mathscr{D}$, $F: \mathscr{C} \to \mathscr{D}$与$G: \mathscr{D} \to \mathscr{C}$为函子，$\eta: Id_C \to G \circ F$与$\varepsilon: F \circ G \to Id_D$为两个自然变换. 若$\varepsilon F \circ F\eta = Id_F$且$G\varepsilon \circ \eta G = Id_G$，则称$F$与$G$为一对伴随函子，$F$是$G$的左伴随函子，$G$是$F$的右伴随函子，$\eta$称为伴随函子的单位(unit)，$\varepsilon$称为伴随函子的共单位(counit)，记为$F \dashv G: \mathscr{C} \to \mathscr{D}$.

左伴随函子与右伴随函子在同构意义下是唯一的. 定义 1.24 的等价函子既是左伴随函子，又是右伴随函子.

定义 1.37(伪逆)　范畴$\mathscr{C}$, $\mathscr{D}$, 令$F: \mathscr{C} \to \mathscr{D}$为等价函子. 若$\exists G: \mathscr{D} \to \mathscr{C}$, 满足以下两个条件：

(1)$C, D \in \boldsymbol{Obj}\ \mathscr{C}$, $\alpha_C: C \to G(F(C)) \in \boldsymbol{Mor}\ \mathscr{C}$是个同构态射，对$\forall f: C \to D \in \boldsymbol{Mor}\ \mathscr{C}$, 有$G(F(f)) = \alpha_D \circ f \circ \alpha_C^{-1}$成立，$\alpha_C^{-1}$为$\alpha_C$的逆态射.

(2)$A, B \in \boldsymbol{Obj}\ \mathscr{D}$, $\beta_A: A \to F(G(A)) \in \boldsymbol{Mor}\ \mathscr{D}$是个同构态射，对$\forall g: A \to B \in \boldsymbol{Mor}\ \mathscr{D}$, 有$F(G(g)) = \beta_B \circ g \circ \beta_A^{-1}$成立，$\beta_A^{-1}$为$\beta_A$的逆态射，则称函子$G$为等价函子$F$的伪逆.

定义 1.37 的等价函子 F 及其伪逆 G 都是可靠的与完全的. 泛性质是描述伴随结构的一个重要工具，定理 1.2 通过泛性质构造伴随函子.

定理 1.2 范畴$\mathscr{C}$, $\mathscr{D}$, $F \dashv G : \mathscr{C} \to \mathscr{D}$, 则有：

(1)存在单位 $\eta : Id_C \to G \circ F$, 对 $\forall C \in \boldsymbol{Obj}\ \mathscr{C}$, $\eta_C : C \to G(F(C))$满足函子 G 对 C 的泛性质，即$\forall f : C \to G(D) \in \boldsymbol{Mor}\ \mathscr{C}$, $D \in \boldsymbol{Obj}\ \mathscr{D}$, $\exists ! g : F(C) \to D \in \boldsymbol{Mor}\ \mathscr{D}$, 有 $f = G(g) \circ \eta_C$;

(2)存在共单位 $\varepsilon : F \circ G \to Id_D$, 对 $\forall D \in \boldsymbol{Obj}\ \mathscr{D}$, $\varepsilon_D : F(G(D)) \to D$ 满足函子 F 对 D 的泛性质，即 $\forall h : F(C) \to D \in \boldsymbol{Mor}\ \mathscr{D}$, $C \in \boldsymbol{Obj}\ \mathscr{C}$, $\exists ! k : C \to G(D) \in \boldsymbol{Mor}\ \mathscr{C}$, 有 $h = \varepsilon_D \circ F(k)$.

证明：(1)由定义 1.36，$\eta : Id_C \to G \circ F$ 为伴随 $F \dashv G : \mathscr{C} \to \mathscr{D}$的一个单位. 对 $\forall C \in \boldsymbol{Obj}\ \mathscr{C}$, $D \in \boldsymbol{Obj}\ \mathscr{D}$, 记$\mathscr{C}[C, G(D)]$为范畴$\mathscr{C}$中对象 C 到 $G(D)$间的态射集. 由伴随结构 $F \dashv G : \mathscr{C} \to \mathscr{D}$确定$\mathscr{D}[F(C), D]$到$\mathscr{C}[C, G(D)]$的一个双射 $\pi_{C,D} : \mathscr{D}[F(C), D] \to \mathscr{C}[C, G(D)]$. 设 $f \in \mathscr{C}[C, G(D)]$, $\exists ! g \in \mathscr{D}[F(C), D]$, 则有 $g = \pi_{C,D}^{-1}(f)$. 令 $\eta_C : C \to G(F(C))$为 $\eta_C = \pi_{C,F(C)}(id_{F(C)})$，则有如图 1.17 所示的交换图表. 对 $\forall id_{F(C)} \in \mathscr{D}[F(C), F(C)]$, 有 $\pi_{C,D} \circ g(id_{F(C)}) = G(g) \circ \pi_{C,F(C)}(id_{F(C)})$，即 $\pi_{C,D}(g) = G(g) \circ \eta_C$，故 $f = G(g) \circ \eta_C$.

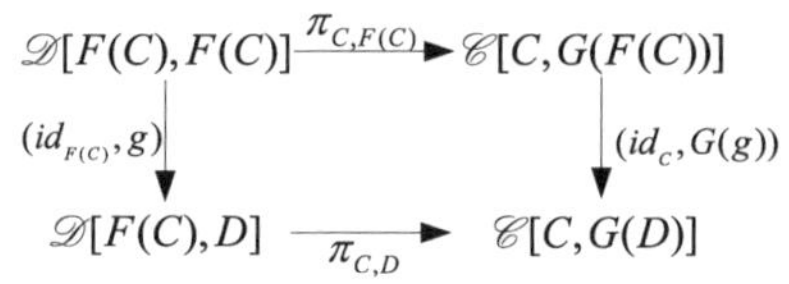

图 1.17 交换图表

(2)可类似证明. 证毕.

定理 1.3 范畴$\mathscr{C}$, $\mathscr{D}$, $F \dashv G : \mathscr{C} \to \mathscr{D}$, 则右伴随函子 G 保持极限，左伴随函子 F 保持共极限.

证明：令 $\varphi_i : B \to Dia(V_i)$, $i \in \boldsymbol{I}$ 是范畴$\mathscr{D}$的图表 $Dia : \boldsymbol{D} \to \mathscr{D}_G$ 的极限，则 $G(\varphi_i) : G(B) \to G(Dia(V_i))$是复合函子 $G \circ Dia$ 上的一个锥. 设 $\phi_i : A \to G(Dia(V_i))$是 $G \circ Dia$ 上的另一个锥，由定理 1.2 知，存在自然变换 $\eta_A : A \to G(F(A))$满足 G 对 A 的泛性质，即对 $\forall i \in \boldsymbol{I}$, $\exists ! f_i : F(A) \to Dia(V_i)$，有 $\phi_i = G(f_i) \circ \eta_A$，如图 1.18 所示. 而 f_i 是图表 Dia 上的一个锥，故 $\exists f : F(A) \to B$ 满足 $f_i = \varphi_i \circ f$. 记复合态射 $G(f) \circ \eta_A : A \to G(B)$为 h，则有 $\phi_i = G(\varphi_i) \circ h$.

下面证明唯一性. 设 $g: A \to G(B)$ 也满足 $\phi_i = G(\varphi_i) \circ g$, 则 $\exists k: F(A) \to B$ 满足 $g = G(k) \circ \eta_A$, 有 $G(\varphi_i \circ f) \circ \eta_A = \phi_i = G(\varphi_i) \circ G(k) \circ \eta_A = G(\varphi_i \circ k) \circ \eta_A$, 即 $\varphi_i \circ f = \varphi_i \circ k$, 进而有 $f = k$, 故 $h = g$.

类似可证明左伴随函子 F 保持共极限. 证毕.

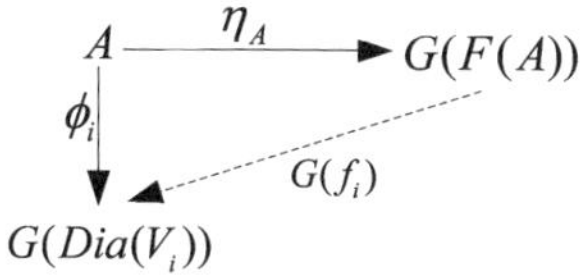

图 1.18　G 对 A 的泛性质

下面, 引入文献[1]的定理 5.4.3.

定理 1.4　范畴$\mathscr{C}$, $\mathscr{D}$, $F \dashv G: \mathscr{C} \to \mathscr{D}$.

(1)左伴随函子 F 保持共极限, 所以 F 保持初始对象、共积、共等值子和推出.

(2)右伴随函子 G 保持极限, 所以 G 保持终结对象、积、等值子和拉回.

定理 1.4 有效融合了初始对象与终结对象等对偶概念的形式结构与数学性质. 记伴随函子 $G \circ F$ 的复合为 T, 构造一个自然变换 $\mu = G \circ \varepsilon \circ F$, 由伴随结构可进一步构造模(monad).

1.4.2　模

定义 1.38(模)　范畴$\mathscr{C}$上的一个模(T, η, μ), 是由恒等函子 $T: \mathscr{C} \to \mathscr{C}$, 两个自然变换 $\eta: Id_C \to T$ 与 $\mu: T \circ T \to T$ 构成, 并满足图 1.19 所示的交换图表.

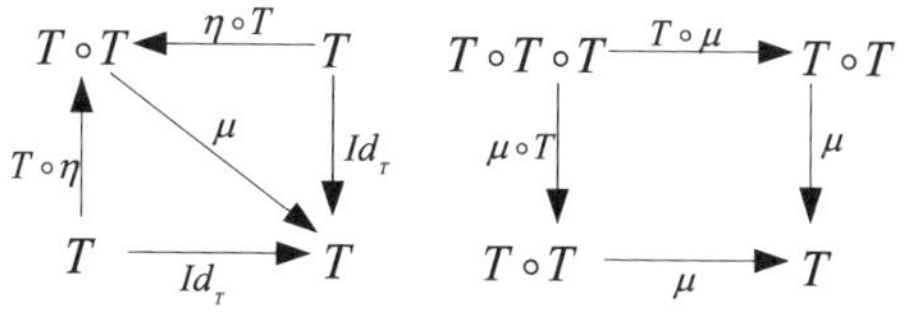

图 1.19　模

如果将定义 1.38 的模视为一个含幺半群(monoid), 则自然变换 η 为模的单位元, μ 为模的半群乘法运算. 图 1.19 左边图表构成了单位恒等式, 右边图表则构成了结合律运算.

F－代数与 F－共代数在程序语言的类型检查、多态计算、程序自动验证、语义行为分析等领域有广泛的应用．下面，我们给出 F－代数与 F－共代数及其相关概念．

定义 1.39（F－代数） 范畴$\mathscr{C}$，$F:\mathscr{C}\to\mathscr{C}$是范畴$\mathscr{C}$上的一个恒等函子．$\forall A\in \boldsymbol{Obj}\ \mathscr{C}$，$\alpha: F(A)\to A\in \boldsymbol{Mor}\ \mathscr{C}$，称二元组$(A,\alpha)$为一个 F－代数，A 为 F－代数的载体，α 为 F－代数的结构．F－代数(A,α)也记为 $\alpha: F(A)\to A$．

为与例 1.1 中切片范畴的对象及定义 1.41 的 Eilenberg-Moore 代数相区别，我们用小写希腊字母表示 F－代数的结构．对另一 F－代数(B,β)，(A,α)与(B,β)的态射为对应载体间的态射 $f: A\to B$，且满足 $\beta\circ F(f)=f\circ\alpha$，容易验证 F－代数的恒等与复合操作．以 F－代数为对象，F－代数态射为态射，构成 F－代数范畴，记为 $\boldsymbol{Alg}_F$．

令$(\mu F,in)$为 $\boldsymbol{Alg}_F$ 中一个 F－代数，若对 $\forall(A,\alpha)\in \boldsymbol{Obj}\ \boldsymbol{Alg}_F$，从$(\mu F,in)$到$(A,\alpha)$有唯一的态射 $f:\mu F\to A$，并满足如图 1.20 所示的交换图表，即 $f\circ in=\alpha\circ F(f)$，则称$(\mu F,in)$为初始 F－代数．态射 f 称为折叠函数（fold function），记为 *fold*．初始 F－代数若存在，则在同构意义下唯一．

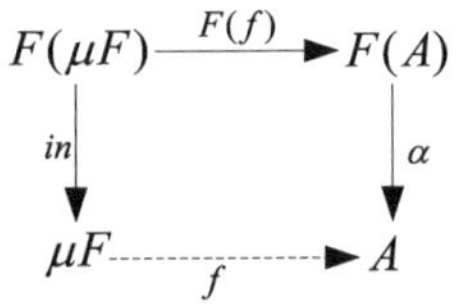

图 1.20　初始 F－代数

定义 1.40（F－共代数） 范畴$\mathscr{C}$，$F:\mathscr{C}\to\mathscr{C}$是范畴$\mathscr{C}$上的一个恒等函子．$\forall C\in \boldsymbol{Obj}\ \mathscr{C}$，$\gamma: C\to F(C)\in \boldsymbol{Mor}\ \mathscr{C}$，称二元组$(\gamma,C)$为一个 F－共代数，C 称为 F－共代数的载体．

对另一 F－共代数(χ,D)，(γ,C)与(χ,D)的态射为对应载体间的态射 $g: C\to D$，且满足 $F(g)\circ\gamma=\chi\circ g$，容易验证 F－共代数的恒等与复合操作．以 F－共代数为对象，F－共代数态射为态射，构成 F－共代数范畴，记为 $\boldsymbol{Coalg}_F$．

令$(out, \nu F)$为 $\boldsymbol{Coalg}_F$ 中一个 F－共代数，若对$\forall(\gamma, C) \in \boldsymbol{Obj}\ \boldsymbol{Coalg}_F$，从$(\gamma, C)$到$(out, \nu F)$有唯一的态射 $g: C \to \nu F$，并满足如图 1.21 所示的交换图表，即 $F(g) \circ \gamma = out \circ y$，则称$(out, \nu F)$为终结 F－共代数. F－代数与 F－共代数、初始 F－代数与终结 F－共代数是对偶的范畴概念. 态射 g 称为共折叠函数(unfold function)，记为 *unfold*. 终结 F－代数若存在，则在同构意义下唯一.

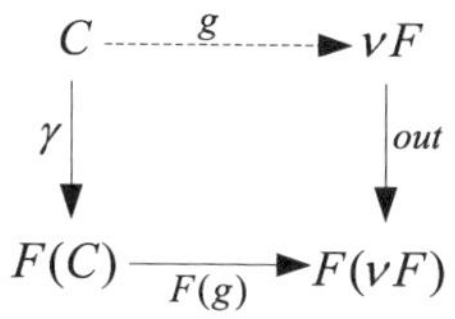

图 1.21　终结 F－共代数

1.4.3　Eilenberg-Moore 范畴

Eilenberg-Moore 范畴 EM_T 是 F－代数范畴 $\boldsymbol{Alg}_F$ 的一个全子范畴，在分析有效数据类型(effectful data types)的效果计算(effects computation)中有广泛的应用，其程序具备异常处理、改变系统状态与执行不确定性计算等许多良好的性质. 例如，Eilenberg-Moore 代数态射的唯一性确保有效数据类型归纳规则的可靠性.

定义 1.41(Eilenberg-Moore 范畴)　令(T, η, μ)为范畴$\mathscr{C}$上的一个模，$\forall A \in \boldsymbol{Obj}\ \mathscr{C}$，$h: T(A) \to A \in \boldsymbol{Mor}\ \mathscr{C}$. 如果满足如图 1.22 所示的交换图表，则称二元组(A, h)为一个 Eilenberg-Moore 代数.

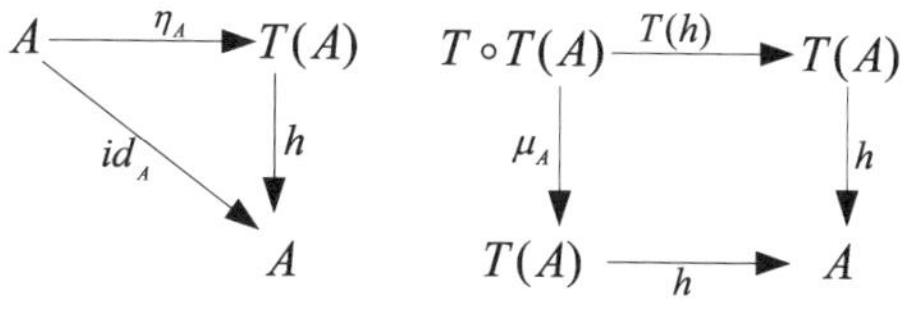

图 1.22　Eilenberg-Moore 代数

Eilenberg-Moore 代数(A, h)与(B, k)的态射$f: (A, h) \to (B, k)$是范畴$\mathscr{C}$中的态射$f: A \to B$，且满足如图 1.23 所示的交换图表.

由图 1.23 可知，Eilenberg-Moore 代数态射实际上就是 T - 代数态射. 以全体 Eilenberg-Moore 代数为对象，以 Eilenberg-Moore 代数态射为态射，构成一个范畴，称为 Eilenberg-Moore 范畴，记为 EM_T.

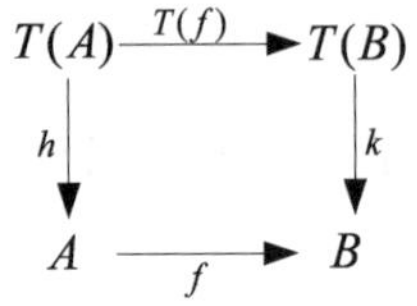

图 1.23　Eilenberg-Moore 代数态射

设 $F:\mathscr{C}\to\mathscr{C}$ 是范畴 $\mathscr{C}$ 上的一个恒等函子，$M=(T,\eta,\mu)$ 为范畴 $\mathscr{C}$ 上的一个模. 二元积范畴 $\boldsymbol{Alg}_F\times EM_T$ 由 $\boldsymbol{Cat}$ 中的 2 个遗忘函子 U_F: $\boldsymbol{Alg}_F\to\mathscr{C}$ 与 U_T: $EM_T\to\mathscr{C}$ 的拉回定义，如图 1.24 所示. 对 $\forall A\in\boldsymbol{Obj}\,\mathscr{C}$，$\alpha: F(A)\to A\in\boldsymbol{Mor}\,\mathscr{C}$，$g: T(A)\to A\in\boldsymbol{Mor}\ \mathscr{C}$. 对 F - 代数 $(A,\alpha)\in\boldsymbol{Obj}\ \boldsymbol{Alg}_F$，$U_F(A,\alpha)=A$；对 Eilenberg-Moore 代数 $(A,g)\in\boldsymbol{Obj}\ EM_T$，$U_T(A,g)=A$.

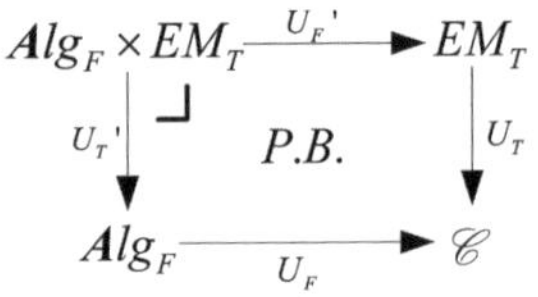

图 1.24　二元积范畴

二元积范畴 $\boldsymbol{Alg}_F\times EM_T$ 的对象是一个 $F\ T$ - Eilenberg-Moore 代数，即对 $\forall A\in\boldsymbol{Obj}\ \mathscr{C}$，$f: F(A)\to A\in\boldsymbol{Mor}\ \mathscr{C}$，$g: T(A)\to A\in\boldsymbol{Mor}\ \mathscr{C}$，三元组 $(A,f,g)\in\boldsymbol{Obj}(\boldsymbol{Alg}_F\times EM_T)$，$\boldsymbol{Mor}(\boldsymbol{Alg}_F\times EM_T)$ 是范畴 $\mathscr{C}$ 中的态射，同时也是 F - 代数态射与 Eilenberg-Moore 代数态射，即 F - 代数态射与 T - 代数态射.

定理 1.5　范畴 $\mathscr{C}$，$F:\mathscr{C}\to\mathscr{C}$ 是范畴 $\mathscr{C}$ 上的一个恒等函子，$M=(T,\ \eta,\mu)$ 范畴 $\mathscr{C}$ 上的一个模. 二元积范畴 $\boldsymbol{Alg}_F\times EM_T$ 到 FT - 代数范畴 $\boldsymbol{Alg}_{FT}$ 的函子 $\Phi:\boldsymbol{Alg}_F\times EM_T\to\boldsymbol{Alg}_{FT}$ 有一个左伴随函子 $\Psi:\boldsymbol{Alg}_{FT}\to\boldsymbol{Alg}_F\times EM_T$.

证明： 为简化陈述，记 $F\circ T$ 为 FT，$T\circ T$ 为 T^2. 对 $k: FT(A)\to A\in\boldsymbol{Obj}\ \boldsymbol{Alg}_{FT}$，$\Psi(k)=(T(A),\eta\circ k,\mu)$. $\forall B\in\boldsymbol{Obj}\ \mathscr{C}$，$f: F(B)\to B\in\boldsymbol{Obj}\ \boldsymbol{Alg}_F$，$g: T(B)\to B\in\boldsymbol{Obj}\ EM_T$，三元组 $(B,f,g)\in\boldsymbol{Obj}(\boldsymbol{Alg}_F\times EM_T)$. $\Phi(B,f,g)=f\circ F(g): FT(B)\to B\in\boldsymbol{Obj}\ \boldsymbol{Alg}_{FT}$.

(1)对 $h: \Psi(k) \to (B,f,g) \in \boldsymbol{Mor}(\boldsymbol{Alg}_F \times \boldsymbol{EM}_T)$，证明 $\Psi(k)$ 到 (B,f,g) 的态射集 $\boldsymbol{Alg}_F \times \boldsymbol{EM}_T[\Psi(k),(B,f,g)]$ 与 k 到 $\Phi(B,f,g)$ 的态射集 $\boldsymbol{Alg}_{FT}[k,\Phi(B,f,g)]$ 构造一个自然同构，即 $\Phi: \boldsymbol{Alg}_F \times \boldsymbol{EM}_T[\Psi(k),(B,f,g)] \to \boldsymbol{Alg}_{FT}[k,\Phi(B,f,g)]$.

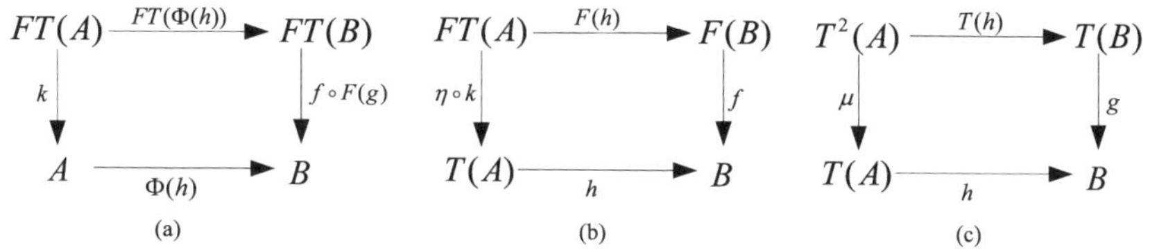

图 1.25　自然同构 Φ

由图 1.25 的(b)与(c)知，态射 h 既是一个 F－代数态射，又是一个 Eilenberg-Moore 代数态射. $\Phi(h): k \to \Phi(B,f,g)$ 满足 $\Phi(h) = h \circ \eta$，下面证明 $\Phi(h)$ 是一个 FT－代数态射，即图 1.25 的(a)是交换图表.

对 $f \circ F(g) \circ FT(\Phi(h)) = f \circ F(g) \circ FT(h \circ \eta)$，函子 F 与 T 的复合仍是一个函子，则有 $f \circ F(g) \circ FT(h \circ \eta) = f \circ F(g) \circ FT(h) \circ FT(\eta)$，由图 1.25 的(c)知，$h$ 是一个 Eilenberg-Moore 代数态射，即 $g \circ T(h) = h \circ \mu$，则 $f \circ F(g) \circ FT(h) \circ FT(\eta) = f \circ F(h) \circ F(\mu) \circ FT(\eta)$，而 $F(\mu) \circ FT(\eta) = Id_{FT}$，$\mathrm{dom}(f \circ F(h)) = FT(A)$，有 $f \circ F(h) \circ F(\mu) \circ FT(\eta) = f \circ F(h)$. 由图 1.25 的(b)知，$h$ 也是一个 F－代数态射，即 $h \circ (\eta \circ k) = f \circ F(h)$，由 $h \circ \eta = \Phi(h)$ 代入，有 $\Phi(h) \circ k = f \circ F(h)$，故有 $\Phi(h) \circ k = f \circ F(g) \circ FT(\Phi(h))$ 成立，即图 1.25 的(a)是一个交换图表.

(2)对 $h: k \to \Phi(B,f,g) \in \boldsymbol{Mor}\ \boldsymbol{Alg}_{FT}$，证明 k 到 $\Phi(B,f,g)$ 的态射集 $\boldsymbol{Alg}_{FT}[k,\Phi(B,f,g)]$ 与 $\Psi(k)$ 到 (B,f,g) 的态射集 $\boldsymbol{Alg}_F \times \boldsymbol{EM}_T[\Psi(k),(B,f,g)]$ 构造一个自然同构，即 $\Psi: \boldsymbol{Alg}_{FT}[k,\Phi(B,f,g)] \to \boldsymbol{Alg}_F \times \boldsymbol{EM}_T[\Psi(k),(B,f,g)]$.

由图 1.26 的(a)知，态射 h 是一个 FT－代数态射. $\Psi(h): \Psi(k) \to (B,f,g)$ 满足 $\Psi(h) = g \circ T(h)$，下面证明 $\Psi(h)$ 既是一个 F－代数态射，又是一个 Eilenberg-Moore 代数态射，即图 1.26 的(b)与(c)是交换图表.

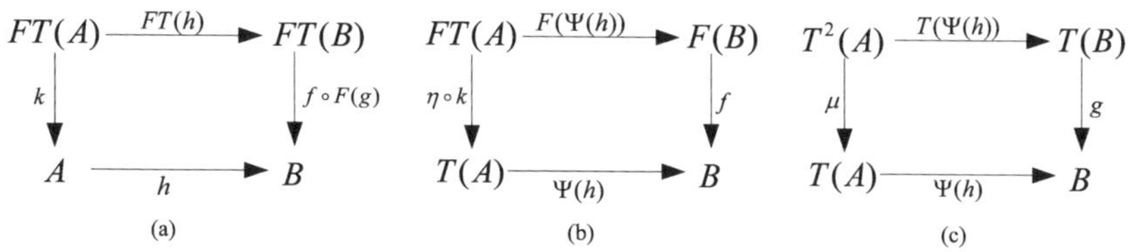

图 1.26　自然同构 Ψ

首先，证明 $\Psi(h)$ 是一个 F - 代数态射，即 $\Psi(h)\circ(\eta\circ k)=f\circ F(\Psi(h))$. $\Psi(h)\circ(\eta\circ k)=g\circ T(h)\circ\eta\circ k$，由图 1.27 的(a)中自然变换 η 的自然性，即 $T(h)\circ\eta=\eta\circ h$，有 $g\circ T(h)\circ\eta\circ k=g\circ\eta\circ h\circ k$，而 $g\circ\eta=id_B$，$\mathrm{cod}(h\circ k)=B$，则有 $g\circ\eta\circ h\circ k=h\circ k$. 因图 1.26 的(a)中 h 是一个 FT - 代数态射，有 $h\circ k=f\circ F(g)\circ FT(h)$，则有 $f\circ F(g)\circ FT(h)=f\circ F(g\circ T(h))=f\circ F(\Psi(h))$，故 $f\circ F(\Psi(h))=\Psi(h)\circ(\eta\circ k)$，满足图 1.26 的(b)是交换图表的条件.

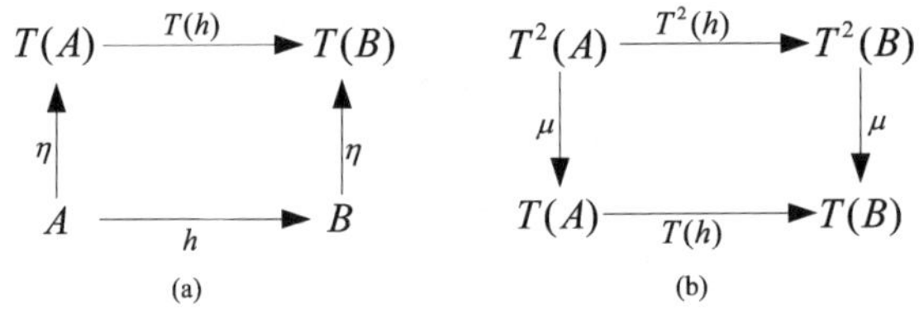

图 1.27　自然变换的自然性

再证明 $\Psi(h)$ 是一个 Eilenberg-Moore 代数态射，即 $\Psi(h)\circ\mu=g\circ T(\Psi(h))$. $g\circ T(\Psi(h))=g\circ T(g)\circ T^2(h)=g\circ\mu\circ T^2(h)$. 由图 1.27 的(b)中自然变换 μ 的自然性，即 $T(h)\circ\mu=\mu\circ T^2(h)$，$g\circ\mu\circ T^2(h)=g\circ T(h)\circ\mu=\Psi(h)\circ\mu$，故 $\Psi(h)\circ\mu=g\circ T(\Psi(h))$，满足图 1.26 的(c)是交换图表的条件.

综上，由(1)、(2)知，$\Phi(\Psi(h))=\Phi(g\circ T(h))$，而由 $\Phi(h)=h\circ\eta$，则有 $\Phi(g\circ T(h))=g\circ T(h)\circ\eta$，根据图 1.27 的(a)中自然变换 η 的自然性，$g\circ T(h)\circ\eta=g\circ\eta\circ h=h$，即 $\Phi(\Psi(h))=h$. 同时，$\Psi(\Phi(h))=\Psi(h\circ\eta)$，由 $\Psi(h)=g\circ T(h)$，则有 $\Psi(h\circ\eta)=g\circ T(h)\circ T(\eta)$，再由图 1.25 的(c)知，$h$ 是一个 Eilenberg-Moore 代数态射，故 $g\circ T(h)\circ T(\eta)=h\circ\mu\circ T(\eta)=h$，即 $\Psi(\Phi(h))=h$.

所以，$\Psi\dashv\Phi:\boldsymbol{Alg}_{FT}\to\boldsymbol{Alg}_F\times\boldsymbol{EM}_T$ 是一个伴随结构.　　证毕.

给定一个函子 F 与模 T，初始 TF - 代数的载体 $\mu(TF)$ 则可视为由 F 描述语法结构，T 执行语义计算的有效数据类型. 直观上，有效数据类型 $\mu(TF)$ 涵盖了语法构造 F 与语义计算 T 的所有细节；形式上，有效数据类型 $\mu(TF)$ 是以 F - 代数与 Eilenberg-Moore 代数为载体的一种自由结构. 定理 1.5 应用结构化递归方法为有效数据类型 $\mu(TF)$ 提供归纳定义.

1.4.4　Kleisli 范畴

由 Monad 可构造 Kleisli 范畴，Kleisli 范畴在理论计算机科学中应用较为广泛. 下面，我们给出 Kleisli 范畴的定义.

定义 1.42（Kleisli 范畴）　令 $M=(T,\eta,\mu)$ 范畴 $\mathscr{C}$ 上的一个模，在 M 上构造 Kleisli 范畴 $\mathscr{K}$. $\boldsymbol{Obj}\ \mathscr{K}=\boldsymbol{Obj}\ \mathscr{C}$，$\forall f: A\to B\in \boldsymbol{Mor}\ \mathscr{K}$，$\exists f': A\to T(B)\in \boldsymbol{Mor}\ \mathscr{C}$. Kleisli 范畴 $\mathscr{K}$ 的复合操作为 $\exists g: B\to C\in \boldsymbol{Mor}\ \mathscr{K}$，$g\circ f\in \boldsymbol{Mor}\ \mathscr{K}$，$\mu_C\circ T(g')\circ f'\in \boldsymbol{Mor}\ \mathscr{C}$. $\forall A\in \boldsymbol{Obj}\ \mathscr{K}$，$A$ 上的恒等态射为模 M 的自然转换 η，即 $id_A=\eta_A$: $A\to T(A)\in \boldsymbol{Mor}\ \mathscr{K}$.

定义 1.42 的 Kleisli 范畴 $\mathscr{K}$ 与范畴 $\mathscr{C}$ 可构造一对伴随函子 $F\dashv G: \mathscr{C}\to\mathscr{K}$. 令 $G(A)=T(A)$，$F(A)=A$，由图 1.28 的交换图表可知 $G(f)=\mu_B\circ T(f')$. 类似地，若 $g: A\to B\in \boldsymbol{Mor}\ \mathscr{C}$，则有 $F(g)=T(g)\circ\eta_A$. 图 1.28 中的 $T=G\circ F$ 将恒等函子 T 与伴随函子 $F\dashv G$: $\mathscr{C}\to\mathscr{K}$ 融合起来，为分析计算机科学中的实际应用问题提供了便利.

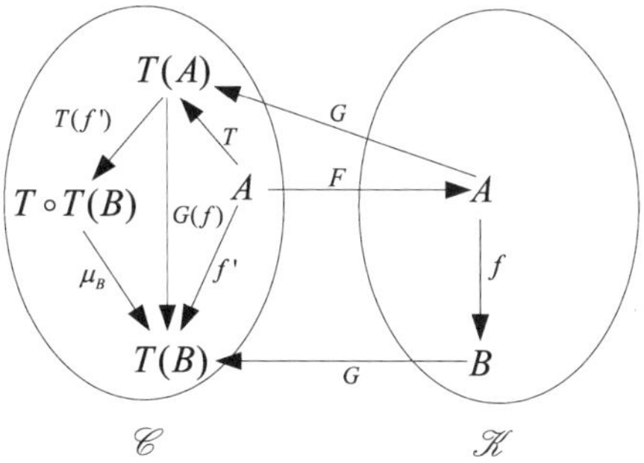

图 1.28　伴随函子 $F\dashv G$

1.5　Fibrations 方法

Fibrations 方法是一种以范畴解释数据类型与程序逻辑的公理化方法，也称 Fibrations 理论，是理论计算机科学研究的一个新兴方向，尤其是在形式语言理论、程序设计方法学、数据库系统建模等领域有广泛的应用. 下面，我们首先引入卡式射（cartesian arrow）与对偶卡式射（opcartesian arrow）等基本概念.

定义 1.43（卡式射） 范畴$\mathscr{T}$，$\mathscr{B}$，设P：$\mathscr{T}\to\mathscr{B}$是范畴$\mathscr{T}$与$\mathscr{B}$间的一个函子，$f$：$C\to D\in \boldsymbol{Mor}\ \mathscr{B}$，$u$：$X\to Y\in \boldsymbol{Mor}\ \mathscr{T}$. 如果$P(Y)=D$，$P(u)=f$且对$\forall Z\in \boldsymbol{Obj}\ \mathscr{T}$，$v$：$Z\to Y\in \boldsymbol{Mor}\ \mathscr{T}$与$\forall h$：$P(Z)\to C\in \boldsymbol{Mor}\ \mathscr{B}$，有$f\circ h=P(v)$，并$\exists!w$：$Z\to X\in \boldsymbol{Mor}\ \mathscr{T}$，使$u\circ w=v$与$P(w)=h$，则称态射$u$是$f$与$Y$的卡式射.

对f与Y的卡式射u，称u位于f上；类似地，称Y位于D上，如图1.29所示. 若u是范畴$\mathscr{T}$中的一个锥，则由锥态射w的唯一性可知，定义1.43中的卡式射u是$\mathscr{T}$中的泛锥，即极限锥. 相应地，泛锥u的顶点X为u的终结对象. 记定义1.43中f与Y的卡式射u为$f_Y^{\downarrow}$.

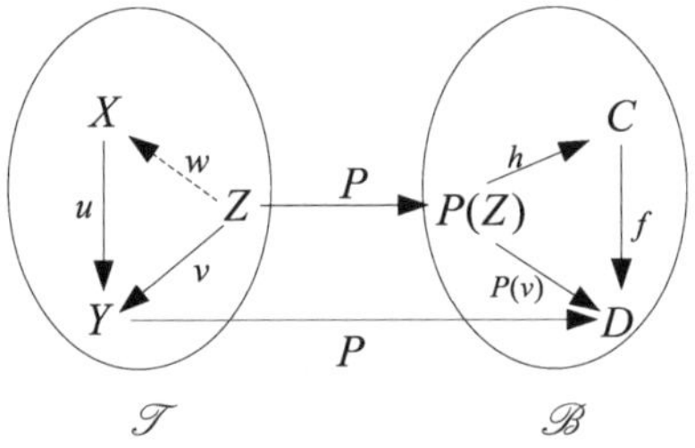

图 1.29　卡式射

定义 1.44（fibration） 设P：$\mathscr{T}\to\mathscr{B}$是范畴$\mathscr{T}$与$\mathscr{B}$间的一个函子，如果对$\forall Y\in \boldsymbol{Obj}\ \mathscr{T}$与$\forall f$：$C\to P(Y)\in \boldsymbol{Mor}\ \mathscr{B}$，都存在一个$f$与$Y$的卡式射，则称$P$是一个 fibration.

由定义1.44知，fibration 本质上是一种确保大量卡式射存在的函子. 对于一个 fibration P：$\mathscr{T}\to\mathscr{B}$，称$\mathscr{B}$为基范畴（base category），$\mathscr{T}$为全范畴（total category），并称$\mathscr{T}$是$\mathscr{B}$上的纤维化（fibered）.

例 1.10 设范畴$\mathscr{C}$有拉回，$\mathscr{A}$为$\mathscr{C}$的射范畴，即$\mathscr{A}=\mathscr{C}^{\to}$. P：$\mathscr{A}\to\mathscr{C}$是范畴$\mathscr{A}$与$\mathscr{C}$间的一个函子，对$\forall f$：$A\to B$，$g$：$C\to D\in \boldsymbol{Obj}\mathscr{A}$，$(h,k)$：$f\to g\in \boldsymbol{Mor}\mathscr{A}$，有$P(f)=B$，$P(h,k)=k$，则$P$是一个 fibration.

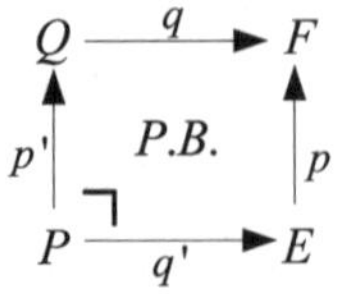

图 1.30　p与q的一个卡式射

对 $p: E \to F \in \boldsymbol{Mor}\ \mathscr{C}$，$q: Q \to F \in \boldsymbol{Obj}\ \mathscr{A}$，则 p 与 q 的一个卡式射为如图 1.30 所示的一个拉回方形，p' 为 p 沿 q 的拉回，q' 为 q 沿 p 的拉回.

例 1.11　定义域 fibration 与共域 fibration. 记范畴 $\mathscr{B}$ 的射范畴为 $\mathscr{B}^{\to}$，定义域函子 $Dom: \mathscr{B}^{\to} \to \mathscr{B}$ 将 $\mathscr{B}^{\to}$ 的一个对象 $f: X \to Y$ 映射为 $\mathscr{B}$ 的对象 X，称 Dom 为 $\mathscr{B}$ 上的定义域 fibration. 函子 $Cod: \mathscr{B}^{\to} \to \mathscr{B}$ 将 $\mathscr{B}^{\to}$ 的一个对象 $f: X \to Y$ 映射为 $\mathscr{B}$ 的对象 Y，若 $\mathscr{B}$ 有拉回，则称 Cod 为 $\mathscr{B}$ 上的共域 fibration.

定义 1.45（纤维）　$P: \mathscr{T} \to \mathscr{B}$ 是范畴 $\mathscr{T}$ 与 $\mathscr{B}$ 间的一个函子，对 $\boldsymbol{Obj}\ \mathscr{B}$ 中一个对象 C，$\exists X \in \boldsymbol{Obj}\ \mathscr{T}$，$k \in \boldsymbol{Mor}\ \mathscr{T}$，若有 $P(X) = C$ 与 $P(k) = id_C$，则 X 与 k 构成的子范畴 $\mathscr{T}_C$ 称为对象 C 上的纤维(fiber)，并称 k 为垂直态射.

实际上，定义 1.45 中的纤维 $\mathscr{T}_C$ 是全范畴 $\mathscr{T}$ 的一个全子范畴. 例 1.11 的共域 fibration 要求基范畴 $\mathscr{B}$ 有拉回，而定义域 fibration 没有此特定要求. 同时，对 Y 上纤维 $\mathscr{B}^{\to}_Y$ 中对象 $f: X \to Y$，有 $f': X' \to Y \in \boldsymbol{Mor}\ \mathscr{B}$，则 f' 与 f 关于共域 fibration Cod 的一个卡式射为 f 沿 f' 的拉回方形.

例 1.12　子对象 fibration. 设范畴 $\mathscr{B}$ 有拉回，$Sub(\mathscr{B})$ 为 $\mathscr{B}$ 的子对象构成的范畴，即 $Sub(\mathscr{B})$ 的对象为单射等价类(equivalence classes of monos)，如 $[f]: X \rightarrowtail I \in \boldsymbol{Obj}\ Sub(\mathscr{B})$，对 $Sub(\mathscr{B})$ 中的另一对象 $[g]: Y \rightarrowtail J$，有态射 $(I \to J): [f] \to [g] \in \boldsymbol{Mor}\ Sub(\mathscr{B})$，记为 $\alpha: I \to J$，$\beta: X \to Y$，满足图表交换 $\alpha \circ [f] = [g] \circ \beta$. 子对象 fibration S 为 $S: Sub(\mathscr{B}) \to \mathscr{B}$，将一个单射等价类 $[f]$ 映射为其共域.

下面，我们给出定义 1.43 的对偶概念.

定义 1.46（对偶卡式射）　范畴 $\mathscr{T}$，$\mathscr{B}$，设 $P: \mathscr{T} \to \mathscr{B}$ 是范畴 $\mathscr{T}$ 与 $\mathscr{B}$ 间的一个函子. $f: C \to D \in \boldsymbol{Mor}\ \mathscr{B}$，$u: X \to Y \in \boldsymbol{Mor}\ \mathscr{T}$. 如果 $P(X) = C$，$P(u) = f$ 且对 $\forall Z \in \boldsymbol{Obj}\ \mathscr{T}$，$v: X \to Z \in \boldsymbol{Mor}\ \mathscr{T}$ 与 $\forall h: D \to P(Z) \in \boldsymbol{Mor}\ \mathscr{B}$，有 $h \circ f = P(v)$，并 $\exists!$ $w: Y \to Z \in \boldsymbol{Mor}\ \mathscr{T}$，使 $w \circ u = v$ 与 $P(w) = h$，则称态射 u 是 f 与 X 的对偶卡式射，如图 1.31 所示.

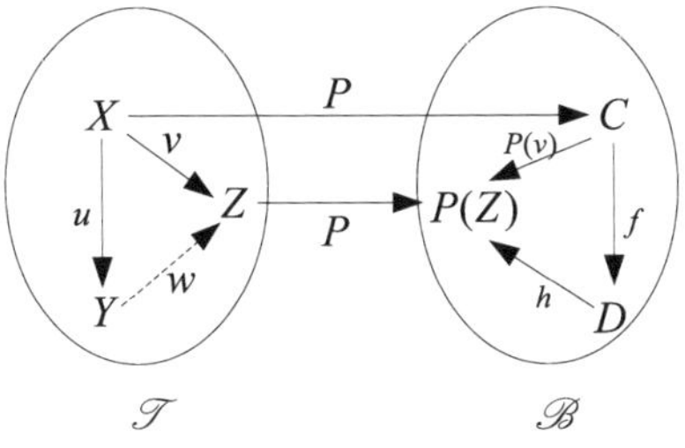

图 1.31　对偶卡式射

与定义 1.43 类似，若 u 是范畴 $\mathscr{T}$ 中的一个共锥，则由共锥态射 w 的唯一性可知，定义 1.46 中的对偶卡式射 u 是 $\mathscr{T}$ 中的泛共锥，即共极限共锥. 相应地，泛共锥 u 的顶点 Y 为 u 的初始对象. 记定义 1.46 中 f 与 X 的对偶卡式射 u 为 $f_{\downarrow}^{X}$.

定义 1.47（opfibration） 设 P：$\mathscr{T}\to\mathscr{B}$ 是范畴 $\mathscr{T}$ 与 $\mathscr{B}$ 间的一个函子，如果对 $\forall X\in \boldsymbol{Obj}\ \mathscr{T}$ 与 $\forall f: P(X)\to D\in \boldsymbol{Mor}\ \mathscr{B}$，都存在一个 f 与 X 的对偶卡式射，称 P 是一个 opfibration.

定义 1.48（bifibration） 若函子 P：$\mathscr{T}\to\mathscr{B}$ 既是一个 fibration，又是一个 opfibration，则称 P 为 bifibration.

下面，我们在裂纹（cleavage）、对偶裂纹（opcleavage）与分裂子（splitting）的基础上，简单探讨 fibration 与 opfibration 的分裂性（split）.

定义 1.49（裂纹） 范畴 $\mathscr{T}$，$\mathscr{B}$，设 P：$\mathscr{T}\to\mathscr{B}$ 是一个 fibration，$f: C\to D\in \boldsymbol{Mor}\ \mathscr{B}$，$Y\in \boldsymbol{Obj}\ \mathscr{T}$，$P(Y)=D$. P 的一个裂纹是一个函数 γ，γ 将态射 f 与对象 Y 映射为一个态射 $\gamma(f,Y)\in \boldsymbol{Mor}\ \mathscr{T}$，态射 $\gamma(f,Y)$ 是 f 与 Y 的一个卡式射 $f_{Y}^{\downarrow}$.

定义 1.50（对偶裂纹） 范畴 $\mathscr{T}$，$\mathscr{B}$，设 P：$\mathscr{T}\to\mathscr{B}$ 是一个 fibration，$f: C\to D\in \boldsymbol{Mor}\ \mathscr{B}$，$X\in \boldsymbol{Obj}\ \mathscr{T}$，$P(X)=C$. P 的一个对偶裂纹是一个函数 κ，κ 将态射 f 与对象 X 映射为一个态射 $\kappa(X,f)\in \boldsymbol{Mor}\ \mathscr{T}$，态射 $\kappa(X,f)$ 是 f 与 X 的一个对偶卡式射 $f_{\downarrow}^{X}$.

定义 1.51（分裂子） 范畴 $\mathscr{T}$，$\mathscr{B}$，$f: C\to D\in \boldsymbol{Mor}\ \mathscr{B}$，$u: X\to Y\in \boldsymbol{Mor}\ \mathscr{T}$.

（1）设 P：$\mathscr{T}\to\mathscr{B}$ 是一个 fibration，$P(Y)=D$. $\gamma(id_D,Y)=id_Y$. 对 $g: D\to E\in \boldsymbol{Mor}\ \mathscr{B}$，$Z\in \boldsymbol{Obj}\ \mathscr{T}$，$P(Z)=E$，且 Y 是 $\gamma(g,Z)$ 的定义域，有 $\gamma(g,Z)\circ\gamma(f,Y)=\gamma(g\circ f,Z)$ 成立，则称 γ 是 P 的一个分裂子，如图 1.32 所示.

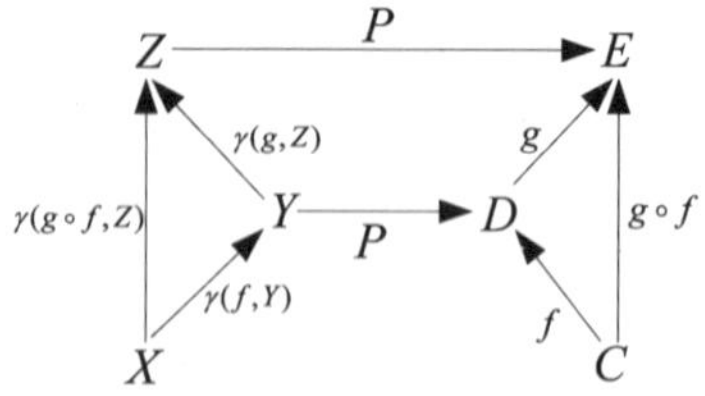

图 1.32 fibration 的分裂子

（2）设 P：$\mathscr{T}\to\mathscr{B}$ 是一个 opfibration，$P(X)=C$. $\kappa(X,id_C)=id_X$. 对 $g: D\to E\in \boldsymbol{Mor}\ \mathscr{B}$，$Z\in \boldsymbol{Obj}\ \mathscr{T}$，$P(Z)=E$，且 Y 是 $\kappa(X, f)$ 的共域，有

$\kappa(Y,g) \circ \kappa(X,f) = \kappa(X,g \circ f)$ 成立，则称 κ 是 P 的一个分裂子，如图 1.33 所示.

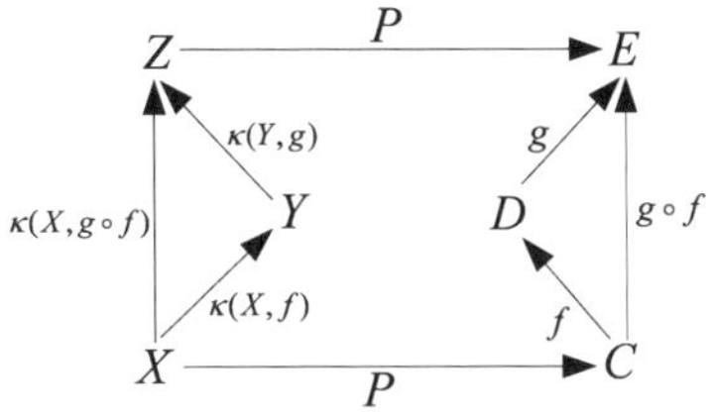

图 1.33　opfibration 的分裂子

定义 1.52（分裂的）　一个 fibration 如果有一个分裂子，则称其为分裂的 fibration；一个 opfibration 如果有一个分裂子，则称其为分裂的 opfibration.

例 1.13　对范畴$\mathscr{C}$，$\mathscr{D}$，射影函子 π_2：$\mathscr{C} \times \mathscr{D} \to \mathscr{D}$ 即是一个分裂的 fibration，又是一个分裂的 opfibration.

1.6　有限离散素描

素描（sketch）是形式系统建模的一类抽象描述，为语义计算的分析与描述提供了一种规范化的范畴论方法. 素描基于图的建模方式较为直观，其模型语义可由图同态给出. 有限离散素描（finite discrete sketch）是一类重要的素描，同时使用积锥、和共锥描述形式系统的多元操作，在分析异构对象的代数语义、判定模型范畴（model category）内模型转换的正确性，尤其是数据库系统建模中在数据模型（data model）复杂语义约束条件的形式化描述方面有广泛的应用.

定义 1.53（有限离散素描）　有限离散素描 $\boldsymbol{S}$ 是一个四元组 $\boldsymbol{S} = (\mathscr{C}_G, \{Dia\}, \boldsymbol{L}, \boldsymbol{K})$，$\mathscr{C}_G$ 是 $\boldsymbol{S}$ 所对应范畴$\mathscr{C}$的基础图，$\mathscr{C}_G$ 中的 $\boldsymbol{Obj}\ \mathscr{C}$与 $\boldsymbol{Mor}\ \mathscr{C}$均是有限集，$\{Dia\}$ 是一个有限图表集，$\boldsymbol{L}$ 是一个有限离散锥集，$\boldsymbol{K}$ 是一个有限离散共锥集.

定义 1.54（有限离散素描的模型）　有限离散素描 $\boldsymbol{S} = (\mathscr{C}_G, \{Dia\}, \boldsymbol{L}, \boldsymbol{K})$ 在范畴$\mathscr{D}$中的模型 M 是一个图同态 M：$\mathscr{C}_G \to \mathscr{D}$，$M$ 将 $\{Dia\}$ 中的图表映射为$\mathscr{D}$中的交换图表，将 $\boldsymbol{L}$ 中的离散锥映射为$\mathscr{D}$中的积锥，将 $\boldsymbol{K}$ 中的离散共锥映射为$\mathscr{D}$中的和共锥.

对$\{Dia\}$中的每个图表$Dia:\mathbf{D}\to\mathscr{C}_G$，$M\circ Dia$是$\mathscr{D}$中的一个交换图表；对$\mathbf{L}$中的每个离散锥$L:\mathbf{D}\to\mathscr{C}$，$M\circ L$映射为$\mathscr{D}$中的积锥，如果$L$为空锥，则$M\circ L$是范畴$\mathscr{D}$中的一个终结对象；对$\mathbf{K}$中的每个离散共锥$K:\mathbf{D}\to\mathscr{C}$，$M\circ K$映射为$\mathscr{D}$中的和共锥.

以有限离散素描$\mathbf{S}=(\mathscr{C}_G,\{Dia\},\mathbf{L},\mathbf{K})$在范畴$\mathscr{D}$中的所有模型为对象，以模型间的自然变换为态射，构成一个范畴，称为模型范畴，记为$\boldsymbol{Mod}(M,\mathscr{D})$. 模型范畴$\boldsymbol{Mod}(M,\mathscr{D})$是$\mathscr{C}_G$到$\mathscr{D}$的所有图同态构成范畴的一个全子范畴. 范畴$\mathscr{D}$若未指定，默认为集合范畴$\boldsymbol{Set}$.

每个有限离散素描都有一个理论(theory)，包含该有限离散素描所有的语法信息. 定义有限离散素描的理论需要不相交和(disjoint sum)、泛和(universal sum)，我们先引入不相交和与泛和的概念.

定义 1.55(不相交和) 有限范畴$\mathscr{C}$，$\forall A,B\in \boldsymbol{Obj}\ \mathscr{C}$，$\mathbf{0}$是范畴$\mathscr{C}$的初始对象，$A+B$是对象$A$与$B$的和. 如图 1.34 所示的交换图表是一个拉回，并且态射f与g是单态射，则$A+B$是不相交和.

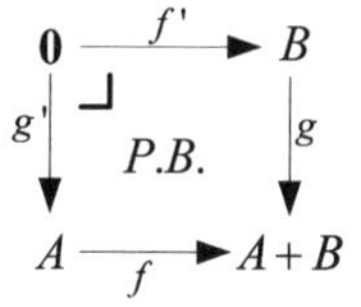

图 1.34 不相交和

定义 1.56(泛和) 有限范畴$\mathscr{C}$，$\forall A,B\in \boldsymbol{Obj}\ \mathscr{C}$，$\mathbf{0}$是范畴$\mathscr{C}$的初始对象，$A_1+A_2$与$B_1+B_2$是和. 如果满足以下两个条件：

(1)图 1.35 的(a)、(b)是一个拉回方形，则(c)也是拉回方形.

(2)图 1.35 的(d)是一个拉回，且态射f与g是单态射，则A_1+A_2与B_1+B_2是泛和.

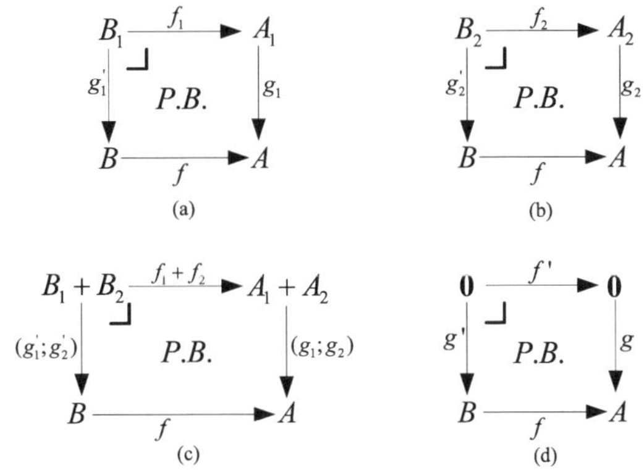

图 1.35　泛和

定义 1.57(有限离散素描的理论)　有限离散素描 $\boldsymbol{S}=(\mathscr{C}_G,\{Dia\},\boldsymbol{L},\boldsymbol{K})$，存在一个有有限不相交与泛和的范畴 $\boldsymbol{Th}(\boldsymbol{S})$，称为 $\boldsymbol{S}$ 的理论.

定义 1.58(泛模型)　M_0: $\mathscr{C}_G\to\boldsymbol{Th}(\boldsymbol{S})$ 是模型范畴 $\boldsymbol{Mod}(M,\boldsymbol{Th}(\boldsymbol{S}))$ 中的一个模型，范畴 $\mathscr{D}$ 有有限积、有限不相交与泛和. 对模型范畴 $\boldsymbol{Mod}(M,\mathscr{D})$ 中的任意一个模型 M'：$\mathscr{C}_G\to\mathscr{D}$，存在一个保持有限积与有限和的函子 F：$\boldsymbol{Th}(\boldsymbol{S})\to\mathscr{D}$，满足：

(1) $F\circ M_0=M'$.

(2) 若存在另一个函子 G：$\boldsymbol{Th}(\boldsymbol{S})\to\mathscr{D}$，$G$ 保持有限积与有限和，有 $G\circ M_0=M'$，则 G 与 F 是自然同构的，称 M_0 为有限离散素描 $\boldsymbol{S}=(\mathscr{C}_G,\{Dia\},\boldsymbol{L},\boldsymbol{K})$ 的泛模型.

通常情况下，给出 $\boldsymbol{Th}(\boldsymbol{S})$ 的显示描述是递归不可解的，故 $\boldsymbol{Th}(\boldsymbol{S})$ 不唯一. 任意两个 $\boldsymbol{Th}(\boldsymbol{S})$ 不一定同构却总是等价的，而泛模型 M_0 在同构意义下是唯一的.

泛模型 M_0 将 $\boldsymbol{S}$ 中每个对象 A 映射为自身，$A\in\boldsymbol{Obj}\ \mathscr{C}_G$；将 $\boldsymbol{S}$ 中每个态射 f 映射为 $\boldsymbol{Th}(\boldsymbol{S})$ 中的同余类 $[f]$，$f\in\boldsymbol{Mor}\ \mathscr{C}_G$；将 $\{Dia\}$ 中的每个图表映射为 $\boldsymbol{Th}(\boldsymbol{S})$ 中的交换图表.

设 $\boldsymbol{S}=(\mathscr{C}_G,\{Dia\},\boldsymbol{L},\boldsymbol{K})$ 与 $\boldsymbol{S}'=(\mathscr{D}_G,\{Dia'\},\boldsymbol{L}',\boldsymbol{K}')$ 为两个有限离散素描，$\boldsymbol{S}$ 与 $\boldsymbol{S}'$ 间的一个图同态 F：$\boldsymbol{S}\to\boldsymbol{S}'$，将 $\boldsymbol{S}$ 的一个图表 Dia：$\boldsymbol{D}\to\mathscr{C}_G$，映射为 $\boldsymbol{S}'$ 中的图表 $F\circ Dia$：$\boldsymbol{D}\to\mathscr{D}_G$；将 $\boldsymbol{L}$ 的一个锥 φ_i: $A\to Dia(V_i)$，映射为 $\boldsymbol{L}'$ 中的锥 $F(\varphi_i)$：$F(A)\to F(Dia(V_i))$；将 $\boldsymbol{K}$ 的一个共锥 ϕ_i: $Dia(V_i)\to A$，

映射为 $\boldsymbol{K}'$中的共锥 $F(\phi_i):F(Dia(V_i))\to F(A)$.

如果有限离散素描 $\boldsymbol{S}$ 的 Dia，$\boldsymbol{L}$ 与 $\boldsymbol{K}$ 均为空集，即 $\boldsymbol{S}=(\mathscr{C}_G,\varnothing,\varnothing,\varnothing)$，则 $F:\boldsymbol{S}\to\boldsymbol{S}'$弱化为 $F:\mathscr{C}_G\to\mathscr{D}_G$ 的图同态.

定义 1.59(素描同态) 素描同态 $F:\boldsymbol{S}\to\boldsymbol{S}'$是从图$\mathscr{C}_G$ 到$\mathscr{D}_G$ 的图同态，并满足：

(1)如果 Dia 是 $\boldsymbol{S}$ 的一个图表，则 $F\circ Dia$ 是 $\boldsymbol{S}'$中的图表.

(2)如果 φ_i 是 $\boldsymbol{L}$ 的一个锥，则 $F(\varphi_i)$是 $\boldsymbol{L}'$中的锥.

(3)如果 ϕ_i 是 $\boldsymbol{K}$ 的一个共锥，则 $F(\phi_i)$是 $\boldsymbol{K}'$中的共锥.

以素描为对象，定义 1.59 中的素描同态为态射，构成素描范畴(category of sketch). 素描范畴的恒等态射与复合态射可类似定义.

第 2 章　在形式语言中的应用

形式化软件开发应用数学工具分析软件工程各生命周期的开发过程，是大型软件系统设计与实现的趋势，也是程序设计方法学和软件工程学的重要研究课题. 形式化软件开发始于 20 世纪 60 年代中后期，R. W. Floyd[2]、C. A. R. Hoare[3]、Z. Manna[4]与 E. W. Dijkstra[5]等学者在程序正确性证明方面开展了研究. 70 年代末形式化软件开发在计算机硬件设计领域取得了显著成果，D. Bjorner 的工作较为突出[6].

形式系统是基于形式语言的一种逻辑演绎结构，建立形式语言模型对系统开发过程进行精确分析，构造合适的工具验证软件开发质量，可使软件开发过程自动化. 同时，形式规约描述(formal specification description)的精确性可有效降低系统开发前期的出错概率，为后期确认测试、系统维护等工作提供可靠依据. 形式规约描述语言既是设计者、实现者和使用者之间一种协议，又是模块开发与程序设计的一个界面. 保证软件规约描述的正确性，可确保模块实现的正确性，而形式语言正是描述软件规约的一种有力工具.

2.1　形式语言代数模型

随着软件系统复杂度和质量需求的不断提高，不确定语义计算、并发控制、系统安全性等技术难题在形式化软件开发过程中日益突出，如何完善和提升已有方法解决问题的能力，研发通用、便利、高效的新方法和新技术以适应新的软件需求，成为形式语言理论研究的重点. 当前在形式系统结构设计与形式语言理论框架研究方面，专门的研究机构较少，取得的显著成果不多. 代数公理方法在形式规约描述语言中有较为广泛的应用，可给出形式语言数据类型严格的数学定义，验证程序正确性. 简洁的语义模型便于研究不同语言之间的关系，如通过增加新数据类型及操作对一种已知语言进行扩充，用已知语言表示未知语言等.

2.1.1 形式语言代数模型

形式语言模型有语法域和语义域两个层面，我们用标记(signature)，即二元组(S,Σ)描述语法域，公理E描述语义域. 其中，S是一个有限值集，我们称为类集，Σ是定义在S上的操作集.

定义 2.1(项集族) 设S为类集. 对$\forall s\in S$，有一可数变元集$X_s=\{x_1^s,x_2^s,\cdots\}$，$X_s$可能是空集. 记$X=\{X_s\mid s\in S\}$，标记$(S,\Sigma)$的项集族$T_\Sigma(X)=\{T_{\Sigma(X),s}\mid s\in S\}$归纳地定义如下：

(1)$X_s\subseteq T_{\Sigma(X),s}$，每个$s$类变元$x_i^s$是$s$类项；

(2)若$\sigma\in\Sigma_{w,s},w=s_1\cdots s_n$，当$w$为空时记$w=\lambda$，$\Sigma_{\lambda,s}\subseteq T_{\Sigma(X),s}$，即每个$s$类常量函数是$s$类项；

(3)若$\sigma\in\Sigma_{w,s},w=s_1\cdots s_n,t_i\in T_{\Sigma(X),s_i}$，则$\sigma(t_1,\cdots,t_n)\in T_{\Sigma(X),s}$.

将$T_{\Sigma(X),s}$中不含变元项的全体记为$T_{\Sigma,s}$，记$T_\Sigma=\{T_{\Sigma,s}\mid s\in S\}$.

定义 2.2(Σ-方程) 令(S,Σ)为一标记，对于二元组(l,r)，l、r为某个T_Σ项. 记Σ-方程e为$l=r$，并约定e中出现的变元都是自由出现.

定义 2.3(形式语言代数模型) 形式语言代数模型FL是三元组(S,Σ,E)，即$FL=(S,\Sigma,E)$. 其中，(S,Σ)为标记，E由有限个Σ-方程构成，即$E=\{e_i\mid i=0,1,\cdots,n\}$.

2.1.2 内核小语言 *KSL*

我们应用巴克斯-诺尔范式(Backus-Naur Form)定义FL的语法域，声明一个小型类 Java 语言，称之为内核小语言 *KSL*(kernel small language)，如图 2.1 所示.

Syntactic Domains

p : **Program** (程序) ***cnt*** : **Const** (常量)
e : **Exp** (表达式) ***var*** : **Variant** (变量)
s : **Stmt** (语句) ***op*** : **Operators** (操作)
t : **Type** (数据类型) ***una*** : **Unary** (一元操作)
dec : **Declarations** (声明) ***bin*** : **Binary**(二元操作)

Semantic Domains

p :: = begin ***dec*** ; ***s*** end
dec :: = ***var*** : ***t*** | ***cnt*** : ***t***
t :: = *int* | *bool* | *char*
s :: = s_1 ; s_2 | if *e* then s_1 else s_2 fi | while *e* do *s* od | *var* = *e* | *skip* | *e*
e :: = *var* | *cnt* | *op e* | (*e*)
op :: = *una* | *bin*

图 2.1 内核小语言 *KSL*

在 *KSL* 中，只有整型、布尔型和字符型 3 种简单的数据类型，语句有顺序、条件、循环、赋值和空 5 种原子指令结构，*KSL* 的操作包括一元与二元操作. 根据定义 2.3 的基本模型，我们用标记(S_{KSL}, Σ_{KSL})描述 *KSL* 的语法：

$S_{KSL} = \{int, bool, char, Exp, Stmt, Program\}$；

$\Sigma_{KSL} = \{$ *if* : $Exp \times Stmt \times Stmt \to Stmt$;

while : $Exp \times Stmt \to Stmt$;

skip : $\to Stmt$;

= : $varient \times Exp \to Stmt$;

una : $Exp \to Exp$;

bin : $Exp \times Exp \to Exp$; $\}$

由定义 2.3 构造标记(S_{KSL}, Σ_{KSL})，其类集 S_{KSL} 抽象描述 *FL* 的语法，操作集 Σ_{KSL} 定义 *FL* 的语义计算. 对于复杂的形式系统，可按照分层设计原则建立面向复杂形式系统的语言族模型(language family model)，为研究语言间的内在联系提供一个便利的理论框架. 分层设计可采用软件工程自底向上(bottom-up)或自顶向下(top-down)的开发方法.

2.1.3 语言重用

现代软件工程中，软件重用(software reuse)的价值已被认知，在工程实践中建立软件开发组织的重用数据库已成为业内共识. 卡内基－梅隆大学的软件工程研究所(software engineering institute)已经将建立与使用可重用构件作为提高开发组织软件过程成熟度(capability maturity model for software)的一个目标. 基于软件重用的思想和文献[7－8]的转换语义方法，同时参考文献[9]中的继承、扩充和屏蔽观点，我们提出语言重用的概念.

定义 2.4(重用语言与基本语言) 若语言 L_P 的模型 $L_P=(S_P,\Sigma_P,E_P)$已知，L_P 应用转换规则描述一个新语言 L_R，得到模型 $L_R=(S_R,\Sigma_R,E_R)$. 称 L_R 为 L_P 的重用语言，L_P 为 L_R 的基本语言.

定义 2.5(语言重用) 对两种语言模型 L_R 与 L_P，$L_R=(S_R,\Sigma_R,E_R)$，$L_P=(S_P,\Sigma_P,E_P)$，

(1)若 $S_R=S_P,\Sigma_R=\Sigma_P,E_R=E_P$，称 L_R 是 L_P 的简单重用.

(2)若 $S_R=S_P\cup S,\Sigma_R=\Sigma_P\cup\Sigma,E_R=E_P\cup E$，$S,\Sigma,E$ 非空，且 $S\not\subset S_P,\Sigma\not\subset\Sigma_P,E\not\subset E_P$，称 L_R 是 L_P 的扩张重用.

(3)若 $S_R=S_P-S,\Sigma_R=\Sigma_P-\Sigma,E_R=E_P-E,S,\Sigma,E$ 同(2)，称 L_R 是 L_P 的选择重用.

2.1.4 可重用的语言族模型

定义 2.3 的形式语言代数模型 *FL* 描述形式系统的软件规约，并以内核小语言 *KSL* 为基础，由 *KSL* 有限次地应用定义 2.5 的简单重用、扩张重用和选择重用，可得到具有不同抽象层次的形式语言代数模型 L_i，各 L_i 构成语言族模型$\{L_i\}$.

简单重用蕴涵语言之间的同构关系，这种同构性给系统开发人员提供较大的可选择性和解决特定问题的灵活性；扩张重用使得语言族模型$\{L_i\}$版本序列的演化过程保持有效性和可扩展性；选择重用是$\{L_i\}$版本演化过程的剪枝和回溯，删除基本语言 L_P 中部分元素再通过扩张重用增加新的成分生成重用语言 L_R. $\{L_i\}$中每个语言模型都是内核小语言 *KSL* 的闭包，L_i 在不同层次上描述软件规约的抽象表达程度. 语言模型层次

越高，其抽象表达程度越高，语言描述能力就越强，从而使得软件系统开发人员越容易进行编码、测试.

定理 2.1　以语言族模型$\{L_i\}$中的语言模型L_i为对象，以L_i之间的映射为态射，构成一个形式语言范畴$\mathscr{L}$.

证明：记形式系统$\mathscr{L}=(\boldsymbol{Obj}\ \mathscr{L},\boldsymbol{Mor}\ \mathscr{L},\mathrm{dom},\mathrm{cod},\circ)$，下面证明$\mathscr{L}$满足定义 1.1 的三个条件.

(1)匹配条件的满足. 设$L_i,L_j,L_k\in\boldsymbol{Obj}\ \mathscr{L}$，$f:L_i\to L_j\in\boldsymbol{Mor}\ \mathscr{L}$，$g:L_j\to L_k\in\boldsymbol{Mor}\ \mathscr{L}$，则有$g\circ f:L_i\to L_k\in\boldsymbol{Mor}\ \mathscr{L}$，所以$\mathrm{dom}(g\circ f)=L_i=\mathrm{dom}(f)$，$\mathrm{cod}(g\circ f)=L_k=\mathrm{dom}(g)$.

(2)结合律条件的满足. 令$h:L_k\to L_m\in\boldsymbol{Mor}\ \mathscr{L}$，$f,g$定义同(1). 有以下态射的复合操作：$h\circ g:L_j\to L_m\in\boldsymbol{Mor}\ \mathscr{L}$，$h\circ(g\circ f):L_i\to L_m$，且$(h\circ g)\circ f:L_i\to L_m$，所以，结合律条件得以满足，即：$h\circ(g\circ f)=(h\circ g)\circ f$.

(3)恒等态射存在条件的满足. 对$\forall L_i\in\boldsymbol{Obj}\ \mathscr{L}$，则$\exists!\, id_{L_i}\in\boldsymbol{Mor}\ \mathscr{L}$使得$\mathrm{dom}(id_{L_i})=\mathrm{cod}(id_{L_i})=L_i$，且对$\forall f\in\boldsymbol{Mor}\ \mathscr{L}$，若$\mathrm{dom}(f)=L_i$，则$f\circ id_{L_i}=f$；若$\mathrm{cod}(f)=L_i$，则$id_{L_i}\circ f=f$.

由(1)、(2)、(3)及定义 1.1 可知：形式系统$\mathscr{L}$是一范畴，即：以语言族模型$\{L_i\}$中的语言模型L_i为对象，以L_i之间的映射为态射，构成一个形式语言范畴$\mathscr{L}$.　　证毕.

在范畴$\mathscr{L}$中，语言族模型$\{L_i\}$中各对象及相应态射按定义 2.5 的语言重用关系构成一个偏序集. 偏序集中没有最小上界(least upper bound)的元素称为极大元，极大元集由$\mathscr{L}$中所有终结对象构成，每个极大元都是面向特定应用领域且抽象程度最高的形式语言，适合于系统开发人员进行设计与实现.

基于范畴论的视角，图 2.2 中部分对象及态射所构成的图表是交换的. 如L_1,L_4,L_6与L_1,L_2,L_6，KSL,L_3,L_4与KSL,L_1,L_4，KSL,L_2与KSL,L_1,L_2等. 语言族模型$\{L_i\}$中部分语言具有图表交换性质说明语言重用有多种途径，如可以由KSL有限次地应用简单、选择、扩张 3 种重用方式直接设计出语言L_2，也可以由KSL先设计出L_1，再由L_1设计出L_2，这种图表交换性质所体现出的灵活性给系统开发人员提供便利，根据开发人员偏好和系统需求，可灵活地选择适合于软件系统开发特定阶段具有恰当抽象表达能力的形式语言，解决其特定问题.

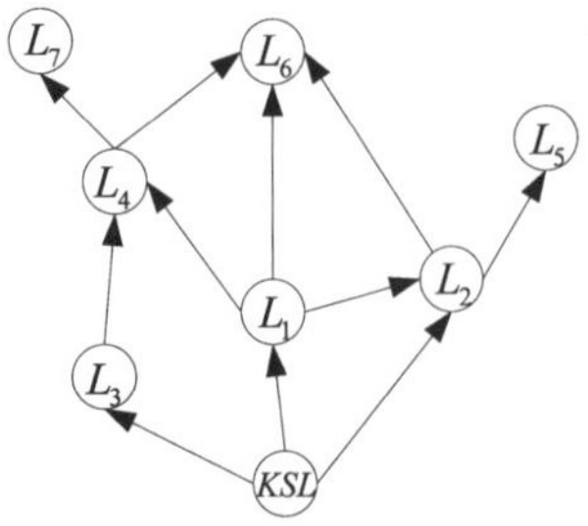

图 2.2 语言族模型

设计大型复杂形式系统的形式语言，可将函子作为主要工具研究形式语言模型之间的关系. 对两个不同范畴 $\mathscr{C}$ 和 $\mathscr{D}$，令函子 $F, G: \mathscr{C} \to \mathscr{D}$，自然变换 $\alpha: F \to G$ 对语言 L_1 的作用为：$\alpha = \{\alpha(L_1): F(L_1) \to G(L_1) \in \boldsymbol{Mor}\ \mathscr{D} | L_1 \in \boldsymbol{Obj}\ \mathscr{C}\}$. 而范畴 $\mathscr{C}$ 中所有的态射 $f: L_1 \to L_2 \in \boldsymbol{Mor}\ \mathscr{C}$，满足 $G(f) \circ \alpha(L_1) = \alpha(L_2) \circ F(f)$.

自然变换 $\alpha: \boldsymbol{Obj}\ \mathscr{C} \to \boldsymbol{Mor}\ \mathscr{D}$ 研究范畴 $\mathscr{C}$ 中的形式语言模型 L_1 经两个不同函子 F 与 G 映射到同一范畴 $\mathscr{D}$ 中不同对象 $F(L_1)$ 与 $G(L_1)$ 之间的关系. 范畴同构要求范畴具有完全相同的形式结构，但形式系统开发的实际过程中难以满足范畴同构的严格条件，而应用自然同构可确定范畴间相对较弱的等价性质.

函子保持对象的同构，范畴等价则构成了范畴间的等价关系. 不同形式系统具有不同范畴模型，应用定理 1.1 的自然变换复合定理，分析多个范畴是否等价，进而在形式语言建模过程中确定是否使用同一语言族模型，简化形式系统的开发进程.

我们所构建的形式语言代数模型 *FL*，相对于其他形式语言模型，其优势主要体现在以下三个方面：

首先，恰当选择应用领域的语法域与语义域，应用 *FL* 模型可方便地构建 *KSL*，进而分层设计复杂形式系统语言族模型 $\{L_i\}$.

其次，语言设计多样性蕴涵很大的现实意义不仅给软件开发人员提供多种选择，$\{L_i\}$ 的灵活选取还可方便工程设计人员开发出结构清晰、层次分明、正确可靠、易于维护的软件系统.

最后，恰当组织 *KSL*，保证 *KSL* 系统可靠性和独立性可构建便利、高效的语言族模型 $\{L_i\}$，作为形式系统设计的基础. 其中，①语言族模型

$\{L_i\}$ 的$\mathfrak{M}$收敛性[10]保证最终获得该软件系统领域知识的全体真命题，进而对该论域系统有效地进行形式验证；②语言族模型$\{L_i\}$的 Th 可交换性[10]保证对每个有穷的软件版本进行更新，可保持该形式系统所有理论闭包的有效性、软件系统业务逻辑的可扩展性；③语言族模型$\{L_i\}$的$\mathfrak{A}$极小性[10]保证形式系统每一个版本都是极小形式理论，对形式系统有效验证的公理系统所包含的公理都彼此独立.

2.2　基于模的语义计算模型

作为计算理论的核心与基础，语义计算是形式语言理论和程序设计方法学的重要研究课题. 目前提出的语义计算模型针对不同应用领域建模，侧重于不同抽象层次间具体语义计算技术的研究，有较强的局限性而不具备普适意义，导致形式语言的理论研究和工程实践不完善，难以满足软件研发的实际需求.

2.2.1　范畴语义计算模型研究现状

应用范畴论方法对语义计算模型(以下简称范畴语义计算模型)进行建模，当前还处于理论深化和完善阶段. 20 世纪 80 年代中后期，T. Hagino 开始运用范畴论方法研究形式语言的语义计算[11]，奠定了范畴语义计算模型的研究基础，但其语义解释与规则描述在继承与多态等方面尚存在不足. 随后，E. Poll 对 T. Hagino 的工作进行了扩展，应用代数与共代数的对偶性质研究了子类型与继承[12]. P. Nogueira 应用双代数(bialgebras)工具建立了语义计算模型并在多态编程中进行了应用[13]. 苏锦钿应用 λ - 双代数探讨了形式语言语法构造与语义行为的关系[14]，并结合共模态(comonadic)共递归方法给出了强共归纳(strong coinduction)数据类型的定义及其语义计算[15]，以上成果一定程度上解决了上述问题.

近期，L. Dorel 提出一个证明程序等价性的 4 条规则逻辑演绎系统，对形式语言的语义计算进行了深入的研究，并证明了该系统的可靠性与弱完备性[16]. N. Ghani 与 T. Revell 等学者提出 λ_1 - fibration 的概念，在卡式闭范畴(Cartesian closed category)的形式化框架内分别用基范畴与全范畴描述单位消除语义和关系语义，归纳地构造了一种参数化的计量单位

(unit of measure)[17]，在 Fibrations 方法的层面对 A. J. Kennedy 的语义计算工作[18]进行了拓展.

现有研究成果主要倾向于形式语言的文法分析与语法构造方面，如文献[19]的分类范畴文法虽然较好地处理了复杂文法描述问题，并证明了形式语言的层次结构，但其文法迭代类型的语义计算还需进一步研究；文献[20]针对结构分析与设计语言(architecture analysis & design language)构造了实时规约语言，支持模拟与模型检测，但重写逻辑语义框架在描述多通信模型与对象结构等方面存在局限性，尤其是在实时模型检测时违背自动机理论的判定规则. 在形式语言的语义计算方面，当前仍有许多尚未解决的问题，如语义解释与规则描述等，特别是语义规则多以自动生成为主，缺乏坚实的数学基础和精确的形式化描述.

2.2.2 一种基于模的范畴语义计算模型

伴随函子的伴随性质广泛应用在计算机科学中，为研究不同范畴中不同对象间的联系提供了一种有力的数学工具. 由定义 1.36 知，伴随函子的伴随性质可由单位与共单位确定. 为简化描述，记函子 F 与 G 的复合 $G\circ F$ 为 GF，$T\circ T$ 为 T^2. 由伴随性质可进一步得到$\mathscr{C}$上的恒等函子 $T=GF$： $\mathscr{C}\to\mathscr{C}$，则单位 $\eta: Id_C\to T$，有自然变换 $\mu=G\varepsilon F: GFGF\to GF$，即 $\mu: T^2\to T$，以上构造可得到具有伴随性质的模结构 $M=(T,\eta,\mu)$. 伴随函子 $F\dashv G$ 的伴随性质在一定程度上可由范畴$\mathscr{C}$上的模 M 确定，模实际上是泛代数(universal algebra)对伴随概念的进一步抽象.

例 2.1 将模 $M=(T,\eta,\mu)$ 应用到带计算副作用(side effects)的程序语言中，令 $f: E_A\to A$ 为表达式求值的语义函数，其中 E_A 为含数据类型 A 的变量的表达式. 定义恒等函子 $T: A\to A\times S$，S 为实际存储位置，若计算结果存在，则 S 非空. $\exists a\in A, \eta_A(a)=a'\times s, \mu_A(a)=a''\times s', a'=f(a), a''=f(a'), s, s'\in S$.

程序语言的编译器在将源代码转换为目标代码的过程中进行优化，导致表达式中部分变量的计算顺序发生变化，从而产生副作用. 对有副作用的程序语言，其执行顺序直接影响程序的执行结果. 为保证程序运行结果的确定性，部分命令式语言，如 C++，引入顺序点(sequence point)的概念缓解副作用问题，但任意两个顺序点之间代码的执行顺序仍是不确定的. 例 2.1 在模的形式化框架内，将程序语言的副作用限定在恒等函子 T 对变量的作用，并以 S 存储变量的计算结果，其简洁、统一的描述在一定程度上解决了可读性差的问题.

定义 1.38 解释了模的数学性质，但不能直接应用于形式语言模型的语义计算. 由模 M 可构造 Kleisli 范畴 $\mathscr{K}$，$\mathscr{K}$ 与自由 T – 代数的全子范畴是等价的. Kleisli 范畴，在理论计算机科学中应用较为广泛，我们在 Kleisli 范畴内构造一种基于模的范畴语义计算模型 M_K，抽象地描述形式语言具有普适意义的语义计算.

范畴 $\mathscr{C}$ 与 Kleisli 范畴 $\mathscr{K}$ 之间可构造一对伴随函子 $F \dashv G$：$\mathscr{C} \to \mathscr{K}$. 令 $G(A) = T(A), F(A) = A$，由图 1.28 知 $G(f) = \mu \circ T(f')$. 类似地，若 $g: A \to B \in \boldsymbol{Mor}\ \mathscr{C}$，则有 $F(g) = T(g) \circ \eta_A$. 图 1.28 中的图表交换 $T = G \circ F$ 将恒等函子 T 与伴随函子 $F \dashv G$ 有机融合起来，这为描述形式语言的语义计算提供了便利.

定义 1.42 中 Kleisli 范畴的任一态射 $f: A \to B$，范畴 $\mathscr{C}$ 中对应存在一个态射 $f': A \to T(B)$ 描述 f 的语义计算. 称 f'_C 为 f' 的计算态射，且 $f'_C: T(A) \to T(B)$. 由模与计算态射进一步建立形式语言的范畴语义计算模型 M_K.

范畴 $\mathscr{C}$ 上的语义计算模型 $M_K = (T, \eta, (-)_C)$，对 $\forall A \in \boldsymbol{Obj}\ \mathscr{C}$，$\eta_A: A \to T(A)$ 是一个单态射. 对 $\forall f: A \to B \in \boldsymbol{Mor}\ \mathscr{K}$，$T(f) = (\eta_B \circ f)_C$，$\mu_A = (id_{T(A)})_C$，且有以下等式成立：$(\eta_A)_C = id_{T(A)}$，$f'_C \circ \eta_A = f'$. 对 $\mathscr{C}$ 中另一态射 $g' = B \to T(C)$，有 $g'_C \circ f'_C = (g'_C \circ f')_C$.

M_K 中的单态射 η_A 是一个从数据类型到语义计算的包含态射，而 f'_C 则是 f 在语义计算层面上的扩展，即先将 Kleisli 范畴 $\mathscr{K}$ 中从数据类型到数据类型的态射 f 映射为范畴 $\mathscr{C}$ 中从数据类型到语义计算的态射 f'，再应用 M_K 将 f' 映射为从语义计算到语义计算的计算态射 f'_C，描述具体的语义计算效果.

定理 2.2　以形式语言中的数据类型为对象，以函数为态射，构成一个类型范畴 $\mathscr{T}$.

证明：与定理 2.1 的证明过程类似，略.　　证毕.

定理 2.2 为形式语言的语义解释与规则描述提供了数学基础. 将定理 2.2 应用到语义计算模型 M_K，即以数据类型 A 或数据类型的语义计算 $T(A)$ 为对象，函数为态射，$(\eta_A)_C$ 为单位态射，并定义结合运算 $g'_C \circ f'_C$

$=(g'_C \circ f')_C$，则形式语言在 M_K 框架内构成 Kleisli 范畴 $\mathscr{K}$.

例 2.2 若 $\mathscr{T}$ 是类型范畴，恒等函子 T 定义为共变幂域（Covariant Power Set）函子，记 $\mathcal{P}(A)$ 为集合 A 的幂集，$T(A)=\mathcal{P}(A)$，$\eta_A: A \to T(A)$. 对数据类型 A 中的任一元素 a，$\eta_A(a)$ 为终结对象 **1** 构成的单点集 $\{\mathbf{1}\}$，$(\eta_A)_C$ 为终结对象 **1** 的单位态射，而 μ_A 为 A 中相应元素构成的并集，即 $\mu_A = \cup_{\exists a \in A}\{a\}$.

下面在 M_K 框架内描述 2.1.2 小节构造的 *KSL* 的语义解释与语义规则. 为简化问题陈述，我们约定表达式 e 中仅有一个自由变元.

2.2.3 *KSL* 的语义解释

引入 Kleisli 范畴 $\mathscr{K}$ 中初始对象 **0** 与终结对象 **1**，记⇒为语义蕴涵，⊨为语法推导关系，并约定⊨的优先级低于⇒. 同时，为与 *KSL* 中的赋值操作 = 相区别，引入符号≜表示语义解释. *KSL* 中的基本数据类型 $[\![int]\!]$, $[\![bool]\!]$, $[\![char]\!] \in \boldsymbol{Obj}\ \mathscr{K}$，并定义数据类型 t 在 M_K 恒等函子 T 的作用 $[\![Tt]\!] \triangleq T[\![t]\!]$，且有 $[\![t_1 \Rightarrow t_2]\!] \triangleq [\![t_1]\!] \to [\![t_2]\!] \in \boldsymbol{Mor}\ \mathscr{K}$.

$[\![var : t]\!] \triangleq \mathbf{0} \to [\![t]\!]$.

$[\![cnt : t]\!] \triangleq [\![t]\!] \to \mathbf{1}$.

$[\![(e)]\!] \triangleq [\![e]\!]$.

记 $f_C^{(n)}$ 为 f 的第 n 次计算态射，当 $n=1$ 时，$f_C^{(1)}$ 简记为 f_C，并令 g_1 与 g_2 分别为语句 s_1 与 s_2 在 $\mathscr{K}$ 中的对应态射.

$[\![s_1 ; s_2]\!] \triangleq (g_2)_C \circ g_1$.

$$[\![\textbf{if}\ e\ \textbf{then}\ s_1\ \textbf{else}\ s_2\ \textbf{fi}]\!] \triangleq \begin{cases} g_1, if [\![e]\!] \triangleq true, \\ g_2, else [\![e]\!] \triangleq false. \end{cases}$$

$$[\![\textbf{\textit{while}}\ e\ \textbf{\textit{do}}\ s\ \textbf{\textit{od}}]\!] \triangleq \begin{cases} [\![skip]\!], & if [\![e]\!] \text{首次为} false, \\ g_C^{(n)} \circ g_C^{(n-1)} \circ \cdots \circ g_C \circ g, & else\ if [\![e]\!] \text{连续}\ n\ \text{次为}\ true, \\ g_C^{(n-1)} \circ g_C^{(n-2)} \circ \cdots \circ g_C \circ g, & else [\![e]\!] \text{连续}\ n-1\ \text{次为}\ true, \\ & \text{第}\ n\ \text{次为}\ false. \end{cases}$$

$[\![var = e]\!] \triangleq \eta_{[\![t]\!]}$，变元 var 与表达式 e 的数据类型满足匹配条件，即 $var, e : t$.

$[\![skip]\!] \triangleq \perp$，以底元素⊥表示空语句的不确定性语义计算.

2.2.4　*KSL* 的语义规则

令 x 为表达式 e 中的自由变元，*KSL* 的 5 条语义规则描述如下：

(1)一元操作规则.

对一元操作 $una: t_2 \Rightarrow t_3$，其语义规则为

$Rule_1: x: t_1 \Rightarrow e: t_2 \models x: t_1 \Rightarrow una(e): t_3$.

以 Kleisli 范畴 $\mathscr{K}$ 中的态射 g_1 解释语法推导关系$\models$前件的语义$[\![x: t_1 \Rightarrow e: t_2]\!] \triangleq g_1: [\![t_1]\!] \rightarrow T[\![t_2]\!]$，态射 g_2 解释一元操作语义$[\![una: t_2 \Rightarrow t_3]\!] \triangleq g_2: [\![t_2]\!] \rightarrow T[\![t_3]\!]$，则有$[\![Rule_1]\!] \triangleq (g_2)_C \circ g_1$.

(2)二元操作规则.

对二元操作 $bin: t_1 \times t_2 \Rightarrow t_3$，其语义规则为

$Rule_2: x: t \Rightarrow e_1: t_1 \times e_2: t_2 \models x: t \Rightarrow bin(e_1: t_1 \times e_2: t_2): t_3$,

前件语义$[\![x: t \Rightarrow e_1: t_1 \times e_2: t_2]\!] \triangleq g_1: [\![t_1]\!] \rightarrow T[\![t_1 \times t_2]\!]$，二元操作语义为$[\![bin: t_1 \times t_2 \Rightarrow t_3]\!] \triangleq g_2: [\![t_1 \times t_2]\!] \rightarrow T[\![t_3]\!]$，则有$[\![Rule_2]\!] \triangleq (g_2)_C \circ g_1$.

(3)置换规则.

$Rule_3: x: t_1 \Rightarrow e: t_2 \models x: t_1 \Rightarrow e[x=y]: Tt_2$，式中 $e[x=y]$表示用另一自由变元 y 置换表达式 e 中自由变元 x 的所有出现，前件语义$[\![x: t_1 \Rightarrow e: t_2]\!] \triangleq g: [\![t_1]\!] \rightarrow T[\![t_2]\!]$，置换表达式语义$[\![e[x=y]: Tt_2]\!] \triangleq \mu_{[\![t_2]\!]}^{-1}: T[\![t_2]\!] \rightarrow T^2[\![t_2]\!]$，则有$[\![Rule_3]\!] \triangleq \mu_{[\![t_2]\!]}^{-1} \circ g$，其中 μ^{-1} 为 μ 的逆运算.

(4)等式规则.

$Rule_4: x: t_1 \Rightarrow e_1: t_2 \wedge x: t_1 \Rightarrow e_2: t_2 \models x: t_1 \Rightarrow e_1 = e_2: t_2$,

式中推导关系$\models$前件中的 $\wedge$ 为描述逻辑与的合取操作. 同时，约定其优先级高于$\models$而低于$\Rightarrow$. 以态射 g_1 解释等式规则前件 $\wedge$ 操作前面部分的语义$[\![x: t_1 \Rightarrow e_1: t_2]\!] \triangleq g_1: [\![t_1]\!] \rightarrow T[\![t_2]\!]$，以态射 g_2 解释等式规则前件合取 $\wedge$ 操作后面部分的语义为$[\![x: t_1 \Rightarrow e_2: t_2]\!] \triangleq g_2: [\![t_1]\!] \rightarrow T[\![t_2]\!]$，则$[\![Rule_4]\!] \triangleq g_1 = g_2$.

(5)表达式存在规则.

$Rule_5: x: t_1 \Rightarrow e: t_2 \models x: t_1 \Rightarrow \exists e: t_2$，式中语法推导关系$\models$的后件表示自由变元 x 生成的表达式 e 存在，且数据类型为 t_2. 前件语义$[\![x: t_1 \Rightarrow e: t_2]\!] \triangleq g: [\![t_1]\!] \rightarrow T[\![t_2]\!]$，$\exists!\ f: [\![t_1]\!] \rightarrow [\![t_2]\!]$，有$[\![Rule_5]\!] \triangleq g = \eta_{[\![t_2]\!]} \circ f$，即态射 g 通

过态射 f 由单位态射 $\eta_{[\![t_2]\!]}$ 唯一分解.

$Rule_5$ 适用于 *KSL* 中较为复杂的语法现象，如强制类型转换，即若引入浮点型 *float* 至 *KSL* 中，$x : int$，e 为 $x/3$，其中/是除法运算，则存在 $e = x/3 : float$.

2.2.5 相关工作比较

形式语义学中的操作语义、指称语义与公理语义是 3 种传统的语义计算建模方法. 其中，操作语义应用部分函数(partial functions)将每一个不含自由变元的语法项映射为可能的结果值，基于语法项生成同余关系，其核心在于解决两个语法项在操作等价性上的证明；指称语义先建立一个语义模型，然后在该模型内给出程序的语义解释，其关键在于证明两个语法项在语义模型中指称同一个对象；而公理语义方法则给出一类可能的语义模型，其难点是证明两个语法项在所有可能模型中映射为同一个对象，有时可归结为 NP-完全问题.

以上 3 种传统建模方法依赖于操作语义、指称语义和公理语义等特定的语义计算环境，缺乏通用的建模概念，如序贯程序语言 SPL/3[21] 的指称语义受限于 call-by-reference 的函数调用假定，参数传递仅限于变量而无法扩展为一般的表达式，导致其语义解释不具备普适性；公理语义方法，如一阶谓词语言 $\mathscr{L}$[10]，语法推导关系与规则描述仅适用于简单的形式语言类型，谓词演算转换为程序的语义规则多为自动生成，缺乏精确的形式化描述. 而我们在 *KSL* 中定义的语法推导关系与规则描述普遍适用于命令式、函数式与不确定性等形式语言类型. 在建模工具的普适性方面，我们基于模的范畴语义计算模型 M_K 与传统方法的比较如表 2.1 所示.

表 2.1 M_K 与传统方法在普适性上的比较

方法	M_K	操作语义	指称语义	公理语义
普适性	是	否	否	否

相对于 λ-演算与幂域(power domain)理论等其他语义计算建模方法，我们构建的 M_K 具有同样的表达能力，但在语义解释与规则描述方面

比前者更强，如表 2.2 所示. 例如，对任意数据类型 A,B，λ - 演算以从 A 到 B 的全函数(total functions)解释指数对象类型(exponential object type) B^A 的语义，即有$[\![B^A]\!] \triangleq \{f: A \to B \mid \forall a \in A, f(a) \in B$ 且 f 计算终止$\}$，难以描述非终止性与不确定性程序的语义行为；集合论方法用完全偏序(complete partial order) $A \cup \{\bot\}$ 解释 A 的不确定性语义，即$[\![A]\!] \triangleq A \cup \{\bot\}$；而幂域理论应用幂集 $\mathcal{P}(A)$ 解释 A 的不确定性语义，即$[\![A]\!] \triangleq \mathcal{P}(A)$.

表 2.2　M_K 与其他方法在表达能力上的比较

表达能力方法	M_K	λ - 演算	集合论	幂域理论
语义解释	强	弱	弱	弱
规则描述	强	弱	弱	弱

我们不拘泥于特定的语义计算环境，在统一的范畴论框架内用模 M_K 的恒等函子 T 解释 A 的语义，即$[\![A]\!] \triangleq T(A)$，其基本要求是程序须构成一个范畴，定理 2.2 完成了这一证明，并且在 Kleisli 范畴 $\mathscr{K}$ 内给出了 KSL 简洁与精确的语义解释与规则描述.

2.3　形式语言模型转换

形式语言作为一种强有力的规范描述工具贯穿形式化软件开发生命周期的始终，学术界和工业界已提出几十种形式语言模型，但绝大部分模型侧重于不同抽象层次间具体技术的研究，针对不同应用领域建模，有较强的局限性而不具备普适意义. 主要存在以下两点不足：

(1) 模型转换语义跨度大，难以支持模型转换的语义一致性；

(2) 缺乏形式系统完备性分析，难以有效保持语义交互行为描述的完整性.

形式语言模型针对问题领域不同的需求建模，其转换必须准确识别领域问题中众多语义约束并进行完整性控制，特别是在大型软件系统开发过程中对多种复杂语义交互的行为描述具有严格要求，导致其语义建模体系更为复杂. 因此，增强形式语言模型的独立性和抽象表达能力，确保模型转换的语义一致性尤为重要.

然而，当前在大型软件系统开发过程中，形式语言模型转换的语义一致性，尤其是形式系统完备性分析等方面还缺乏坚实的理论基础. 完善与提升现有形式语言模型解决问题的能力，研发通用、便利、高效的新方法和新技术，成为形式语言理论研究的一个重点内容，特别是形式语义准确描述的贫乏，难以支持形式语言模型的正确转换与代码自动生成. 形式语言模型转换的语义一致性与形式系统完备性分析仍是尚未有效解决的难题，目前还没有成熟的理论支持与有效的验证工具.

我们在形式语言建模理论与工程实践结合方面做了基础性研究工作，在前人工作基础上建立 ER 模型的形式文法模型 $\boldsymbol{G}$ 及 $\boldsymbol{G}$ 上的形式语言模型 $L(\boldsymbol{G})$，应用范畴论方法构建形式文法模型范畴 $\boldsymbol{F}_{GC}$ 与形式语言模型范畴 $\boldsymbol{F}_{LC}$，屏蔽形式语言模型具体应用领域的底层细节，在较高的抽象层面分析 $\boldsymbol{F}_{GC}$ 与 $\boldsymbol{F}_{LC}$ 具有普适意义的范畴性质，对形式语言模型转换的语义一致性和形式系统完备性分析两个主要课题进行了基础理论研究，并以 $L(\boldsymbol{G})$ 为基本形式语言模型设计并实现了企业级协作互动平台 Wetoband. 在 $L(\boldsymbol{G})$ 的形式化理论框架内统一描述 Wetoband 的业务逻辑，而 Wetoband 用户群体协作行为和业务执行过程则是 $L(\boldsymbol{G})$ 形式系统谓词演算和形式推导能力的扩展. Wetoband 是我们实验室多年的一个研究课题，其数据模型形式化描述、形式语义高效处理、系统访问控制机制、形式语言语法识别与语义计算、底层数据通信与数据传播都已成熟. 目前，Wetoband 已成功运行于多家企业和事业团体单位.

2.3.1 形式语言模型研究现状

随着软件系统规模与复杂度的不断扩充，不确定性、健壮性与安全性等非功能性因素导致的技术难题在形式化软件开发过程中日益突出，传统的形式语言模型难以满足当前需求，设计与完善形式文法的语言描述能力，精确定义与准确表达形式语义的行为特征成为形式语言理论的一个研究热点[19,22-23]. 分类范畴文法是简单的逻辑类型文法，文献[19]提出了一种源自附属文法且通过扩展 $*AB$ 类型演算的形式化方法，其原子公式为基本类型或基本类型的迭代，该方法较为自然地处理了可选重复附属文法的表示问题，同时也证明了迭代类型扩展的 $*AB$ 范畴文法可

产生一种严格基于 k 值约束的形式语言层次结构. 文献[19]应用迭代类型对分类范畴文法的两种类型演算进行了深入研究，但逻辑类型文法的迭代类型扩展还需要进一步研究.

缺少精确定义的形式语义是形式语言理论当前发展的突出问题，严重制约形式语言模型的设计和使用. 文献[20]提出 AADL 行为子集的一种实时重写逻辑语义方法，设计了线性时态逻辑模型检查工具 AADL2Maude，在 OSATE 中自动生成 AADL 模型的实时 Maude 规约语言，其优势在于支持模拟、可达性检测和模型检查分析，但重写逻辑语义框架在表示多通信模型、对象结构和代数数据结构等方面的多样性导致利用 Maude 工具执行可达性检测具有局限性，即其规约语言在实时模型检查时违背自动机理论的判定规则.

文献[23]提出一种基于图形化扩展 BNF 的元建模方法 GEBNF，在语法有效模型域上构建一种形式化谓词逻辑语言 FPL，用语法态射有效描述 FPL 间的转换，为元建模理论的扩展与模型转换奠定了坚实基础. 文献[23]最后应用 Goguen-Burstall 制度论[24]证明 GEBNF 与 FPL 构成元建模理论可靠与有效的形式化规范描述语言 GEBNF Institution，而 GEBNF Institution 本质上是一种 n - 范畴，文献[23]并没有进一步分析 GEBNF Institution 许多良好的高阶范畴性质.

文献[25]应用函子等范畴论工具有效处理了素描数据模型的独立性，为我们研究形式文法与形式语言模型的结构关系提供了一种很好的借鉴. 同时，文献[26]基于 fibration 与 opfibration 描述数据库系统状态的一致性解释，可为我们对形式语言模型语义转换一致性的研究、形式系统完备性的分析提供一种思路.

我们在 2. 1 节中提出了语言重用的概念，建立了一种形式语言代数模型与形式语言族模型，在不同层次上描述复杂形式系统软件规约的抽象表达程度. 同时，应用范畴论方法分析语言族模型中各语言模型之间的内在联系，对形式语言模型语义转换一致性进行了初步研究，但并未对形式语言族模型所构成的复杂形式系统的完备性进行分析. 本节是对 2. 1 节前期工作的继续与扩展，应用范畴论方法对形式语言模型语义转换一致性进行深入研究，并初步分析形式系统的完备性.

2.3.2 形式文法模型与形式语言模型

形式语言理论的发展以形式文法为主线展开，文法明确形式语言的组成结构，用有限条规则描述形式语言无限多的成员元素，是构建形式语言模型的基础. 参照文法的一般理论，我们建立一种形式文法模型.

定义 2.6(形式文法模型) 形式文法模型 $\boldsymbol{G}$ 是一个四元组，$\boldsymbol{G}=<V,T,P,S>$，其中 V 是非终结符有限集，T 是终结符有限集，P 是产生式规则有限集，$S\in V$，是形式文法模型 $\boldsymbol{G}$ 的开始元素.

每一个非终结符 V 指称形式语言模型的语言组成；每一个终结符 T 指称形式语言模型预定义的基本类型集，如字符串 *string*、数字 *number* 和布尔 *bool* 等；产生式 P 是形式文法的核心要素，限定形式语言模型的复杂度与处理能力，保证形式语言模型各语言成分的正确、有效与相容；开始元素 S 直接决定产生式规则集 P 定义的形式语言模型.

定义 2.6 满足良型语法定义[23]的完备性与可达性要求，即每一个非终结符仅被产生式规则集中的一条规则所定义，且从开始元素可达每一个非终结符.

例 2.3 *ER* 模型是一种重要的关系数据模型，自然且易于理解的图形化规范使其成为关系数据库系统概念建模的重要工具. 应用定义 2.6 建立 *ER* 模型的形式文法模型 $\boldsymbol{G}$，其产生式规则有限集 P 用巴克斯 - 诺尔范式表示为：

$ER::=Node\mid Edge$

$Node::=Attribute\mid Entity\mid Relation$

$Attribute::=Aname\mid Type\mid IsPK$

$Aname::=string$

$Type::=string\mid number\mid bool$

$IsPK::=bool$

$Entity::=Ename\mid Attribute$

$Ename::=string$

$Relation::=Rname\mid Entity$

$Rname::=string$

$Edge::=eName\mid Sort$

$eName ::= string$

$Sort ::= attribute2entity \mid entity2attribute$

非终结符 $IsPK$ 定义属性的主码，ER 模型的无向边有两种类型，属性到实体的边和实体到属性的边. 为简化问题陈述，只引入两个有代表性的辅助函数. 联系类型判定函数，$EntityParticipateDegree : Entity \times Relation \times Entity \rightarrow Class$，枚举类型变量的语义$[\![Class]\!] = \{one2one, one2many, many2many\}$指称 ER 模型联系的 3 种类型：一对一、一对多与多对多；外码判定函数 $IsFK : Entity \times Attribute \rightarrow Entity \times Attribute$ 描述实体间相互联系. ER 模型的辅助函数集 $Auf = \{EntityParticipateDegree, IsFK\}$.

定义 2.7（形式文法模型 $\boldsymbol{G}$ 上的形式语言模型）　构建在形式文法模型 $\boldsymbol{G}$ 上的形式语言模型 $L(\boldsymbol{G})$是一个二元组，$L(\boldsymbol{G}) = <SYN, SEM>$，其中 SYN 为 $L(\boldsymbol{G})$的语法域，SEM 为 $L(\boldsymbol{G})$的语义域.

任一形式语言模型都有语法与语义两个层面，SYN 描述 $L(\boldsymbol{G})$的结构组成与静态特征，SEM 描述 $L(\boldsymbol{G})$的语义行为与动态特征. 令$L(\boldsymbol{G})$的操作集 $Op = P \cup Auf$，类集 $\Sigma = V \cup T$，则 $L(\boldsymbol{G})$的语法域 $SYN = <\Sigma, Op>$. 在$L(\boldsymbol{G})$的语义域 SEM 中引入未定义底元素 $\perp$，值为 $\perp$ 的辅助函数为部分函数，否则为全函数. 例如，实体可以没有外码，$IsFK$ 则为部分函数；而联系类型必须是 3 种类型之一，$EntityParticipateDegree$ 为全函数. 底元素 $\perp$ 的引入进一步增强 $L(\boldsymbol{G})$对不确定问题的处理能力.

2.3.3　形式文法模型范畴与形式语言模型范畴

设 $p \in P$ 是一产生式规则，$X \in V, Y \in V \cup T$，p 的巴克斯 - 诺尔范式定义为 $X ::= \cdots \mid Y \mid \cdots$，记为 $p : X \rightarrow Y$.

令 $\boldsymbol{G} = <V, T, P, S>$ 与 $\boldsymbol{G}' = <V', T', P', S'>$ 为两个形式文法模型，记从 $\boldsymbol{G}$ 到 $\boldsymbol{G}'$的文法射为 $\delta : \boldsymbol{G} \rightarrow \boldsymbol{G}'$，满足 $\delta(V) = V', \delta(T) = T', \delta(S) = S'$，且 $\forall p : X \rightarrow Y \in P$，$\delta(p) = \delta(X) \rightarrow \delta(Y) \in P'$.

定理 2.3　以形式文法模型为对象，以文法射为态射，构成形式文法模型范畴 F_{GC}.

证明：与定理 2.1 的证明过程类似，略.　　　　证毕.

应用定义 2.5 提出的 3 种语言重用方法：简单重用、扩张重用与选择重用，根据软件工程自底向上或自顶向下的分层设计原则，建立形式语言族模型，为进一步研究形式语言模型转换的语义一致性，分析由形式语言族模型构成复杂形式系统的完备性提供一个便利的形式化理论框架.

定理 2.4 以形式语言模型为对象，以语言重用关系为态射，构成形式语言模型范畴 F_{LC}.

证明： 与定理 2.1 证明过程类似，略. 证毕.

定理 2.4 确定的形式语言模型范畴 F_{LC} 本质上是由 $L(\boldsymbol{G})$ 为基础构成的形式语言族模型 $\{L(\boldsymbol{G})_i\}$，$\{L(\boldsymbol{G})_i\}$ 中每个语言模型 $L(\boldsymbol{G})_i$ 都是 $L(\boldsymbol{G})$ 的闭包，$L(\boldsymbol{G})_i$ 在不同层次上描述应用系统软件规范的抽象表达程度，$L(\boldsymbol{G})_i$ 层次越高，其抽象表达能力越强，软件开发人员就越容易编码、测试.

2.3.4 形式语言模型转换的语义一致性

函子是研究范畴间形式结构的数学工具，鉴于文献[25]应用函子对素描数据模型独立性的处理、文献[26]对数据库系统状态的一致性解释，我们应用函子和自然变换研究形式文法模型范畴 $\boldsymbol{F}_{GC}$ 与形式语言模型范畴 $\boldsymbol{F}_{LC}$ 间的联系，进而研究形式语言模型转换的语义一致性.

定义 2.8（形式文法模型范畴到形式语言模型范畴的函子） 设 $F:\boldsymbol{F}_{GC}\to\boldsymbol{F}_{LC}$ 是从范畴 $\boldsymbol{F}_{GC}$ 到范畴 $\boldsymbol{F}_{LC}$ 的函子，则对 $\forall\boldsymbol{G}\in\boldsymbol{Obj}\ \boldsymbol{F}_{GC}$，有 $F(\boldsymbol{G})\in\boldsymbol{Obj}\ \boldsymbol{F}_{LC}$ 成立. $\forall f:\boldsymbol{G}\to\boldsymbol{G}'\in\boldsymbol{Mor}\ \boldsymbol{F}_{GC}$，有 $F(f):F(\boldsymbol{G})\to F(\boldsymbol{G}')\in\boldsymbol{Mor}\ \boldsymbol{F}_{LC}$ 成立.

定义 2.8 的函子 F 将一个指定的形式文法模型 $\boldsymbol{G}$ 转换为一个具体的形式语言模型 $L(\boldsymbol{G})$，并将 $\boldsymbol{G}$ 间的文法射转换为 $L(\boldsymbol{G})$ 间的语言重用. 形式语言模型转换语义一致性的外延体现在许多方面，本小节主要关注消除语义冲突和不确定性两个主要问题，模型等价性的判定是解决这两个问题的关键. 自然变换是函子范畴的映射，研究同一对象经两个不同函子映射到另一范畴后的对应关系. 范畴同构要求两个范畴具有完全相同的形式结构，但软件工程的实际应用难以满足严格的范畴同构条件，利用自然同构可确定形式语言族模型间相对较弱的范畴等价性质. 在形式语言族模型的形式化理论框架内，分析形式语言模型转换的语义一致性可归结为定理 2.5.

定理 2.5 设 $\boldsymbol{G},\boldsymbol{G}',\boldsymbol{G}''$ 是 3 个形式文法模型，$f:\boldsymbol{G}\to\boldsymbol{G}',g:\boldsymbol{G}'\to\boldsymbol{G}''$ 是 $\boldsymbol{G}$ 与 $\boldsymbol{G}'$，$\boldsymbol{G}'$ 与 $\boldsymbol{G}''$ 之间任意两个文法射，$F,H,K:\boldsymbol{F}_{GC}\to\boldsymbol{F}_{LC}$ 是函子，$\varphi:F\to H$ 与 $\phi:H\to K$ 是函子 F 与 H，H 与 K 之间任意的两个自然变换，

则由 $\boldsymbol{G},\boldsymbol{G}',\boldsymbol{G}''$生成的 3 个形式语言族模型$\{L(\boldsymbol{G})_i\}$，$\{L(\boldsymbol{G}')_i\}$，$\{L(\boldsymbol{G}'')_i\}$是两两等价的.

证明：由形式语言理论知，语言的编译根据产生式规则将非终结符有限集 V 转换为相应的终结符有限集 T，下面分两种情况讨论形式语言族模型$\{L(\boldsymbol{G})_i\}$，$\{L(\boldsymbol{G}')_i\}$，$\{L(\boldsymbol{G}'')_i\}$的两两等价性.

(1) 当 $\boldsymbol{G},\boldsymbol{G}',\boldsymbol{G}''$处于同一问题域时. 形式文法模型 $\boldsymbol{G},\boldsymbol{G}',\boldsymbol{G}''$具有相同的 T，即 $T_G = T_{G'} = T_{G''}$，从而 f 与 g 是等价文法射. 令 T_G 中任一元素对应终结对象 $\mathbf{1}$，则有 $F(\mathbf{1})$同构于 $\mathbf{1}$，记为 $F(\mathbf{1}) \cong \mathbf{1}$. H 是 F 在自然变换 φ 作用下的函子，有 $H(\mathbf{1}) \cong \mathbf{1}$，则 $F(\mathbf{1}) \cong H(\mathbf{1})$，即 $\varphi_1: F(\mathbf{1}) \to H(\mathbf{1})$是自然同构. T_G 是以 n 个终结对象 $\mathbf{1}$ 为基构成的离散共锥的顶点，即 $T_G = \mathbf{1} + \mathbf{1} + \cdots + \mathbf{1}$，则有 $F(\boldsymbol{G}) \cong \mathbf{1} + \mathbf{1} + \cdots + \mathbf{1}$. 由 φ_1 的自然同构性质可得 $F(\boldsymbol{G})$与 $H(\boldsymbol{G})$的等价性，记为 $F(\boldsymbol{G}) \sim H(\boldsymbol{G})$. 因 f 是等价文法射，图 2.3 的左上方形是一拉回方形，φ_G 是 $\varphi_{G'}$沿 $H(f)$的拉回，由拉回保持等价性知 $\varphi_{G'}$的等价性，即 $F(\boldsymbol{G}')$与 $H(\boldsymbol{G}')$是等价的. 同理可证图 2.3 右上方形也是拉回方形，而由自然变换复合定理知图 2.3 上面大方形是拉回方形，则$\{L(\boldsymbol{G})\}_i \sim \{L(\boldsymbol{G}')\}_i$. 同理可证$\{L(\boldsymbol{G}')\}_i \sim \{L(\boldsymbol{G}'')\}_i$，故$\{L(\boldsymbol{G})\}_i \sim \{L(\boldsymbol{G}')\}_i \sim \{L(\boldsymbol{G}'')\}_i$.

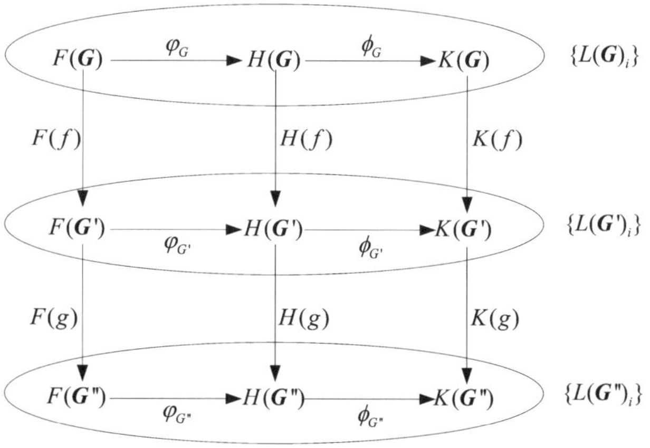

图 2.3　形式语言族模型的拉回方形

(2)当$\boldsymbol{G},\boldsymbol{G}',\boldsymbol{G}''$处于不同问题域时. 设$|T_G| = m < n = |T_{G'}|$,则在$T_G$中添加$n-m$个底元素⊥, f转换为具有部分函数性质的等价文法射, g与f的处理相同, 余下证明过程与(1)类似. 证毕.

形式语言族模型$\{L(\boldsymbol{G})\}_i$中, 自然变换φ_G与ϕ_G是语言重用关系, 而$F(\boldsymbol{G})$、$H(\boldsymbol{G})$与$K(\boldsymbol{G})$均为同一形式文法模型$\boldsymbol{G}$生成的形式语言模型, 其等价性直观上是成立的, 定理2.5在形式语言族模型的形式化理论框架内给出了严格的形式化证明.

函子保持对象的同构, 而自然变换的自然同构性质确定形式语言族模型间的等价关系. 不同形式系统具有不同的范畴模型, 在形式语言模型转换的语义一致性研究过程中, 通过模型等价性的判定确定是否使用同一形式语言族模型, 有效消除语义冲突和不确定性, 从而简化软件开发的过程.

2.3.5 完备性分析

可靠性与完备性是形式系统两个基本的元性质, 可靠性是一阶逻辑与构造逻辑等数理逻辑中研究较为彻底的课题, 一般认为基于数理逻辑模型论方法建立的形式系统具备可靠性[23], 而完备性的分析却困难许多, 特别是形式语言模型构建的形式系统, 其完备性与形式文法模型终结符的特定语义及量词变量的高阶逻辑类型相关, 难以具备绝对完备性. 我们应用模型论与范畴论方法建立形式语言模型, 限于篇幅不再论述形式系统的可靠性. 为简化问题陈述而又不失一般性, 我们分析例2.3形式系统的相对完备性[27].

例2.3定义了ER模型的形式文法模型$\boldsymbol{G}$与其所构成形式语言模型$L(\boldsymbol{G})$, 记$AS(\boldsymbol{G})$为约束$L(\boldsymbol{G})$语义完整性的公理集, 引入3条公理:

AS_1: $\forall A \in Attribute(A.\ IsPK = true \rightarrow A \neq \varnothing)$

AS_2: $\forall E_1 \in Entity\ \exists A_1, A_2 \in Attribute\ \exists E_2 \in Entity(IsFK(E_1, A_1) = (E_2, A_2) \rightarrow (A_1 \in E_1 \wedge A_2 \in E_2 \wedge A_2.\ IsPK = true \wedge A_1 = A_2))$

AS_3: $\exists E_1, E_2 \in Entity, \exists R \in Relation\ \exists!\ t \in [\![Type]\!](EntityParticipateDegree(E_1, R, E_2) = t)$

公理集$AS(\boldsymbol{G}) = \{AS_1, AS_2, AS_3\}$, AS_1, AS_2, AS_3分别对应ER模型的3条基本完整性语义约束: 实体完整性、参照完整性和自定义完整性. 记例2.3构成的形式系统为$FS = <\boldsymbol{G}, \{L(\boldsymbol{G})_i\}, AS(\boldsymbol{G})>$. 引入两个基本符

号：形式可推导$\rhd$与逻辑蕴涵$\sqsubseteq$，记 $Stmt$ 为 $L(\boldsymbol{G})$的语句集，$Stmt$ 是有限集，其语句真值是可判定的.

定义 2.9（行为等价的）　如果对 $\forall s_1 \in Stmt_1, s_2 \in Stmt_2$，有 $L(\boldsymbol{G})_1 \sqsubseteq s_1 = s_2 \Leftrightarrow L(\boldsymbol{G})_2 \sqsubseteq s_1 = s_2$ 成立，则称$\{L(\boldsymbol{G})_i\}$的形式语言模型 $L(\boldsymbol{G})_1$ 与 $L(\boldsymbol{G})_2$ 是行为等价的.

定义 2.10（相对一致的）　对$\{L(\boldsymbol{G})_i\}$中任意两个具有语言重用关系的形式语言模型 $L(\boldsymbol{G})_1 \to L(\boldsymbol{G})_2$，当且仅当对 $\forall s_1 \in Stmt_1, s_2 \in Stmt_2$，有 $L(\boldsymbol{G})_2 \rhd s_1 = s_2 \Rightarrow L(\boldsymbol{G})_1 \rhd s_1 = s_2$ 成立，则称 FS 是相对一致的.

定义 2.11（相对完备的）　如果对 $\forall s_1 \in Stmt_1, s_2 \in Stmt_2$，$\{s_1 = s_2\} \cup AS(\boldsymbol{G})$是相对一致的$\Rightarrow AS(\boldsymbol{G}) \rhd s_1 = s_2$，则称 FS 是相对完备的.

定理 2.6　设 FS 是相对一致的，下列命题等价：

（1）FS 是相对完备的；

（2）$\{L(\boldsymbol{G})_i\}$的形式语言模型是行为等价的.

证明：（1）$\Rightarrow$（2）. FS 是相对完备的，令 $L(\boldsymbol{G})_1$ 与 $L(\boldsymbol{G})_2$ 是$\{L(\boldsymbol{G})_i\}$任意两个形式语言模型，对 $\forall s_1 \in Stmt_1, s_2 \in Stmt_2$，$L(\boldsymbol{G})_1 \sqsubseteq s_1 = s_2 \Rightarrow L(\boldsymbol{G})_2$ 是$\{s_1 = s_2\} \cup AS(\boldsymbol{G})$的形式语言模型$\Rightarrow \{s_1 = s_2\} \cup AS(\boldsymbol{G})$是相对一致的$\Rightarrow AS(\boldsymbol{G}) \rhd s_1 = s_2 \Rightarrow L(\boldsymbol{G})_2 \sqsubseteq s_1 = s_2$. 同理，$L(\boldsymbol{G})_2 \sqsubseteq s_1 = s_2 \Rightarrow L(\boldsymbol{G})_1 \sqsubseteq s_1 = s$，故 $L(\boldsymbol{G})_1$ 与 $L(\boldsymbol{G})_2$ 是行为等价的.

（2）$\Rightarrow$（1）. $\{L(\boldsymbol{G})_i\}$的形式语言模型是行为等价的，则$\{s_1 = s_2\} \cup AS(\boldsymbol{G})$是相对一致的$\Rightarrow \{s_1 = s_2\} \cup AS(\boldsymbol{G})$有形式语言模型 $L(\boldsymbol{G})_1 \Rightarrow L(\boldsymbol{G})_2$ 是 FS 的形式语言模型且 $L(\boldsymbol{G})_1 \sqsubseteq s_1 = s_2 \Rightarrow AS(\boldsymbol{G}) \rhd s_1 = s_2$.　　证毕.

FS 的完备性是为了保证形式语言模型语义上的确定性，在软件系统开发的实际应用中具有唯一性解释. 定理 2.6 确保形式语言模型在行为等价约束下的唯一性，准确反映了 FS 相对一致性条件下$\{L(\boldsymbol{G})_i\}$形式语言模型间的内在联系.

2.3.6　相关工作比较

近年来形式语言模型及其相关研究工作取得了较多研究成果，但大多数形式语言模型侧重于各自应用领域建模，并停留在行为描述与数据处理层面，主要缺点体现在语义计算体系不完备、语义推理能力弱、语义完整性约束不灵活等方面，特别是形式语言模型转换的语义一致性和形式系统完备性分析的研究不够深入，缺乏规范化理论支持.

一阶谓词逻辑语言 OCL(object constraint language)是一种主流的形式语言建模工具，其语法与面向对象语言类似. OCL 在模型转换的语义一致性及其语义逻辑性质分析方面较弱，特别是难以准确描述和精确定义如 *ER* 模型之类的图形化建模工具的形式语义. 另外，OCL 与其他常用形式语言建模工具(如 MOF)的形式语义关联不清晰[28]. 与 OCL 相比较，我们的优势在于应用具有普适意义的范畴论方法建立较为完备的语义计算体系，在形式语言族模型$\{L(\boldsymbol{G})_i\}$的形式化理论框架内研究形式语言模型转换的语义一致性，特别是在 *ER* 模型形式语义的准确描述和精确定义方面较为有效. 同时，通过形式语言族模型间等价关系的判定，确定是否使用同一形式语言族模型，进而简化软件系统的开发.

在形式语义定义与模型转换的语义一致性方面，我们的研究工作与多类代数具有同样的表达能力，但比后者更强. 更为重要的是，形式语言族模型间的拉回性质增强对终结对象等特殊范畴数据类型的定义效果，从图2.3 中形式语言族模型拉回方形的交换图表可以看出，我们基于范畴论方法的图形化描述简捷、直观、明确、完整地表述了模型转换的语义一致性，而多类代数先将问题域语义抽象为代数系统，再用相应形式语言描述模型转换的语义一致性，其描述局限于集合范畴，抽象程度的不足难以表达其他范畴，如幂域范畴、2－范畴等概念. 同时，相对于泛 Horn 理论，范畴论可表示任何用泛 Horn 理论表示的概念，在语义定义与处理方面，范畴论方法也优于泛 Horn 理论.

对形式语言模型构成的复杂形式系统进行完备性分析较为困难，其与问题域语义描述的贴切程度、语义覆盖的完备程度及语义计算的等价性判定等方面密切相关，目前也鲜有文献对这一问题进行深入研究. 我们在前期工作基础上，应用范畴论方法在形式语言族模型的形式化理论框架内对形式系统的相对完备性进行了初步探讨，并在行为等价的约束下给出形式语言模型语义转换的唯一性解释，对文献[29]提出的形式语言族模型在形式系统完备性分析方面的研究进行了扩展.

同时，我们也清醒地认识到，我们只是提出了一种简单的相对完备性判定的范畴论方法，而对形式语言模型转换的语义一致性检查和形式系统相对完备性的验证还需要设计对应的一致性检查算法，开发相应的完备性验证工具，这也是我们后续需要完善的工作.

第 3 章　在数据类型中的应用

归纳数据类型(inductive data types)是程序语言与类型理论研究的一个重要分支，程序语言中的自然数、链表、堆栈与树等数据类型，都是典型的归纳数据类型. 应用函子与初始代数等范畴论工具可抽象地描述归纳数据类型的有限语法构造，并由初始性定义的递归操作及其归纳规则分析语义性质. 共归纳数据类型(coinductive data types)以共代数为数学基础，将终结性与互模拟等范畴论工具引入类型理论研究中，在分析程序执行的动态语义行为方面具有独特的优势，为研究程序外部语义行为提供了一个新思路.

作为归纳数据类型的对偶概念，共归纳数据类型与归纳数据类型形成互补，为研究数据类型的语义性质与语义行为等语义计算提供了便利. 本章应用范畴论方法研究简单归纳数据类型(simple inductive data types)、纤维化归纳数据类型(fibered inductive data types)、索引归纳数据类型(indexed inductive data types)的语义性质及其归纳规则，简单共归纳数据类型(simple coinductive data types)、索引共归纳数据类型(indexed coinductive data types)的语义行为及其共归纳规则.

3.1　简单归纳数据类型

程序语言的数据类型可以递归定义，递归数据类型是类型表达式的同构解，而作为类型同构表达式最小解的简单归纳数据类型是一类重要的递归数据类型，在程序语言中有许多应用，如描述复杂数据结构，支持协同进程演算及其控制过程等.

20 世纪 70 年代 Martin－Löf 归纳数据类型理论[30]取得了一系列重要研究成果，奠定了归纳数据类型的重要研究基础. 但随着类型理论的发展，特别是面向对象技术的出现，在多态类型系统研究方面仍存在一定的不足，如无法在经典集合论模型中给出合理的解释[31]，经典逻辑的推理在构造逻辑中也不成立[32]等. 众多学者的共同努力推动了归纳数据类型理论的发展，如 A. Pitts 的多态语义模型[32]、M. Hyland 提出的有效拓扑斯[33]、G. Longo 的 Mod 模型[34]等，在一定程度上解决了面向对象程序语言的基础理论问题. 随后，广义归纳类型成为归纳数据类型理论研究的重点，并被引入到构造演算(calculus of constructions)[35-36]的研究中，文献[37]建立了广义归纳类型的 Per 范畴模型，并给出其构造演算在 Effective Topos 子范畴 $\omega-\boldsymbol{Set}$ 中的解释[38].

传统归纳数据类型的研究以数理逻辑或代数方法为主[29,39-40]，侧重于描述归纳数据类型的有限语法构造，将归纳数据类型及其操作封装在 Σ-代数结构内，但在语义性质与归纳规则描述等方面存在一定的不足. 例如，文献[41]基于代数函子分析归纳数据类型的构造，用统一的形式化框架描述语义关系及性质，但对许多简单归纳数据类型来说，如流、树与堆栈等，在程序逻辑和语义计算方面仍存在许多尚未解决的问题，如语义性质分析与归纳规则描述等. 本节将简单归纳数据类型抽象为函子的初始代数，由初始代数的初始性定义简单归纳数据类型上一个描述递归计算的折叠函数 *fold*[42]，通过一系列代数运算深入分析程序逻辑与语义性质[43-44].

3.1.1 谓词 fibration

定义 3.1(谓词) 对 $\forall X \in \boldsymbol{Obj\ Set}$，$X$ 上的一个谓词是一个二元组 $<X,P>$，即 $P: X \to \boldsymbol{Set}$. 对 $\forall x \in X$，Px 构成一个集合，称集合 X 为谓词 $<X,P>$ 的定义域.

谓词 $<X,P>$ 到 $<X',P'>$ 的态射是一个序对 $(f,f^{\sim})$ ：$<X,P> \to <X',P'>$，其中 $f: X \to X'$ 是相应谓词定义域上的函数，而 $f^{\sim}$：$\forall x \in X\ (Px \to P'(f(x)))$ 将描述 x 语义性质的 Px 映射为 $P'(f(x))$.

定理 3.1 以谓词为对象，以谓词态射为态射构成谓词范畴 $\mathscr{P}$.

证明： 与定理 2.1 的证明过程类似，略. 证毕.

定义 3.2(谓词 fibration) 谓词 fibration Pre：$\mathscr{P} \to \boldsymbol{Set}$ 将 $\mathscr{P}$ 中的每一个谓词 $<X,P>$ 映射为其定义域 X，每一个谓词态射 $(f,f^{\sim})$ 映射为定义域上的函数 f.

例 3.1 谓词 fibration Pre：$\mathscr{P} \to \boldsymbol{Set}$ 将全范畴 $\mathscr{P}$ 的对象 $<X,P>$ 映射为 X. 取谓词 fibration Pre 基范畴 $\boldsymbol{Set}$ 中态射 $g: X \to Y$，对 $<Y,Q> \in \boldsymbol{Obj}\ \mathscr{P}$，

g 与 $<Y,Q>$ 关于谓词 fibration Pre 的一个卡式射为 $g^{\downarrow}_{<Y,P>}=(g,Id_{Set}):Qg\to Q$.

折叠函数为简单归纳数据类型的递归计算提供了一种自然与规范的描述方式，使程序具有简洁性和可读性等良好性质，便于代码重用. 从范畴论的角度分析，递归计算源自归纳数据类型的初始代数语义，而归纳数据类型则被视为初始代数的载体.

若 F - 代数范畴 $\boldsymbol{Alg}_F$ 中存在初始代数 $in: F(\mu F)\to\mu F$，则 in 是唯一同构的，并且其载体 μF 是函子 F 的最小不动点(least fixed point)[45]. 初始代数$(\mu F,in)$的初始性确保 in 到任意 F - 代数 $\alpha: F(X)\to X$ 存在一个唯一的 F - 代数态射 $fold\,\alpha:\mu F\to X$. 折叠函数 $fold$ 源自初始代数语义，可对任意简单归纳数据类型建模，如取 $F(\mu F)$ 中任一实例 m，则有下式成立：$fold\,\alpha(in\,m)=\alpha(F(fold\,\alpha)m)$.

例 3.2　记自然数类型为 Nat，以谓词 $P: Nat\to\boldsymbol{Set}$ 表示自然数类型的语义性质，将 $\forall n\in Nat$ 映射为 n 所满足的语义性质，即以 Pn 描述自然数 n 的语义集. 设 $Succ$ 为自然数的后继函数，则有 Nat 的归纳规则：

Ind_{Nat}: $\forall(P: Nat\to\boldsymbol{Set})P0\to(\forall n\in Nat)(Pn\to P(Succ\ n))\to(\forall n\in Nat)Pn$ 化简为前束范式(Prenex Normal Form)：

$$Ind_{Nat}': \exists(P: Nat\to\boldsymbol{Set})(\forall n\in Nat)((P0\to(Pn\to P(Succ\ n)))\to Pn)$$

自然数类型归纳规则 Ind_{Nat}应用集值函数(set-valued functions)Pn 描述 n 的语义性质，为自然数这种简单归纳数据类型的递归计算提供了一种简洁的描述方式，特别是在函数式程序语言(如 Haskell)中 Ind_{Nat}所生成的代码片段具有易读、易写与易理解等良好性质.

例 3.2 的 Ind_{Nat}中 $\forall$ 与 $\exists$ 等高阶对象(higher-ordered objects)，难以在 $\boldsymbol{Set}$ 中得到合理的解释. 同时，谓词 $P: Nat\to\boldsymbol{Set}$ 的共域是 $\boldsymbol{Set}$ 而非其对象，导致 $\boldsymbol{Set}$ 上的恒等函子 F 无法对 P 进行直接计算，即对简单归纳数据类型 X 的任意实例 x，将折叠函数 $fold$ 应用到以 Px 为载体的 F - 代数上，无法得到 μF 的归纳规则. 因此，我们充分借鉴文献[46]的函子提升(lifting functors)思想，将 $\boldsymbol{Set}$ 上的恒等函子 F 提升为谓词范畴$\mathscr{P}$上的函子 $F^{\perp}$.

3.1.2　谓词 fibration 的语义模型

定义 3.3(函子提升)　设 F 为谓词 fibration Pre 基范畴 $\boldsymbol{Set}$ 上的一个恒

等函子，函子 F 从 $\mathbf{Set}$ 到谓词范畴 $\mathscr{P}$ 的提升 $F^{\perp}: \mathscr{P} \to \mathscr{P}$，沿着谓词 fibration$Pre$ 的方向满足图表交换 $F \circ Pre = Pre \circ F^{\perp}$.

由定义 3.3 知，如果 $<X,P>$ 是 X 上的一个谓词，则 $F^{\perp}P$ 是 FX 上的一个谓词，即 $F^{\perp}P: FX \to \mathbf{Set}$. 对任意谓词态射 $f: P \to P'$，$F^{\perp}f$ 为 $F^{\perp}$ - 代数上的谓词态射：$(FX,F^{\perp}P) \to (FX',F^{\perp}P')$，记为 $(q,q^{\sim})$，其中 $q = FX \to FX' = F(Pre(f))$，$q^{\sim}: \forall y \in FX(F^{\perp}Py \to F^{\perp}P'(qy))$，如图 3.1 所示.

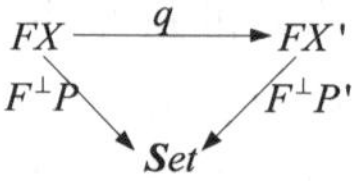

图 3.1　$F^{\perp}$ - 代数上的谓词态射

记谓词 $P: X \to \mathbf{Set}$ 的内涵(comprehension)[46] 为 $\{P\}$，$\{P\} = \coprod_{x \in X} Px$ 是一个序对 (x,p)，其中 $p \in Px$. 为进一步描述 $F^{\perp}$ 的抽象本质，我们引入内涵函子(comprehension functor)的概念.

定义 3.4(谓词 fibrationPre 的内涵函子)　谓词 fibrationPre 的内涵函子 $\{-\}_{Pre}: \mathscr{P} \to \mathbf{Set}$，将任意谓词 P 映射为 $\{P\}_{Pre}$，谓词态射 $(f, f^{\sim}): P \to P'$ 映射为 $\{(f, f^{\sim})\}_{Pre}: \{P\}_{Pre} \to \{P'\}_{Pre}$，即 $\{(f, f^{\sim})\}_{Pre}(x,p) = (fx, P'(fx))$.

定义 3.5(谓词 fibrationPre 的真值函子)　函子 $T_{Pre}: \mathbf{Set} \to \mathscr{P}$ 将 $\mathbf{Set}$ 中每个集合 X 映射为终结对象 $\mathbf{1}$，对 $\mathbf{Set}$ 上每一个恒等函子 F 及其提升 $F^{\perp}$，沿着 T_{Pre} 的方向满足图表交换，即 $F^{\perp}T_{Pre}(X) = T_{Pre}F(X)$，称 T_{Pre} 为谓词 fibrationPre 的真值函子.

定义 3.5 中的真值函子 T_{Pre}，若有同构表达式 $T_{Pre}F \cong F^{\perp}T_{Pre}$ 成立，则称 $F^{\perp}$ 是一个保持真值的提升.

例 3.3　例 3.1 中对 $f: X \to Y \in \mathbf{Mor\ Set}$，有 $P: Y \to \mathbf{Set} \in \mathbf{Obj}\ \mathscr{P}$，则 f 与 $<X,P>$ 的卡式射为谓词范畴 $\mathscr{P}$ 中的一对态射 $f^{\downarrow}_{<Y,P>} = (f, Id_{\mathbf{Set}}): Pf \to P$. 谓词 fibration$Pre$ 的真值函子 T_{Pre} 将 X 映射为谓词范畴 $\mathscr{P}$ 的单点集谓词 $<\{*\},P>$，$P: \{*\} \to \mathbf{Set}$. 谓词 fibration$Pre$ 的内涵函子 $\{-\}_{Pre}$ 将谓词 $<X,P>$ 映射为语义行为集 $\{P(x) \mid x \in X\}$.

定义 3.6(谓词 fibrationPre 的语义模型)　设 $Pre: \mathscr{P} \to \mathbf{Set}$ 是一个有真值函子 T_{Pre} 与内涵函子 $\{-\}_{Pre}$ 的谓词 fibration. F 是 Pre 基范畴 $\mathbf{Set}$ 上的一个恒等函子，$F^{\perp}$ 是 F 关于 Pre 在全范畴 $\mathscr{P}$ 上的一个保持真值的提升，沿着谓词 fibrationPre 的方向满足图表交换 $F \circ Pre = Pre \circ F^{\perp}$，且有同构表

达式 $T_{Pre}F \cong F^{\perp} T_{Pre}$ 与 $F\{-\}_{Pre} \cong \{-\}_{Pre} F^{\perp}$ 成立.

内涵函子与谓词 fibration Pre 间的自然变换 $\pi: \{-\}_{Pre} \to Pre$ 满足 $\pi_P(x,p) = x$，有 $F^{\perp}P = (F\pi_P)^{-1}$，对于谓词定义域上的函数 $f: X \to X'$，其逆 f^{-1} 是谓词 $P': X' \to \boldsymbol{Set}$. 自然变换 π 将 F 与其提升 $F^{\perp}$ 关联起来，但这种关联并不直观. 下面我们研究以 $\{P\}_{Pre}$ 为载体的 F - 代数与以 P 为载体的 $F^{\perp}$ - 代数间直观的语义性质，进而描述简单归纳数据类型具有普适意义的归纳规则.

3.1.3　简单归纳数据类型的语义性质

自然变换 π_{TX} 是终结对象为 $\mathbf{1}$ 上的自同构态射 id_1，$F\pi_{TX}$ 也是一个自同构态射，$(F\pi_{TX})^{-1}$ 将 $\forall x \in FX$ 映射为一个单点集 $\{\mathbf{1}\}$，即 $F^{\perp}(T_{Pre}X) = (F\pi_{TX})^{-1} = \{\mathbf{1}\}_{Pre} = T_{Pre}(FX)$. 真值函子 T_{Pre} 是谓词 fibration Pre 的右伴随，同时也是内涵函子 $\{-\}_{Pre}$ 的左伴随，即 $Pre \dashv T_{Pre} \dashv \{-\}_{Pre}$. 对 $\forall X \in \boldsymbol{Obj}$ $\boldsymbol{Set}$，$P \in \boldsymbol{Obj}\ \mathscr{P}$，记 $\boldsymbol{Mor}\ \mathscr{P}$ 中从 $T_{Pre}X$ 到 P 的所有态射构成集合 $\mathscr{P}[T_{Pre}X, P]$，$\boldsymbol{Mor}\ \boldsymbol{Set}$ 中从 X 到 $\{P\}_{Pre}$ 的所有态射构成集合 $\boldsymbol{Set}[X, \{P\}_{Pre}]$.

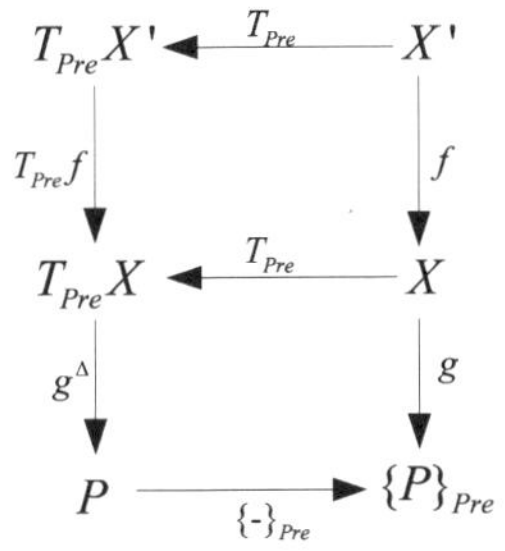

图 3.2　函数 $(-)^{\Delta}$ 的复合性质

设函数 $(-)^{\Delta}: \boldsymbol{Set}[X, \{P\}_{Pre}] \to \mathscr{P}[T_{Pre}X, P]$，$(-)^{\nabla}: \mathscr{P}[T_{Pre}X, P] \to \boldsymbol{Set}[X, \{P\}_{Pre}]$，则 $(-)^{\Delta}$ 与 $(-)^{\nabla}$ 是 $\boldsymbol{Set}[X, \{P\}_{Pre}]$ 与 $\mathscr{P}[T_{Pre}X, P]$ 间的自然同构. 取 $f: X' \to X \in \boldsymbol{Mor}\ \boldsymbol{Set}$，$g: X \to \{P\}_{Pre} \in \boldsymbol{Mor}\ \boldsymbol{Set}$，如图 3.2 所示. 由 $(-)^{\Delta}$ 的自然性得到函数 $(-)^{\Delta}$ 的复合性质，即 $(g \circ f)^{\Delta} = g^{\Delta} \circ T_{Pre}f$. 同理，取 $f: P \to P' \in \boldsymbol{Mor}\ \mathscr{P}$，$g: T_{Pre}X \to P \in \boldsymbol{Mor}\ \mathscr{P}$，如图 3.3 所示，由 $(-)^{\nabla}$ 的自然性得到函数 $(-)^{\nabla}$ 的复合性质，即 $(f \circ g)^{\nabla} = \{f\}_{Pre} \circ g^{\nabla}$.

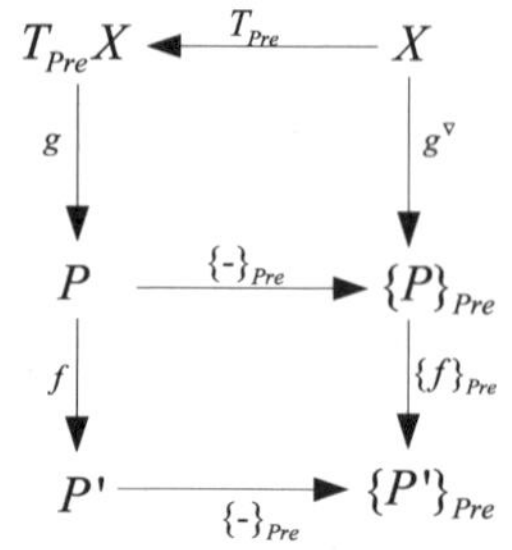

图 3.3　函数$(-)^{\nabla}$的复合性质

定理 3.2　设 $\varPhi$ 为 F－代数范畴 $\boldsymbol{Alg}_F$ 到 $F^{\perp}$－代数范畴 $\boldsymbol{Alg}_{F^{\perp}}$ 的函子，即 $\varPhi: \boldsymbol{Alg}_F \to \boldsymbol{Alg}_{F^{\perp}}$，对任意 F－代数 $\alpha: F(X) \to X$，则有 $\varPhi\alpha: F^{\perp}(T_{Pre}X) \to T_{Pre}X$.

证明：对另一 F－代数 $\alpha': F(X') \to X' \in \boldsymbol{Obj}\ \boldsymbol{Alg}_F$，由定义 3.5 知 $F^{\perp}(T_{Pre}X') = T_{Pre}(FX')$，令 $\varPhi\alpha = T\alpha$，图 3.4 中 $k: X \to X'$为 F－代数 $\alpha: F(X) \to X$ 与 $\alpha': F(X') \to X'$的 F－代数态射，由图 3.4 可知 $\varPhi k = T_{Pre}k: T_{Pre}X \to T_{Pre}X'$为 $F^{\perp}$－代数 $\varPhi\alpha: F^{\perp}(T_{Pre}X) \to T_{Pre}X$ 与 $\varPhi\alpha': F^{\perp}(T_{Pre}X') \to T_{Pre}X'$的 $F^{\perp}$－代数态射.

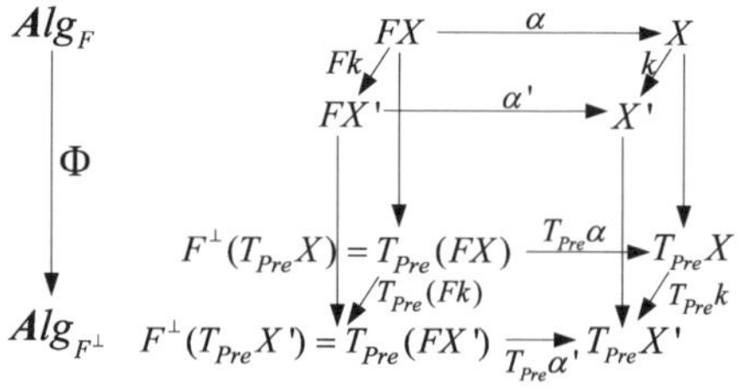

图 3.4　简单归纳数据类型的语义性质

同理可证，若 id_{α} 为 F－代数 $\alpha: F(X) \to X$ 的单位态射，则有 $\varPhi(id_{\alpha}) = id_{\varPhi\alpha}$；对另一 F－代数 β 与 α 的复合 $\beta \circ \alpha$，有 $\varPhi(\beta \circ \alpha) = \varPhi\beta \circ \varPhi\alpha$. 故 $\varPhi$ 将 F－代数范畴 $\boldsymbol{Alg}_F$ 中的对象映射为 $F^{\perp}$－代数范畴 $\boldsymbol{Alg}_{F^{\perp}}$ 中的对象，即对任意 F－代数 $\alpha: F(X) \to X$，有 $\varPhi\alpha: F^{\perp}(T_{Pre}X) \to T_{Pre}X$.　　　　证毕.

定理 3.2 利用真值函子 T_{Pre} 将 $\boldsymbol{Set}$ 中的对象与态射映射为 $\mathscr{P}$ 中相应的对象与态射，并基于定义 3.5 的图表交换通过函子 $\varPhi$ 建立 F－代数范畴 $\boldsymbol{Alg}_F$ 到 $F^{\perp}$－代数范畴 $\boldsymbol{Alg}_{F^{\perp}}$ 的联系，下面利用函子 $\varPhi$ 的右伴随 $\varPsi$ 研究 $\boldsymbol{Alg}_{F^{\perp}}$ 到 $\boldsymbol{Alg}_F$ 的联系.

定理 3.3　存在函子 Φ 的右伴随 Ψ，即 $\Phi \dashv \Psi$，对任意 $F^{\perp}$ - 代数 $\gamma: F^{\perp}(P) \to P$，则有 $\Psi\gamma: F\{P\}_{Pre} \to \{P\}_{Pre}$.

证明： 设 η 为伴随函子 $T_{Pre} \dashv \{-\}_{Pre}$ 的单位，则 η^{Δ} 为其共单位. 对 $\forall P \in \boldsymbol{O}bj\ \mathscr{P}$，有 $\eta_P^{\Delta}: T_{Pre}\{P\}_{Pre} \to P$，由定义 3.5 知 $T_{Pre}(F\{P\}_{Pre}) = F^{\perp}(T_{Pre}\{P\}_{Pre})$，根据函数 $(-)^{\Delta}$ 的定义及其复合性质，有 $(\gamma \circ F^{\perp}\eta_P^{\Delta})^{\nabla} = \{\gamma\}_{Pre} \circ (F^{\perp}\eta_P^{\Delta})^{\nabla}$.

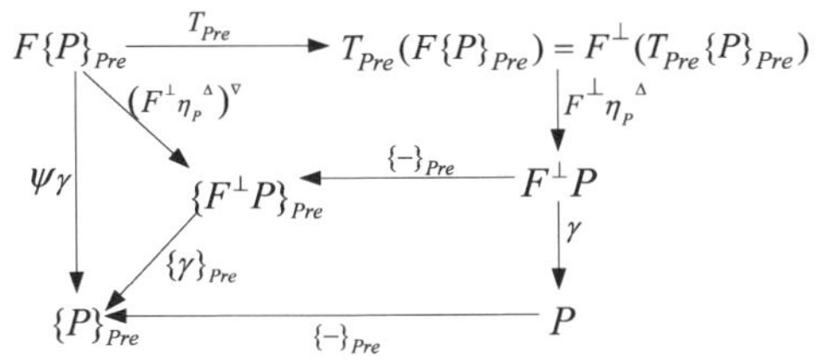

图 3.5　函子 Φ 的右伴随 Ψ

同时，从图 3.5 左部的三角交换图表可知 $\Psi\gamma = \{\gamma\}_{Pre} \circ (F^{\perp}\eta_P^{\Delta})^{\nabla}$，即 $\Psi\gamma = (\gamma \circ F^{\perp}\eta_P^{\Delta})^{\nabla}$. 故 Ψ 将 $F^{\perp}$ - 代数中对象 γ 映射为 F - 代数中对象 $\Psi\gamma$. 同理可证 Ψ 将 $F^{\perp}$ - 代数态射、单位态射及态射复合分别映射为 F - 代数中的态射、单位态射及态射复合. 即对任意 $F^{\perp}$ - 代数 $j: F^{\perp}P \to P$，有 $\Psi\gamma: F\{P\}_{Pre} \to \{P\}_{Pre}$.　　证毕.

定理 3.3 利用函子 Φ 的右伴随 Ψ 建立起 $F^{\perp}$ - 代数范畴 $\boldsymbol{Alg}_{F^{\perp}}$ 到 F - 代数范畴 $\boldsymbol{Alg}_F$ 的联系，在定理 3.3 的证明过程中由定义 3.5 可进一步推得 $F^{\perp}\eta_P^{\Delta}$ 与 $(F^{\perp}\eta_P^{\Delta})^{\nabla}$ 是同构的. 相应于定理 3.2，令 $\Psi\alpha = T_{Pre}\alpha$，可令 $\Psi\alpha = \{\alpha\}_{Pre}$，这为定理 3.3 的证明与应用提供了便利性. 定理 3.3 建立了以 $\{P\}_{Pre}$ 为载体的 F - 代数与以 P 为载体的 $F^{\perp}$ - 代数间直观的互推导关系，为简单归纳数据类型提供了一种基于初始代数载体 μF 的归纳规则的建模方法.

3.1.4　简单归纳数据类型的归纳规则

对 $\forall \gamma: F^{\perp}(P) \to P \in \boldsymbol{O}bj\ \boldsymbol{Alg}_{F^{\perp}}$，应用定理 3.3 有 $\Psi\gamma: F\{P\}_{Pre} \to \{P\}_{Pre}$，从图 3.6 知 $\pi_P \circ fold(\Psi\gamma): \mu F \to X$，进而得到简单归纳数据类型

X 的通用归纳规则的前束范式：

$$\begin{array}{ccccc} F(\mu F) & \xrightarrow{F(fold(\Psi j))} & F\{P\}_{Pre} & \xrightarrow{F\pi_P} & FX \\ \downarrow{\scriptstyle in} & & \downarrow{\scriptstyle \Psi j} & & \downarrow{\scriptstyle h} \\ \mu F & \xrightarrow[fold(\Psi j)]{} & \{P\}_{Pre} & \xrightarrow[\pi_P]{} & X \end{array}$$

图 3.6　简单归纳数据类型的归纳规则

Ind_{SIDT}: $\forall(F:\boldsymbol{Set}\to\boldsymbol{Set})(P:X\to\boldsymbol{Set})(\gamma:F^{\perp}P\to P)(x\in\mu F)P((\pi_P\circ fold(\Psi\gamma))x)$

特殊情况下，若 $X=\mu F$，$\alpha=in$，则由初始 F - 代数 in 的初始性可得简单归纳数据类型 μF 的通用归纳规则：

Ind_{SIDT}': $\forall(F:\boldsymbol{Set}\to\boldsymbol{Set})(P:\mu F\to\boldsymbol{Set})(\gamma:F^{\perp}P\to P)(x\in\mu F)P((fold\,\gamma)x)$

具有普适性描述的归纳规则 Ind_{SIDT}'可对简单归纳数据类型进行精确分析，其高度的抽象性在谓词范畴$\mathscr{P}$与 F - 代数范畴 $\boldsymbol{Alg}_F$ 内给出简单归纳数据类型的语义解释，不再依赖于传统代数或数理逻辑方法的特定约束，增强简单归纳数据类型的内聚性，从而提高程序语言的独立性.

3.2　纤维化归纳数据类型

基于 Fibrations 方法的视角，纤维化归纳数据类型是一种常见的带有离散纤维化结构的简单归纳数据类型，如自然数与有限偏序集等. 本节应用 Fibrations 方法建立非索引 fibration 的语义模型，分析与描述纤维化归纳数据类型的语义性质及其归纳规则.

3.2.1　重索引函子与对偶重索引函子

记$f^*(Y)$为定义 1.43 中卡式射$f_Y^{\downarrow}$ 的定义域，则$f^*(Y)$位于 C 上，即 $Y\in\boldsymbol{Obj}\ \mathscr{T}_D$，$f^*(Y)\in\boldsymbol{Obj}\ \mathscr{T}_C$，由此可定义重索引函子(reindexing functor).

定义 3.7(重索引函子)　基范畴$\mathscr{B}$中的态射f：$C\to D$ 扩展为纤维 $\mathscr{T}_D$ 与 $\mathscr{T}_C$ 间的一个函子f^*：$\mathscr{T}_D\to\mathscr{T}_C$，称$f^*$为由$f$归纳的重索引函子.

态射f是基范畴中纤维化归纳数据类型间的关联，而重索引函子f^*则是f在全范畴上的提升，对应着语义性质间的关联.

令 $^*f(X)$ 为定义 1.46 中对偶卡式射 $f_\downarrow^X$ 的共域，则 $^*f(X)$ 位于 D 上，即 $X\in \boldsymbol{Obj}\ \mathscr{T}_C$，$^*f(X)\in \boldsymbol{Obj}\ \mathscr{T}_D$. 下面，我们给出重索引函子的对偶概念：对偶重索引函子（opreindexing functor）.

定义 3.8（对偶重索引函子）　基范畴 $\mathscr{B}$ 中的态射 $f: C\to D$ 扩展为纤维 $\mathscr{T}_C$ 与 $\mathscr{T}_D$ 间的一个函子 $^*f: \mathscr{T}_C\to\mathscr{T}_D$，称 $^*f$ 为由 f 归纳的对偶重索引函子.

定义 3.9（置换）　若 $F\dashv G: \mathscr{C}\to\mathscr{D}$ 是一对伴随函子，η,ε 分别是该伴随函子的单位与共单位. 对 $\forall X\in\boldsymbol{Obj}\ \mathscr{C}$，$\forall Y\in\boldsymbol{Obj}\ \mathscr{D}$，$\exists f: F(X)\to Y\in \boldsymbol{Mor}\ \mathscr{D}$，$\exists g: X\to G(Y)\in\boldsymbol{Mor}\ \mathscr{C}$，则 f 与 g 的置换分别为 $G(f)\eta_X$ 与 $\varepsilon_Y F(g)$，并记 $\hat{f}=G(f)\eta_X$，$\hat{g}=\varepsilon_Y F(g)$.

定理 3.4　设 $P: \mathscr{T}\to\mathscr{B}$ 是一个 fibration，当且仅当对 $\forall f: C\to D\in \boldsymbol{Mor}\ \mathscr{B}$，重索引函子 f^* 的对偶重索引函子 $^*f$ 是其一个左伴随函子，则 P 是一个 bifibration.

证明：充分性. 设 $^*f\dashv f^*: \mathscr{T}_C\to\mathscr{T}_D$，单位为 η，共单位为 ε. $P: \mathscr{T}\to\mathscr{B}$ 是一个 fibration，则 $\exists Y\in\boldsymbol{Obj}\ \mathscr{T}_D$，构造一个以 Y 为共域的卡式射 $f_Y^\downarrow: f^*(Y)\to Y$. $\exists X\in\boldsymbol{Obj}\ \mathscr{T}_C$，令 $l: X\to {}^*f(X)$ 是 f 上的一个态射，下面证明 l 是 f 上的对偶卡式射. 由 $^*f\dashv f^*$ 的伴随性质有 $l=f^\downarrow_{^*f(X)}\circ\eta_X$，如图 3.7 所示. 若 $g: X\to Y$ 是 f 上的另一个态射，设 $\phi: X\to f^*(Y)$ 为 $\mathscr{T}_C$ 中的垂直态射，即 $P(\phi)=id_C$. 由定义 1.43 知 $g=f_Y^\downarrow\circ\phi$，卡式射 $f_Y^\downarrow$ 是泛锥，其泛性质确定 ϕ 是 g 到 $f_Y^\downarrow$ 的唯一态射.

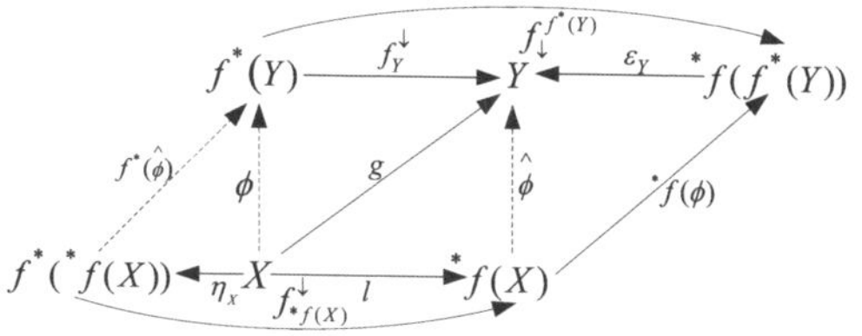

图 3.7　对偶卡式射的证明

记 ϕ 在伴随函子 $^*f\dashv f^*$ 作用下的置换为 $\hat{\phi}$，则有 $\hat{\phi}=\varepsilon_Y\circ {}^*f(\phi)$: $^*f(X)\to Y$，$f^*(\hat{\phi})\circ\eta_X=\phi$. 泛锥 $f_Y^\downarrow$ 的泛性质确保 $f^*(\hat{\phi})$ 的唯一存在性，图表交换 $\hat{\phi}\circ f^\downarrow_{^*f(X)}=f_Y^\downarrow\circ f^*(\hat{\phi})$. 综上，可得下面一组等式成立：
$^\downarrow_{f(X)}\circ\eta_X=f_Y^\downarrow\circ f^*(\hat{\phi})\circ\eta_X=f_Y^\downarrow\circ\phi=g$，即 $g=\hat{\phi}\circ l$，则 ϕ 的置
的唯一态射，且 $P(\hat{\phi})=id_D$. 由定义 1.46 知 l 是 f 上的对偶

卡式射 $f_{\downarrow}^{X}$.

必要性. 设 $g: X \to Y \in \boldsymbol{Mor}\ \mathscr{T}$ 位于 f 上，记 $\mathscr{T}_C(X, f^*(Y))$ 为 C 上纤维 $\mathscr{T}_C$ 内的态射集，$\mathscr{T}_D({}^*f(X), Y)$ 为 D 上纤维 $\mathscr{T}_D$ 内的态射集. 取 $\forall k: X' \to X \in \boldsymbol{Mor}\ \mathscr{T}_C$，$\forall h: Y \to Y' \in \boldsymbol{Mor}\ \mathscr{T}_D$，$P: \mathscr{T} \to \mathscr{B}$ 是一个 bifibration，则存在一个一一到上的映射 $\varphi_{X,Y}$: $\mathscr{T}_D({}^*f(X), Y) \to \mathscr{T}_C(X, f^*(Y))$，记 k^{op}: $X \to X' \in \boldsymbol{Mor}\ \mathscr{T}_C$ 为 k 的对偶态射，有 $k^{op} \circ f_{\downarrow}^{Xop} = f_{\downarrow}^{X'op} \circ {}^*f(k^{op})$ 与 $id_{f^*(Y)} \circ f_Y^{\downarrow op} = f_Y^{\downarrow op} \circ id_Y$ 成立，即图 3.8 左边图表交换. 同理，有 $id_X \circ f_{\downarrow}^{Xop} = f_{\downarrow}^{Xop} \circ id_{{}^*f(X)}$ 与 $f^*(h) \circ f_Y^{\downarrow op} = f_{Y'}^{\downarrow op} \circ h$ 成立，即图 3.8 右边图表交换，故 $\varphi_{X,Y}$ 是自然同构的. 由定义 1.36 知 ${}^*f \dashv f^*$. 证毕.

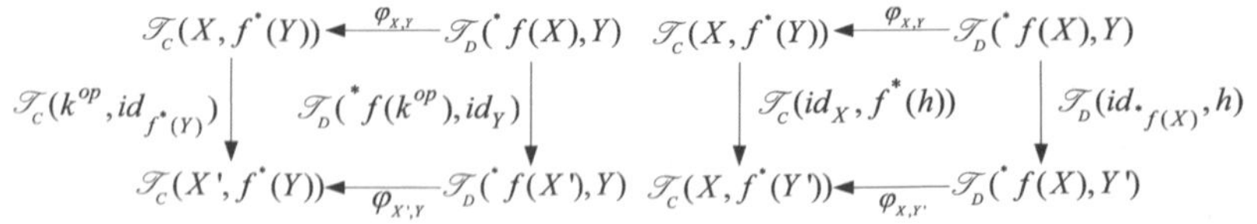

图 3.8 伴随性质的证明

定理 3.4 为 bifibration 的判定提供了一个便利的条件，同时，也在 bifibration 框架内有机融合了重索引函子 f^* 与对偶重索引函子 ${}^*f$ 的伴随性质.

3.2.2 非索引 fibration 的语义模型

定义 3.10（纤维化函子） 设 $P: \mathscr{T} \to \mathscr{B}$ 与 $P': \mathscr{T}' \to \mathscr{B}$ 为两个 fibration，基范畴 $\mathscr{B}$ 上从 P 到 P' 的一个纤维化函子 $F: \mathscr{T} \to \mathscr{T}'$ 满足图表交换：$P = P'F$，且 F 保持卡式射.

定义 3.11（纤维化伴随） 设 $F: \mathscr{T} \to \mathscr{T}'$ 与 $G: \mathscr{T}' \to \mathscr{T}$ 是基范畴 $\mathscr{B}$ 上的两个纤维化函子，当且仅当 G 是 F 的右伴随函子，且伴随 $F \dashv G$ 的单位与共单位都是垂直的，则称 G 是 F 的一个右纤维伴随函子，并称 $F \dashv G$ 为 $\mathscr{B}$ 上的纤维化伴随.

定义 3.10 与定义 3.11 将标准的范畴结构提升为纤维化结构，便于高效处理计算机科学中许多带有离散结构的实际问题，如程序语言各
化归纳数据类型的语义性质映射为全范畴中的纤维，将纤维化
类型与其语义性质关联起来. 同时，更为重要的是，利用纤
纤维化伴随工具，抽象描述具有普适意义的归纳规则与程

赖于特定的语义计算环境，可提高纤维化归纳数据类型的内聚性，进而增强程序语言的独立性.

定义 3.12（非索引 fibration）　设 $P: \mathscr{T} \to \mathscr{B}$ 是局部小范畴 $\mathscr{T}$ 与 $\mathscr{B}$ 间的一个 fibration，$F: \mathscr{B} \to \mathscr{B}$ 是基范畴 $\mathscr{B}$ 上的一个恒等函子，F 关于 P 的提升是全范畴 $\mathscr{T}$ 上的一个恒等函子 $F^{\perp}: \mathscr{T} \to \mathscr{T}$. 若有图表交换 $PF^{\perp} = FP$，称 P 为非索引 fibration.

定义 3.13（纤维化终结对象）　设 $P: \mathscr{T} \to \mathscr{B}$ 是一个 fibration，取 $\forall D \in \boldsymbol{Obj}\ \mathscr{B}$，若 $\exists \mathbf{1}_D \in \boldsymbol{Obj}\ \mathscr{T}_D$ 为纤维 $\mathscr{T}_D$ 上的终结对象，且 $\forall f: C \to D \in \boldsymbol{Mor}\ \mathscr{B}$，$f^*(\mathbf{1}_D)$ 为纤维 $\mathscr{T}_C$ 上的终结对象，即重索引函子 f^* 保持终结对象，则称 fibration P 有纤维化终结对象.

例 3.1 中谓词 fibration Pre 的纤维化终结对象是将集合 X 中所有元素均映射为单点集的函数，例 1.11 中共域 fibration Cod 的纤维化终结对象是单位函数，例 1.12 中子对象 fibration S 的纤维化终结对象是单位函数的等价类. 下面，我们建立非索引 fibration 的语义模型，分析纤维化归纳数据类型的语义性质.

定义 3.14（非索引 fibration 的语义模型）　设 $P: \mathscr{T} \to \mathscr{B}$ 是局部小范畴 $\mathscr{T}$ 与 $\mathscr{B}$ 间一个非索引 fibration，函子 $T: \mathscr{B} \to \mathscr{T}$ 将 $\forall C \in \boldsymbol{Obj}\ \mathscr{B}$ 映射为纤维 $\mathscr{T}_C$ 上的终结对象，称 T 为 P 的真值函子. F 是基范畴 $\mathscr{B}$ 上的一个恒等函子，$F^{\perp}$ 是 F 关于 P 在全范畴 $\mathscr{T}$ 上的一个保持真值的提升，沿着 P 的方向满足图表交换 $FP = PF^{\perp}$. $\{-\}$ 是 P 的一个内涵函子，且 $T \dashv \{-\}$，并有同构表达式 $TF \cong F^{\perp}T$ 与 $F\{-\} \cong \{-\}F^{\perp}$ 成立.

3.2.3　纤维化归纳数据类型的语义性质

记 $\mathbf{1}_{\mathscr{B}}$ 与 $\mathbf{1}_{\mathscr{T}}$ 分别为基范畴 $\mathscr{B}$ 与全范畴 $\mathscr{T}$ 的终结对象，则有 $P(\mathbf{1}_{\mathscr{T}}) = \mathbf{1}_{\mathscr{B}}$. 对 $\forall C \in \boldsymbol{Obj}\ \mathscr{B}$，存在唯一的态射 $u: C \to \mathbf{1}_{\mathscr{B}}$，有 $T(C) \cong u^*(\mathbf{1}_{\mathscr{T}})$. 对 $\forall f: C \to D \in \boldsymbol{Mor}\ \mathscr{B}$，$f^*(T(D)) \cong T(C)$，真值函子 T 将 f 映射为全范畴 $\mathscr{T}$ 上的卡式射 $f^{\downarrow}_{T(D)}$. 可靠且完全的真值函子 T 是非索引 fibration P 的纤维化右伴随.

对 $\forall C \in \boldsymbol{Obj}\ \mathscr{B}$，在恒等函子 F 作用下构成一个 F - 代数 $\alpha: F(C) \to C$. 初始 F - 代数 $in: F(\mu F) \to \mu F$ 若存在，则是唯一同构的，初始代数的

初始泛性质所确定的唯一同构性是研究归纳数据类型语义性质及其归纳规则的主要工具. 作为初始 F－代数载体的纤维化归纳数据类型 μF 是函子 F 的最小不动点，函子 F 指称纤维化归纳数据类型 μF 的语法构造，in 赋予 μF 在该语法构造上的一种语义解释.

应用真值函子 T 将 F－代数 $\alpha: F(C)\to C$ 映射为一个 $F^{\perp}$－代数 $T(\alpha)$：$TF(C)\cong F^{\perp}(T(C))\to T(C)$，相应地，$T(\mu F)$ 为初始 $F^{\perp}$－代数的载体，即真值函子 T 保持初始对象. 记 $Alg(T)$ 为 F－代数范畴 $\boldsymbol{Alg}_F$ 到 $F^{\perp}$－代数范畴 $\boldsymbol{Alg}_{F^{\perp}}$ 的函子，并定义 $Alg(T)\overset{def}{=}T$，利用真值函子 T 将非索引 fibration P 基范畴 $\mathscr{B}$ 中的对象与态射映射为全范畴 $\mathscr{T}$ 中相应的对象与态射，由定义 3.14 中复合函子的同构性通过函子 $Alg(T)$ 进一步建立 F－代数范畴 $\boldsymbol{Alg}_F$ 到 $F^{\perp}$－代数范畴 $\boldsymbol{Alg}_{F^{\perp}}$ 的联系. $in^{\perp}$：$F^{\perp}(T(\mu F))\to T(\mu F)$ 是非索引 fibration P 全范畴 $\mathscr{T}$ 中的一个初始 $F^{\perp}$－代数，则 $in^{\perp}$ 是初始 F－代数的态射 in 在函子 $Alg(T)$ 作用下的同态像，即 $Alg(T)(in)=in^{\perp}$. 初始 $F^{\perp}$－代数的初始性确保 $in^{\perp}$ 是唯一同构的，这种唯一同构泛性质的存在为纤维化归纳数据类型的语义性质分析及其归纳规则描述提供了便利.

设 $\sigma:\{-\}\to P$ 为自然变换，由定理 1.1 知 $F\sigma$ 也为一个自然变换，则对 $\forall X\in \boldsymbol{Obj}\ \mathscr{T}$，有由 $F\sigma_X$ 归纳的对偶重索引函子 $^{*}(F\sigma_X)$：$\mathscr{T}_{F\{X\}}\to \mathscr{T}_{FP(X)}$，$F^{\perp}(X)={}^{*}(F\sigma_X)(T(F\{X\}))\in \boldsymbol{Obj}\ \mathscr{T}_{FP(X)}$，即基范畴上恒等函子 F 的提升 $F^{\perp}$ 对全范畴中任意对象 X 的作用 $F^{\perp}(X)$，完全由 $\{X\}$ 上 F 的语义行为确定，$\{X\}$ 是 X 在内涵函子 $\{-\}$ 上的扩张. 对 $\forall k: X\to X'\in \boldsymbol{Mor}\ \mathscr{T}$，$F^{\perp}(k)=F^{\perp}(X)\to F^{\perp}(X')={}^{*}(F\sigma_X)(T(F\{X\}))\to{}^{*}(F\sigma_{X'})(T(F\{X'\}))$，即 $F^{\perp}(k)\in{}^{*}(FP(k))$，$F^{\perp}(k)$ 是重索引函子态射 $^{*}(FP(k))$ 的一个元素.

与 $Alg(T)$ 类似，记 $Alg\{-\}$ 为 $F^{\perp}$－代数范畴 $\boldsymbol{Alg}_{F^{\perp}}$ 到 F－代数范畴 $\boldsymbol{Alg}_F$ 的函子，并定义 $Alg\{-\}\overset{def}{=}\{-\}$，由定义 3.14 伴随函子 T 与 $\{-\}$ 的伴随性质有 $Alg(T)\dashv Alg\{-\}$，对任一 $F^{\perp}$－代数 $\beta: F^{\perp}(X)\to X$，有 $Alg\{-\}(\beta): F\{X\}\to\{X\}$，即 $Alg\{-\}(\beta)=\{\beta\}$，则 $\{\beta\}$ 是 β 在函子 $Alg\{-\}$ 作用下的同态像，如图 3.9 所示. 若 $g: X\to T(C)$ 是 β 到 $Alg(T)(\alpha)$ 的 $F^{\perp}$－代数态射，则 $Alg\{-\}(\beta)$ 到 α 的 F－代数态射 $h:\{X\}\to C$ 是 g 上的 F－代数同态. 类似地，g 是 h 上的 $F^{\perp}$－代数同态. 函子 $Alg(T)$ 的右伴随 $Alg\{-\}$ 建立以 X 为载体的 $F^{\perp}$－代数与以 $\{X\}$ 为载体的 F－代数间

直观的互推导关系，进而为纤维化归纳数据类型归纳规则的形式化描述提供了一种以 μF 为初始代数载体的简洁与一致的建模方法.

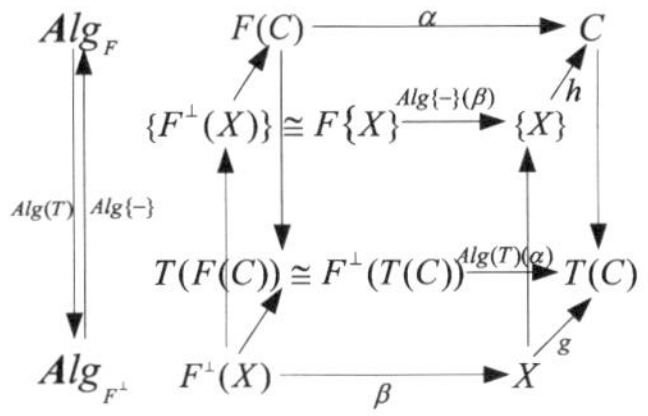

图3.9　纤维化归纳数据类型的语义性质

3.2.4　纤维化归纳数据类型的归纳规则

对定义并运用了内涵函子的非索引 fibration 语义模型，纤维化归纳数据类型归纳规则的形式化描述与语义性质分析是一致的. 对非索引 fibration $P: \mathscr{T} \to \mathscr{B}$，其内涵函子$\{-\}$是真值函子 T 的右伴随，即 $P \dashv T \dashv \{-\}$. 令 F 是基范畴 $\mathscr{B}$ 上的一个恒等函子，且 μF 为初始 F－代数 in 的载体，则 F 关于 P 的每一个保持真值提升 $F^{\perp}$ 都有一个归纳规则[46]. 这为 $F^{\perp}$ 应用初始 F－代数在纤维化归纳数据类型上生成归纳规则的有效性判定提供了一种可靠依据，即如果非索引 fibration P 的语义模型定义并运用内涵函子进行纤维化归纳数据类型上的递归计算，则其基于 F－代数的归纳规则在程序语言语义逻辑分析过程中是有效的.

下面在 Fibrations 方法框架内分析与描述纤维化归纳数据类型具有普适意义的归纳规则，首先考虑纤维化归纳数据类型的递归计算. 基于范畴论的观点，归纳数据类型的递归计算源于初始代数语义[40]. 以纤维化归纳数据类型为初始 F－代数的载体 μF，应用基范畴 $\mathscr{B}$ 上恒等函子 F 构造纤维化归纳数据类型的递归计算 $fold:(F(C)\to C)\to \mu F\to C$，对任意一个 F－代数 $\alpha: F(C)\to C$，在折叠函数 $fold$ 的作用下，$fold\,\alpha$ 将 α 映射为初始 F－代数 in 到 α 的唯一 F－代数态射 $fold\alpha: \mu F\to C$，如图3.10所示. 源于初始代数语义的 $fold$ 本质上是纤维化归纳数据类型一个参数化递归计算，具有语义正确、扩展灵活与表达简洁等良好性质.

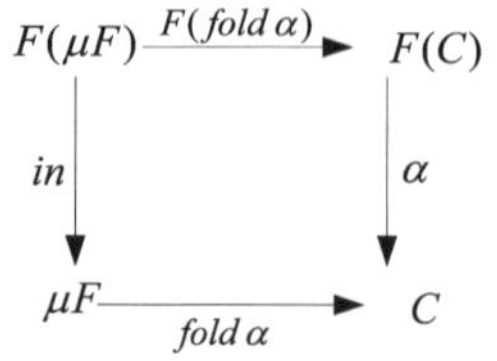

图 3.10　F - 代数态射

$TF(C)\cong F^{\perp}T(C)$，$TF(\mu F)\cong F^{\perp}T(\mu F)$，而由真值函子 T 保持初始对象性质知，$T(\mu F)$ 为初始 $F^{\perp}$ - 代数的载体，记 $\mu F^{\perp}=T(\mu F)$，$X=T(C)\in \boldsymbol{O}bj\ \mathscr{T}$. 类似地，以 F 保持真值的提升 $F^{\perp}$ 为工具构造全范畴 $\mathscr{T}$ 上描述纤维化归纳数据类型语义性质的递归计算 $fold$：$(F^{\perp}(X)\to X)\to \mu F^{\perp}\to X$，如图 3.11 所示，进而对 $\forall C\in \boldsymbol{O}bj\ \mathscr{B}$，$X\in \boldsymbol{O}bj\ \mathscr{T}_C$，得到纤维化归纳数据类型具有普适意义的归纳规则：

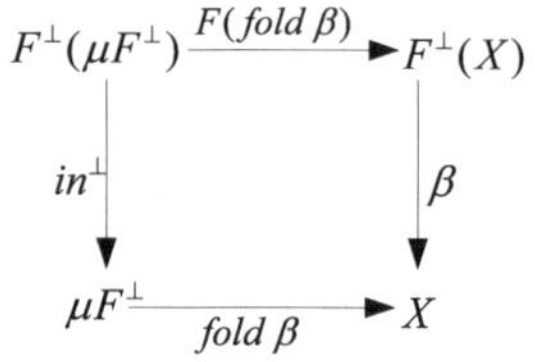

图 3.11　$F^{\perp}$ - 代数态射

Ind_{FIDT}：$(F^{\perp}(X)\to X)\to T(\mu F)\to X.$

若$(X,\beta:F^{\perp}(X)\to X)$是 F - 代数$(C,\alpha:F(C)\to C)$上的 $F^{\perp}$ - 代数，则 $Ind_{FIDT}X\,\beta:T(\mu F)\to X$ 是 $fold\,\alpha$ 上的 $F^{\perp}$ - 代数同态.

例 3.4　令自然数类型 Nat 为基范畴 $\mathscr{B}$ 上初始 F - 代数 in 的载体 μF. 对 $\forall N\in \boldsymbol{O}bj\ \mathscr{B}$，有 $F:N\to \mathbf{1}+N$，则有内射 $in_1(\mathbf{1})=0$ 为最小的自然数，内射 $in_2(N)=N+1$ 为后继函数. 取非索引 fibration P 全范畴 $\mathscr{T}$ 中任一自然数性质 $X\in \boldsymbol{O}bj\ \mathscr{T}_N$，如传递性、相容性与完备性等，则有对 Nat 性质 X 的一个归纳：$(X(in_1(\mathbf{1})))\to(X(N)\to X(in_2(N)))\to X(N)$成立. 对任一 F - 代数 $\alpha:F(N)\to N$，通过非索引 fibration P 提升为 $F^{\perp}$ - 代数 $\beta:F^{\perp}(X)\to X$，满足图表交换 $FP(X)=PF^{\perp}(X)$. 初始 F - 代数的初始性定义 Nat 上的一个递归操作，即折叠函数 $fold$ 对 F - 代数(N,α)的结构态射 α 上的作用 $fold\,\alpha$，执行 Nat 数据类型的判定；而由初始 $F^{\perp}$ - 代数的初始性对应得到一个递归计算，描述 Nat 的语义性质. 若 β 位于 α 上，则 $Ind_{FIDT}X\beta$ 是 $fold\,\alpha$ 上的 $F^{\perp}$ - 代数同态，且遍历全范畴 $\mathscr{T}$ 中每一个对象，得到描述 Nat 性质的语义集$\{X(N)\mid \forall N\in \boldsymbol{O}bj\ \mathscr{B}\}$.

与传统研究方法相比，例 3.4 在非索引 fibration P 语义模型基础上建立描述 Nat 递归计算的归纳规则 Ind_{FIDT}，为纤维化归纳数据类型 Nat 的语义性质与程序逻辑提供了一种简洁的描述方式，特别是在函数式程序语言（如 ML、Haskell 等）中，Ind_{FIDT}生成的代码片段具有易读、易写、易理解等良好性质.

3.3　索引归纳数据类型

作为一类特殊的简单归纳数据类型，纤维化归纳数据类型在语义性质分析与归纳规则描述方面的处理能力较为有限，而索引归纳数据类型是一种语义计算能力更强的简单归纳数据类型，可处理比纤维化归纳数据类型更复杂的数据结构. P. Dybjer[47] 与 P. Morris[48] 等在索引归纳数据类型的初始代数语义研究方面取得了较为显著的成果，但当前对索引归纳数据类型归纳规则的研究却很少. 本节应用范畴论的 Fibrations 方法分析与描述纤维化索引归纳数据类型（fibered index inductive data types）、单类索引归纳数据类型（single-sorts index inductive data types）与多类索引归纳数据类型（many-sorts index inductive data types）这三类常见索引归纳数据类型的语义性质及其归纳规则.

3.3.1　纤维化索引归纳数据类型

纤维化索引归纳数据类型是一类常见的索引归纳数据类型，列表（lists）、向量（vectors）、流（streams）与树（trees）等是一些典型的纤维化索引归纳数据类型. 纤维化索引归纳数据类型现有的研究成果不多，在语法构造方面侧重于应用数理逻辑与代数等方法，局限于特定的应用环境而不具备普适性. 我们提出了一种具有普适性的语法构造方法，具有理论研究意义和应用参考价值，主要体现在两个方面：

第一，为分析程序逻辑提供了一种切实可行的公理化方法，同时容纳纤维化索引归纳数据类型的许多良好性质（如异常处理、不确定计算等），不再局限于传统研究方法特定的应用环境.

第二，为分析纤维化索引归纳数据类型的语义性质及其归纳规则提供了一个普适的形式化工具，增强语义计算描述的抽象性、简洁性与扩展性.

3.3.1.1 纤维化索引 fibration 的语义模型

定义 3.15(纤维化索引归纳数据类型) 以二元组(A,P)表示纤维化索引归纳数据类型，集合 A 称为(A,P)的索引集，$P: A \to \boldsymbol{Set}$ 称为(A,P)的语义映射. 对$\forall a \in A$，Pa 描述(A,P)的语义性质，若 Pa 非空，则称索引对象 a 满足性质 P；否则，称 a 不满足 P.

对另一个纤维化索引归纳数据类型(B,Q)，有映射$(f,g):(A,P)\to(B,Q)$. 其中，$f: A\to B$，而对$\forall a \in A$，$g: Pa \to Q(fa)$. 纤维化索引归纳数据类型与其态射构成一个范畴，称为索引范畴，并归结为定理 3.5.

定理 3.5 以纤维化索引归纳数据类型为对象，以其映射为态射，构成索引范畴$\mathscr{I}$.

证明： 与定理 2.1 证明过程类似，略. 证毕.

定理 3.5 构造的索引范畴$\mathscr{I}$，为纤维化索引归纳数据类型的语法构造与语义性质分析，提供了一个基础的 Fibrations 方法框架. 在定理 3.5 的基础上可进一步定义纤维化索引 fibration.

定义 3.16(纤维化索引 fibration) 纤维化索引 fibration $I: \mathscr{I} \to \boldsymbol{Set}$，将纤维化索引归纳数据类型$(A,P)$映射为索引集 A，将态射(f,g)映射为f.

定义 3.16 的纤维化索引 fibration$I$ 本质上是一类遗忘函子，将索引范畴$\mathscr{I}$映射为普通的集合范畴 $\boldsymbol{Set}$.

定义 3.17(纤维化索引 fibration 的纤维) 对 $\boldsymbol{Set}$ 中的任一对象 A，$\exists (A,P) \in \boldsymbol{Obj}\ \mathscr{I}$，$(f,g) \in \boldsymbol{Mor}\ \mathscr{I}$，若有 $I(A,P)=A$，$I(f,g)=id_A$，则(A,P)与(f,g)构成的子范畴$\mathscr{I}_A$ 称为对象 A 上关于纤维化索引 fibration$I$ 的纤维，并称(f,g)为垂直态射.

$\mathscr{I}_A$ 是纤维化索引 fibration$I$ 的全范畴$\mathscr{I}$的一个全子范畴，$\mathscr{I}_A$ 到$\mathscr{I}$的包含函子 $Inc: \mathscr{I}_A \to \mathscr{I}$是可靠的且完全的. 定义 3.17 是后续分析真值函子、内涵函子与对偶重索引函子等纤维化索引 fibration 的基本结构，并进一步构造纤维化索引归纳数据类型的基础.

取纤维化索引 fibration$I$ 基范畴 $\boldsymbol{Set}$ 中的一个态射$f: A\to B$，反变地扩展为纤维$\mathscr{I}_B$ 到$\mathscr{I}_A$ 之间的重索引函子$f^*: \mathscr{I}_B \to \mathscr{I}_A$，$f^*$ 将$\mathscr{I}_B$ 中的纤维化索引归纳数据类型(B,Q)映射为$\mathscr{I}_A$ 中的另一个纤维化索引归纳数据类型$(A,Q\circ f)$. 每一个纤维都有一个终结对象，下面引入纤维化索引 fibration

真值函子的定义.

定义 3.18(纤维化索引 fibration 的真值函子)　纤维化索引 fibration I 的一个右伴随函子 T_I: $\boldsymbol{Set} \to \mathscr{I}$，称 T_I 为 I 的真值函子.

记 $\{*\}$ 为单点集，对 $\forall A \in \boldsymbol{Obj\,Set}$，定义 3.18 的真值函子 T_I 将索引集 A 映射为索引范畴 $\mathscr{I}$ 上的终对象 $(A,\{*\})$. 令 $\{(A,P)\}$ 为纤维化索引归纳数据类型 (A,P) 的语义集，$\{(A,P)\} = \{(a,p) \mid a \in A, p \in Pa\}$. 纤维化索引归纳数据类型到其语义集的映射扩展为一个函子 $\{-\}_I$: $\mathscr{I} \to \boldsymbol{Set}$，称 $\{-\}_I$ 为纤维化索引 fibration I 的内涵函子.

内涵函子 $\{-\}_I$ 是 T_I 的一个右伴随函子，即 $I \dashv T_I \dashv \{-\}_I$，由这种伴随结构可引入一个自然变换 σ：$\{-\}_I \to I$. 对 $\forall (a,p) \in \{(A,P)\}_I$，有 $\sigma_{(A,P)}(a,p) = a$，即纤维化索引 fibration I 是一个完全的函子，而由 σ 归纳的从索引范畴 $\mathscr{I}$ 到 $\boldsymbol{Set}$ 射范畴 $\boldsymbol{Set}^{\to}$ 的函子是可靠与完全的. 纤维化索引 fibration I 及其真值函子 T_I 与内涵函子 $\{-\}_I$ 所建立的伴随结构，是构造纤维化索引归纳数据类型的有力工具，特别是定义 3.18 的真值函子，由伴随函子保持初始对象的伴随性质，可直接由纤维化索引 fibration I 基范畴 $\boldsymbol{Set}$ 中的纤维化索引归纳数据类型 μF，构造全范畴 $\mathscr{I}$ 中的纤维化索引归纳数据类型 $T_I(\mu F)$.

定义 3.19(纤维化索引 fibration 的语义模型)　设 I：$\mathscr{I} \to \boldsymbol{Set}$ 为一个有真值函子 T_I 与内涵函子 $\{-\}_I$ 的纤维化索引 fibration. F 是基范畴 $\boldsymbol{Set}$ 上的一个恒等函子，$F^{\perp}$ 是 F 关于 I 在全范畴 $\mathscr{I}$ 上的一个保持真值的提升，沿着纤维化索引 fibration I 的方向满足图表交换 $FI = IF^{\perp}$，且有同构表达式 $T_I F \cong F^{\perp} T_I$ 与 $F\{-\}_I \cong \{-\}_I F^{\perp}$ 成立.

3.3.1.2　纤维化索引归纳数据类型的语义性质与归纳规则

对 $\forall A \in \boldsymbol{Obj\,Set}$，在恒等函子 F 作用下构成一个 F - 代数 $(A, \lambda: F(A) \to A)$. 初始 F - 代数 $in: F(\mu F) \to \mu F$ 若存在，纤维化索引归纳数据类型 μF 是函子 F 的最小不动点，F 指称 μF 的语法构造，in 则赋予 μF 在此构造上的一种语义解释.

应用纤维化索引 fibration I 的真值函子 T_I 将 F - 代数 (A,λ) 映射为一个 $F^{\perp}$ - 代数 $(T_I(A), T_I(\lambda): T_I F(A) \cong F^{\perp}(T_I(A)) \to T_I(A))$. 真值函子 T_I 保持初始对象，$T_I(\mu F)$ 为初始 $F^{\perp}$ - 代数的载体.

记 $Alg(T_I)$ 为 F - 代数范畴 $\boldsymbol{Alg}_F$ 到 $F^{\perp}$ - 代数范畴 $\boldsymbol{Alg}_{F^{\perp}}$ 的函子，并定义 $Alg(T_I) \overset{def}{=} T_I$，$Alg(T_I)$ 建立 $\boldsymbol{Alg}_F$ 到 $\boldsymbol{Alg}_{F^{\perp}}$ 的语义联系. 类似地，记 $Alg\{-\}_I$ 为 $\boldsymbol{Alg}_{F^{\perp}}$ 到 $\boldsymbol{Alg}_F$ 的函子，并定义 $Alg\{-\}_I \overset{def}{=} \{-\}_I$，则有 $Alg(T_I) \dashv Alg\{-\}_I$.

对 $\forall (A,P) \in \boldsymbol{Obj}\,\mathscr{I}_A$，在 $F^{\perp}$ 作用下构成一个 $F^{\perp}$ - 代数 $((A,P),\ \kappa: F^{\perp}(A,P) \to (A,P))$. 由函子 $Alg\{-\}_I$，$Alg\{-\}_I(\kappa): F\{(A,P)\}_I \to \{(A,P)\}_I$，如图 3.12 所示，即 $Alg\{-\}_I(\kappa)$ 是 κ 在 $Alg\{-\}_I$ 作用下的同态像. 若 $i: (A,P) \to T_I(A)$ 是 κ 到 $Alg(T_I)(\lambda)$ 的 $F^{\perp}$ - 代数态射，则 $Alg\{-\}_I(\kappa)$ 到 λ 的 F - 代数态射 $j: \{(A,P)\}_I \to A$ 是 i 上的 F - 代数同态. 类似地，i 是 j 上的 $F^{\perp}$ - 代数同态.

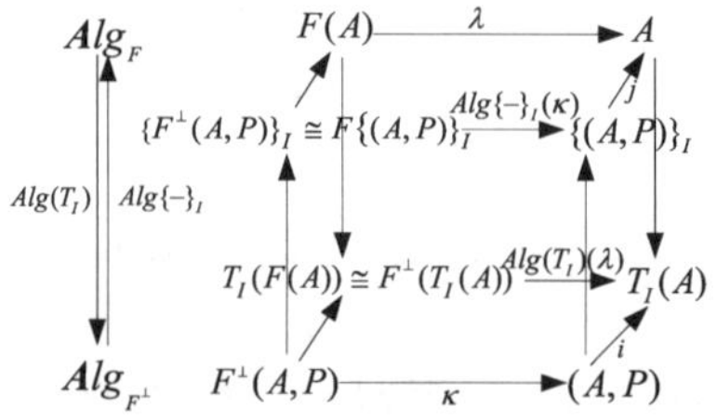

图 3.12 纤维化索引归纳数据类型的语义性质

函子 $Alg(T_I)$ 的右伴随 $Alg\{-\}_I$ 建立以 (A,P) 为载体的 $F^{\perp}$ - 代数与以 $\{(A,P)\}_I$ 为载体的 F - 代数间直观的语义性质，为纤维化索引归纳数据类型归纳规则的形式化描述提供了一种以 μF 为初始 F - 代数载体的简洁、一致的建模方法.

定义 3.19 建立的语义模型定义并运用了内涵函子，纤维化索引归纳数据类型归纳规则的形式化描述与语义性质分析是一致的，即纤维化索引 fibration I 基范畴上恒等函子 F 关于 I 的每一个保持真值提升 $F^{\perp}$ 都有一个归纳规则[46]. 下面，我们描述纤维化索引归纳数据类型具有普适意义的归纳规则.

以纤维化索引归纳数据类型为初始 F - 代数的载体 μF，应用基范畴 $\boldsymbol{Set}$ 上恒等函子 F 构造纤维化索引归纳数据类型的递归计算 $fold: (F(A) \to A) \to \mu F \to A$，对任一 F - 代数 $(A, \lambda: F(A) \to A)$，在 $fold$ 的作用下，$fold\,\lambda$ 将 λ 映射为初始 F - 代数 $(\mu F, in)$ 到 (A,λ) 的唯一 F - 代数态射 $fold\,\lambda: \mu F \to A$.

由定义 3.19 的同构式，有 $T_I F(A) \cong F^{\perp} T_I(A)$，$T_I F(\mu F) \cong F^{\perp} T_I$

(μF)，真值函子 T_I 保持初始对象，$T_I(\mu F)$ 为初始 $F^{\perp}$ - 代数的载体，记 $\mu F^{\perp} = T_I(\mu F)$，$(A,P) = T_I(A) \in \boldsymbol{Obj}\ \mathscr{I}_A$. 类似，以 F 保持真值的提升 $F^{\perp}$ 为工具构造全范畴 $\mathscr{I}$ 上描述纤维化索引归纳数据类型语义性质的递归计算

$fold:(F^{\perp}(A,P)\to(A,P))\to\mu F^{\perp}\to(A,P)$. 对 $\forall A \in \boldsymbol{Obj}\,\boldsymbol{Set}$，$(A,P) \in \boldsymbol{Obj}\mathscr{I}_A$，得到纤维化索引归纳数据类型具有普适意义的归纳规则：

$Ind_{FIIDT}:(F^{\perp}(A,P)\to(A,P))\to T_I(\mu F)\to(A,P)$.

若$((A,P),\kappa : F^{\perp}(A,P)\to(A,P))$是 F - 代数$(A,\lambda : F(A)\to A)$上的 $F^{\perp}$ - 代数，则 $Ind_{FIIDT}(A,P)\kappa : T_I(\mu F)\to(A,P)$是 $fold\,\lambda$ 上的 $F^{\perp}$ - 代数同态.

3.3.1.3　Beck-Chevalley 条件与代数 fibration

定理 3.6　设 $P:\mathscr{T}\to\mathscr{B}$ 是一个 bifibration，基范畴 $\mathscr{B}$ 有拉回. 若对 $\mathscr{B}$ 中任意一个拉回方形，自然变换 ${}^{*}(f')\circ(g')^{*}\to g^{*}\circ{}^{*}f$ 是一个同构，则称 P 满足 Beck-Chevalley 条件.

证明： 设 η_f 为伴随函子 ${}^{*}f \dashv f^{*}$ 的单位，$\varepsilon_{f'}$ 为伴随函子 ${}^{*}(f')\dashv(f')^{*}$ 的共单位，则有 $\eta_f = Id_{\mathscr{T}_B}$，$\varepsilon_{f'} = Id_{\mathscr{T}_C}$. $({}^{*}(f')\circ(g')^{*})\circ\eta_f = ({}^{*}(f')\circ(g')^{*})\circ(f^{*}\circ{}^{*}f)$，而图 3.13 的拉回方形满足图表交换 $f\circ g' = g\circ f'$，且 f' 是 f 沿 g 的拉回，g' 是 g 沿 f 的拉回，由重索引函子的拉回性质有 $(g')^{*}\circ f^{*}\cong(f')^{*}\circ g^{*}$，故有 $({}^{*}(f')\circ(g')^{*})\circ(f^{*}\circ{}^{*}f) = {}^{*}(f')\circ((g')^{*}\circ f^{*})\circ{}^{*}f\cong{}^{*}(f)'\circ((f')^{*}\circ g^{*})\circ{}^{*}f$，而 ${}^{*}(f')\circ((f')^{*}\circ g^{*})\circ{}^{*}f = ({}^{*}(f')\circ(f')^{*})\circ(g^{*}\circ{}^{*}f) = \varepsilon_{f'}\circ(g^{*}\circ{}^{*}f) = (g^{*}\circ{}^{*}f)$，即 ${}^{*}(f')\circ(g')^{*}\cong g^{*}\circ{}^{*}f$，故自然变换 ${}^{*}(f')\circ(g')^{*}\to g^{*}\circ{}^{*}f$ 是一个同构.　　证毕.

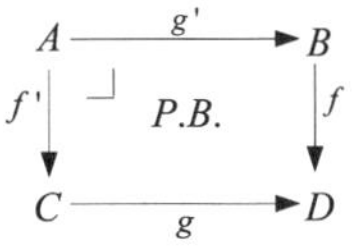

图 3.13　基范畴 $\mathscr{B}$ 中任意一个拉回方形

定理 3.6 实际上是由 bifibration P 的基范畴中一个拉回方形定义了全范畴 $\mathscr{T}$ 中各相关纤维间函子保结构的一种自然变换，进而确保重索引与对偶重索引函子满足合适的图表交换性质. 例 3.1 的谓词 fibration 与例

1.11 的共域 fibration 均满足 Beck-Chevalley 条件.

定义 3.20(索引共积) 对 $\forall f: A \to B \in \boldsymbol{MorSet}$, $(A,P) \in \boldsymbol{Obj}\, \mathscr{I}$, 构造一个新的纤维化索引归纳数据类型 $(B, b \times Pa)$, $\forall a \in A$, $b = f(a)$, 且 $b \in \sum a$. 称 $(B, b \times Pa)$ 为 (A,P) 沿 f 的索引共积.

纤维化索引归纳数据类型 (A,P) 与其沿 f 的索引共积 $(B, b \times Pa)$ 间的一个映射, 对应纤维化索引 fibration I 的基范畴 $\boldsymbol{Set}$ 中的态射 $\forall f: A \to B$, 扩展为一个对偶重索引函子 ${}^*f: \mathscr{I}_A \to \mathscr{I}_B$, ${}^*f(A,P) = (B, b \times Pa)$, 且 ${}^*f \dashv f^*$. ${}^*f$ 与 f^* 满足 Beck-Chevalley 条件, 即重索引与对偶重索引函子在 Beck-Chevalley 条件的特定约束下, 具有良好的图表交换性质, 为纤维化索引归纳数据类型的语法构造与语义计算提供较大的便利性.

令 $F^{\perp}$ 为保持真值的提升, 则对 $\forall (A,P) \in \boldsymbol{Obj}\, \mathscr{I}$, $F^{\perp}(A,P) = {}^*(F\sigma_{(A,P)})T_I(F\{(A,P)\}_I)$, 等式右边重索引函子 ${}^*(F\sigma_{(A,P)})$ 的作用对象 $T_I(F\{(A,P)\}_I)$ 为真值函子 T_I 将 $F\{(A,P)\}_I \in \boldsymbol{Obj\,Set}$ 映射为 $\mathscr{I}$ 中 $F\{(A,P)\}_I$ 的终结对象. 保持真值的提升 $F^{\perp}$ 是构造纤维化索引归纳数据类型并对其进行语义性质分析的重要工具, 尤其是同构式 $T_I F \cong F^{\perp} T_I$, 可简化语义分析过程[46,49-51]. 在纤维化索引归纳数据类型的语法构造方面, $F^{\perp}$ 将 (A,P) 构造为 FA 上纤维 $\mathscr{I}_{FA}$ 中的纤维化索引归纳数据类型, 即 $F^{\perp}(A,P) = (FA, \{x \mid F\sigma_{(A,P)}x = a\})$, 其中 $\forall a \in A, x \in F\{(A,P)\}_I$.

记 $\boldsymbol{Alg}_{F^{\perp}}$ 为 $F^{\perp}$-代数与 $F^{\perp}$-代数同态构成的 $F^{\perp}$-代数范畴. 下面. 我们引入一类新的 fibration.

定义 3.21(代数 fibration) 纤维化索引 fibration $I: \mathscr{I} \to \boldsymbol{Set}$ 提升为一个 fibration $I^{\perp}: \boldsymbol{Alg}_{F^{\perp}} \to \boldsymbol{Alg}_F$, 称 $I^{\perp}$ 为由 I 归纳的代数 fibration.

类似地, 可定义由真值函子 T_I 归纳的代数 fibration $T_I^{\perp}: \boldsymbol{Alg}_F \to \boldsymbol{Alg}_{F^{\perp}}$, 由内涵函子 $\{-\}_I$ 归纳的代数 fibration $\{-\}_I^{\perp}: \boldsymbol{Alg}_{F^{\perp}} \to \boldsymbol{Alg}_F$.

代数 fibration 为程序语言中纤维化索引归纳数据类型的语义计算, 如语义性质分析与归纳规则描述等, 提供了一种有效的数学工具. 特别是, 由 I 归纳的代数 fibration 同时也是一个满足 Beck-Chevalley 条件的 bifibration, 在分析纤维化索引归纳数据类型的语义行为过程中起到了重要作用[51-52]. 本小节我们主要通过代数 fibration 建立代数范畴 $\boldsymbol{Alg}_F$ 与 $\boldsymbol{Alg}_{F^{\perp}}$ 间的一种内在联系, 应用初始代数的初始性质, 折叠函数与伴随函子等工具进一步构造纤维化索引归纳数据类型.

Lambek 引理[49-50] 确保初始 F-代数是一个同构, 其载体是恒等函子

F 的最小不动点 μF，但并非所有的恒等函子都有最小不动点. 如描述互递归(Mutual Recursion)的纤维化索引归纳数据类型的范畴 $\mathbf{2}$[51]，$\mathbf{2}$ 中只有 2 个索引对象 a,b 和 2 个索引对象间的态射 $a \to b, b \to a$. 对 $\forall X \in \boldsymbol{Obj\,Set}$，恒等函子 $F(X) = \mathbf{2}^X \to \mathbf{2}$ 不存在最小不动点. $F^{\perp}$ 是一个保持真值的提升，由文献[46]的定理 2.14，可建立上述代数 fibrations 间的纤维化伴随结构 $I^{\perp} \dashv T_I^{\perp} \dashv \{-\}_I^{\perp}$.

3.3.1.4　纤维化索引归纳数据类型的语法构造

F - 代数范畴 $\boldsymbol{Alg_F}$ 初始对象的存在等价于初始 F - 代数的存在[50]，同时，根据伴随函子保持初始对象的伴随性质，由初始 F - 代数载体 μF，应用定义 3.16 与定义 3.18 及其伴随结构 $I \dashv T_I$ 可进一步得到初始 $F^{\perp}$ - 代数的载体 $\mu F^{\perp}$，$\mu F^{\perp} = T_I(\mu F)$，即应用纤维化索引 fibration I 的真值函子 T_I，应用定理 3.5 由 $\boldsymbol{Set}$ 中的纤维化索引归纳数据类型 μF 构造索引范畴 $\mathscr{I}$ 中的纤维化索引归纳数据类型 $\mu F^{\perp}$. 下面，由初始 F - 代数的载体 μF 构造纤维 $\mathscr{I}_A$ 中恒等函子的最小不动点.

记 $in_F: F(\mu F) \to \mu F$ 为初始 F - 代数的结构态射，对任意 F - 代数 (A,α)，有折叠函数 $fold(F(A) \to A) \to \mu F \to A$，则 $fold\,\alpha: \mu F \to A$. 令 $F_A^{\perp}$ 为纤维 $\mathscr{I}_A$ 上的一个保持真值的提升，由纤维化索引归纳数据类型 μF 可得到 $F_A^{\perp}$ 的最小不动点 $\mu F_A^{\perp}$，即初始 $F_A^{\perp}$ - 代数的载体，对 $\forall a \in A$，$x \in \mu F$，$\mu F_A^{\perp} = (A, \{x \mid (fold\,\alpha)x = a\})$.

例 3.5　定义 3.15 的纤维化索引归纳数据类型是我们展开后续研究的基础. 在此基础上，应用 Fibrations 方法提出纤维化索引归纳数据类型一种具有普适性的语法构造方法，将传统的研究方法扩展至 Fibrations 方法层面. Haskell 是一种主流的函数式程序语言，也是形式语言理论与程序设计方法学应用研究的典型语言工具. 本例在 Haskell 的应用背景下，对作为我们研究基础的纤维化索引归纳数据类型进行了实例分析，Haskell 编写的代码片段如图 3.14 所示.

```
--  predefined set data type Set
--  predefined set category data type Set Category
--  predefined semantic mapping Semantic Mapping

data Fibered Indexed Inductive Data Type i = Set a (Semantic Mapping p)
p: : Fibered Indexed Inductive Data Type i => a -> Set Category i s
```

图 3.14　Haskell 定义的纤维化索引归纳数据类型

例 3.6 令自然数集 Nat 为定义 3.16 中纤维化索引 fibration I 基范畴 $\boldsymbol{Set}$ 的索引集，即 $Nat \subset \boldsymbol{Set}$. 设描述树高度的 F - 代数为 $(Nat, high)$, $high: F(Nat)$，对应 F - 代数范畴 $\boldsymbol{Alg}_F$ 任一对象，即 $(Nat, high) \in \boldsymbol{Obj}\ \boldsymbol{Alg}_F$，初始 F - 代数载体 μF 为基范畴 $\boldsymbol{Set}$ 中的纤维化索引归纳数据类型. 对 $\forall n \in Nat$, $x \in \mu F$，则有 $(fold\ high)x = n$. 约定叶节点的值为该叶节点的高度，引入两个语义函数 $Leaf: Nat \to Nat$, $Node: Nat \times Nat \to Nat$，且 $Leaf$ 与 $Node$ 的函数返回值为 μF 的实例. 则有 $(fold\ high)(Leaf(n)) = n$, $(fold\ high)(Node(l, r)) = l + r$，其中 l 与 r 分别为左子树与右子树的高度.

令 $\mathscr{I}_{Nat}$ 为定义 3.17 中 Nat 上的关于纤维化索引 fibration I 的纤维，对 $\mathscr{I}_{Nat}$ 中任意的纤维化索引归纳数据类型 $(Nat, P) \in \boldsymbol{Obj}\ \mathscr{I}_{Nat}$，记 $F^{\perp}_{Nat}$ 为纤维 $\mathscr{I}_{Nat}$ 上的一个保持真值的提升. 由 $F^{\perp}_{Nat}$ 可构造 $\mathscr{I}_{Nat}$ 中一种新的纤维化索引归纳数据类型：树，记为 $\mu F^{\perp}_{Nat}$，有 $\mu F^{\perp}_{Nat} = F^{\perp}_{Nat}(Nat, P) = (Nat, \{n\} \cup \{l, r \mid n = l + r\})$, $\forall n, l, r \in Nat$，且索引对象 n, l, r 满足性质 P，即 Pn, Pl 与 Pr 非空.

自然数 Nat 是一类常见的纤维化归纳数据类型，例 3.6 应用 Fibrations 方法由 μF 构造了另一类复杂的纤维化索引归纳数据类型，如树 $\mu F^{\perp}_{Nat}$，丰富了程序设计方法学在数据类型构造方面的研究方法.

例 3.5 与例 3.6 从 Fibrations 方法的视角进一步拓展了传统构造类型论的研究内容，为纤维化索引归纳数据类型的语法构造提供了一种简洁的描述方式，特别是应用 ML 与 Haskell 等函数式程序语言生成的代码具有易读、易写与易理解等良好的性质.

相对于传统的研究方法，我们应用 Fibrations 方法在纤维化索引归纳数据类型的语法构造方面具有独特的优势，主要体现在以下三点：

首先，简洁描述与灵活扩展的 Fibrations 方法对纤维化索引归纳数据类型进行精确地形式化描述，在统一的范畴论框架内，应用伴随函子与折叠函数等工具构造的纤维化索引归纳数据类型具有较强的普适性. 例如，OCL(object constraint language)是一种传统的数理逻辑语法构造工具，在普适性与抽象性描述方面较弱，与其他常用语法构造工具(如 MOF)的语义关联不清晰[28]. 与 OCL 相比，我们的 Fibrations 方法应用具有普适性的范畴论工具构造纤维化索引归纳数据类型的语法结构，在准确描述与精确定义方面较为有效，并为后续纤维化索引归纳数据类型的语义计算奠定良好的形式化基础.

其次，高度抽象的 Fibrations 方法在代数范畴内由纤维化归纳数据类型构造出另一类复杂的纤维化索引归纳数据类型，不再依赖于传统数理逻辑与代数方法的特定约束，增强了纤维化索引归纳数据类型的内聚性，降低了代码片段中模块之间的耦合性，从而提升软件开发的效率. 例如，多类代数(many-sorted algebra)是一种传统的语法构造工具[53]，在抽象性、普适性与严密性等方面，Fibrations 方法与多类代数具有相同的描述能力，但比后者更强，如表 3.1 所示. Fibrations 方法简洁、完整地描述了例 3.6 的语法构造，而多类代数则先将例 3.6 抽象为代数系统，再用相应的形式语言(如 OBJ 等)表述. 这种表述方式受到集合范畴 ***Set*** 的限制，其抽象程度的缺陷难以表述其他范畴，如索引范畴与代数范畴等的语法概念.

表 3.1　Fibrations 方法与传统语法构造方法的比较

性质方法	Fibrations 方法	OCL	多类代数	泛 Horn 理论
抽象性	强	弱	弱	弱
普适性	强	弱	弱	弱
严密性	强	弱	弱	弱

最后，Fibrations 方法的严密性与一致性适合软件研发人员进行严密推理，尤其是程序语言建模初期纤维化索引归纳数据类型的分析与构造，最大限度地降低软件开发前期因语义不一致导致出错的概率，并为后期确认测试与系统维护等工作提供可靠的依据. 相对于泛 Horn 理论[54]，Fibrations 方法在推理严密性与语义一致性描述方面，可表达泛 Horn 理论描述的语法概念，并可描述纤维化索引归纳数据类型的语义信息. 如例 3.6 中 Pn, Pl 与 Pr 非空则描述 $\mu F^{\perp}_{Nat}$ 的纤维化索引对象 n, l, r 满足的语义性质，而以上语义信息却不能用泛 Horn 理论表示.

3.3.1.5　纤维化索引归纳数据类型的不确定语义计算

F－代数(A,α)与另一个 F－代数(B,β)的 F－代数同态是载体 A,B 之间一个映射，即 $f: A\to B$，且满足图表交换 $f\alpha=\beta(Ff)$. 若 F 保持拉回，则其提升 $F^{\perp}$ 保持重索引函子[46]，即对 $f: A\to B$，有 $F^{\perp}f^{*}\cong(Ff)^{*}F^{\perp}$.

F－代数的结构态射 $\alpha: FA\to A$ 描述纤维化索引归纳数据类型的确定语义计算，借鉴形式语义学的部分函数概念[21]，我们提出部分 F－代数的定义，处理纤维化索引归纳数据类型的不确定语义计算.

定义 3.22（部分 F − 代数） 设 $F:\mathscr{C}\to\mathscr{C}$ 是范畴 $\mathscr{C}$ 上的一个恒等函子，对 $\forall A\in \boldsymbol{Obj}\ \mathscr{C}$，存在一个终结对象 $\mathbf{1}$，称 (A,α) 为部分 F − 代数，其中，$\alpha: F(A)\to\mathbf{1}+A$，其载体为 A.

部分 F − 代数 (A,α) 的结构态射 $\alpha: FA\to\mathbf{1}+A$ 描述纤维化索引归纳数据类型语义计算的不确定性，构造两个内射函数 $\pi_1: \mathbf{1}\to\mathbf{1}+A$ 与 $\pi_2: A\to\mathbf{1}+A$. 每一个部分 F − 代数 (A,α) 都对应一个 F − 代数 $(\mathbf{1}+A,\alpha_T)$，其中 $\alpha_T: F(\mathbf{1}+A)\to\mathbf{1}+A$. F − 代数 $(\mathbf{1}+A,\alpha_T)$ 处理纤维化索引归纳数据类型的确定语义计算，但其索引集为 $\mathbf{1}+A$. 通过将部分 F − 代数 (A,α) 转化为 F − 代数 $(\mathbf{1}+A,\alpha_T)$，处理索引集为 A 的纤维化索引归纳数据类型的不确定语义计算.

若 $\boldsymbol{Alg}_F$ 中存在初始代数，令 $(\mu F, in)$ 为初始 F − 代数，则有 $(\mu F, in)$ 到 $(\mathbf{1}+A,\alpha_T)$ 的唯一 F − 代数同态，可构造 μF 上的折叠函数 $fold$ 及其对结构射 α_T 的作用，如图 3.15 所示.

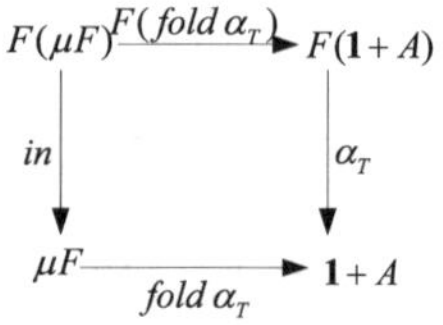

图 3.15 μF 上的折叠函数对 α_T 的作用

初始代数 F − 代数 $(\mu F, in)$ 的载体 μF 是恒等函子 F 的最小不动点，对应 $\boldsymbol{Set}$ 中的纤维化索引归纳数据类型. 同时，$(\mu F, in)$ 的初始性确保 $fold\,\alpha_T$ 是唯一的，这种源自初始代数语义的唯一性为纤维化索引归纳数据类型的语义建模提供了便利性，如对 $\forall x\in F(\mu F)$，有 $fold\,\alpha_T(inx)=\alpha_T((F(fold\,\alpha_T))x)$ 成立.

记 Inc^{-1} 为包含函子 Inc 的逆，纤维 $\mathscr{I}_{\mathbf{1}+A}$ 中恒等函子 $F^{\perp}_{\mathbf{1}+A}$ 的最小不动点为 $\mu F^{\perp}_{\mathbf{1}+A}$，纤维 $\mathscr{I}_A$ 中恒等函子 $F^{\perp}_A$ 的最小不动点为 $\mu F^{\perp}_A$，则有 $\mu F^{\perp}_{\mathbf{1}+A}={}^*(fold\,\alpha_T)Inc^{-1}T(\mu F)$，$\mu F^{\perp}_A=(\pi_2)^*\mu F^{\perp}_{\mathbf{1}+A}$. 对 $\forall a\in A$，$x\in\mu F$，记 $\mu F^{\perp}_A=(A,\{x\mid(fold\,\alpha_T)x=\pi_2 a\})$. 下面将 $F^{\perp}_A$ 与 $F^{\perp}_{\mathbf{1}+A}$ 的内在语义关联归结为定理 3.7.

定理 3.7 若 F 是集合范畴 $\boldsymbol{Set}$ 中一个保持拉回的恒等函子，对纤维 $\mathscr{I}_A$ 与 $\mathscr{I}_{\mathbf{1}+A}$ 中的恒等函子 $F^{\perp}_A$ 与 $F^{\perp}_{\mathbf{1}+A}$，则有图表交换 $F^{\perp}_A(\pi_2)^*=(\pi_2)^*F^{\perp}_{\mathbf{1}+A}$ 成立.

证明： 令 $F_A^{\perp}=(\pi_2)^{**}\alpha Inc^{-1}F^{\perp}$，$F_{\mathbf{1}+A}^{\perp}={}^{*}(\alpha_T)Inc^{-1}F^{\perp}$. 有等式 $(\pi_2)^{*}F_{\mathbf{1}+A}^{\perp}=(\pi_2)^{**}(\alpha_T)Inc^{-1}F^{\perp}$ 成立，由 Beck-Chevalley 条件知，纤维 $\mathscr{I}_{FA}$、$\mathscr{I}_{\mathbf{1}+A}$ 与 $\mathscr{I}_{F(\mathbf{1}+A)}$ 间的对偶重索引函子 ${}^{*}\alpha$、${}^{*}(\alpha_T)$ 与重索引函子 $(F\pi_2)^{*}$ 有图表交换 ${}^{*}(\alpha_T)={}^{*}\alpha(F\pi_2)^{*}$，则 $(\pi_2)^{**}(\alpha_T)Inc^{-1}F^{\perp}=(\pi_2)^{*}{}^{*}\alpha(F\pi_2)^{*}Inc^{-1}F^{\perp}$. 由 $Inc^{-1}F^{\perp}$ 保持重索引函子的性质知 $(\pi_2)^{*}{}^{*}\alpha(F\pi_2)^{*}Inc^{-1}F^{\perp}\cong(\pi_2)^{**}\alpha Inc^{-1}F^{\perp}(\pi_2)^{*}$，而 $(\pi_2)^{**}\alpha Inc^{-1}F^{\perp}(\pi_2)^{*}=F_A^{\perp}(\pi_2)^{*}$，故 $(\pi_2)^{*}F_{\mathbf{1}+A}^{\perp}=F_A^{\perp}(\pi_2)^{*}$. 证毕.

定理3.7对恒等函子 $F_A^{\perp}$ 与 $F_{\mathbf{1}+A}^{\perp}$ 通过重索引函子 $(\pi_2)^{*}$ 而满足图表交换性质的论证，建立了纤维 $\mathscr{I}_A$ 与 $\mathscr{I}_{\mathbf{1}+A}$ 间内在的语义联系，将索引集为 A 的纤维化索引归纳数据类型的不确定语义计算转换为对索引集为 $\mathbf{1}+A$ 的纤维化索引归纳数据类型的确定语义描述. 例如，对 $\forall X\in F(\mathbf{1}+A)$，$P: X\to \boldsymbol{Set}$，$\exists(X,P)\in \boldsymbol{Obj}\ \mathscr{I}_{\mathbf{1}+A}$. 取索引集 A 中的任一索引对象 a，若 $x_1\in X$，$x_2\in Px_1$，有 $((\pi_2)^{**}(\alpha_T))(X,P)=((\pi_2)^{**}\alpha(F\pi_2)^{*})(X,P)=(A,\{(x_1,x_2)\mid\alpha_T x_1=\pi_2 a\})$.

例3.7　广泛应用于计算机网络的多路径传输与路由定位的着色树(Colored Trees)[55]是一种典型的纤维化索引归纳数据类型，其索引集由色值确定. 二元着色树是一种简单的着色树，设 $\mathscr{C}$ 为二元着色树的索引集，对 $\forall X\in \boldsymbol{Obj\ Set}$，定义二元着色树函子 $F(X)=\mathbf{1}+\mathscr{C}\times X\times X$，令 $leaf: \mathbf{1}\to\mathbf{1}+\mathscr{C}\times X\times X$ 与 $node: \mathscr{C}\times X\times X\to\mathbf{1}+\mathscr{C}\times X\times X$ 为语义函数，描述二元着色树叶节点与内节点的语义. 下面，由二元着色树这种简单的纤维化索引归纳数据类型构造另一种相对复杂的纤维化索引归纳数据类型：红黑树(Red Black Trees)[56]，并应用本文提出的部分 F-代数处理红黑树的不确定语义计算.

记 Nat 为自然数集，记录至任意叶节点的色值为黑色的内节点数量，$\mathscr{C}=\{red,black\}$. 定义部分 F-代数 $F(\mathscr{C}\times Nat)\to\mathbf{1}+\mathscr{C}\times Nat$，其载体为 $\mathscr{C}\times Nat$，则有：

$$[\![leaf]\!]=\pi_2(black,1),$$

$$[\![node(red,(c_1,n_1),(c_2,n_2))]\!]=\begin{cases}\pi_2(red,n_1) & if\ c_1=c_2=black\wedge n_1=n_2,\\ \pi_1\ otherwise\end{cases}$$

$$[\![node(black,(c_1,n_1),(c_2,n_2))]\!]=\begin{cases}\pi_2(black,n_1+1) & if\ n_1=n_2,\\ \pi_1\ otherwise\end{cases}$$

令 μF_{CT} 为恒等函子 $F:\boldsymbol{Set}\to\boldsymbol{Set}$ 的最小不动点，对应 $\boldsymbol{Set}$ 中的纤维化索引归纳数据类型二元着色树. 记 μF_{RB} 为纤维化索引归纳数据类型红黑树，其索引集 A 为 $\mathscr{C}\times Nat$，则对 $\forall a=(c,n)\in A$，其中 $c=red\vee black$，$n\in Nat$，则有 $\mu F_{RB}=\mu F_A^{\perp}=(A,\{x\mid(fold\,\alpha_T)x=\pi_2 a\})$.

其中，π_1 与 π_2 为内射函数. 叶节点的语义是显然的，即每个叶节点都是黑色，而内节点的不确定语义描述则保证了红黑树的两条重要性质：每个红色内节点的两个子节点都是黑色，任一内节点到所有叶节点的所有路径都包含了相同数量的黑色节点.

红黑树本质上是一种自平衡的树结构，在函数式程序语言编程中应用较为广泛，可作为持久化存储的数据结构，如构造关联数组与集合等. 例 3.7 对红黑树不确定语义计算的描述确保其关键性质的正确实现，即从根到叶节点的最长路径不多于最短路径的两倍长，进而约束了红黑树的平衡性，在插入、删除与查找等时间效率方面提供了高效的数据操作.

二元着色树 μF_{CT} 是一类简单的纤维化索引归纳数据类型，例 3.7 应用 Fibrations 方法由 μF_{CT} 构造了另一类复杂的纤维化索引归纳数据类型红黑树 μF_{RB}，从 Fibrations 方法的角度进一步拓展了传统类型论的研究内容，为纤维化索引归纳数据类型的不确定语义计算提供了一种简洁的描述方式. 特别是应用函数式程序语言(如 Haskell、ML 等)针对红黑树编写的代码，在保持平衡获得高性能查找效率方面，具有易读、易写与易理解等良好的性质.

现有成果主要停留在简单归纳数据类型与纤维化归纳数据类型的层面，而对索引归纳数据类型的研究目前还处于起步阶段，相关成果较少. 贝叶斯网[57]根据历史数据建模计算相应参数，对未知事件进行预测，计算逻辑清晰且有坚实的数学基础，但其独立性假设过于苛刻，要求各节点均匀独立且节点之间不相关，实际的语义计算难以满足，且先验概率在软件工程中难以获得. 粗糙集(rough sets)方法[58]尽管不需附加的假设条件，以数据驱动的方式完成问答过程，但其对数据的精确性要求与程序运行中的不确定性相违背，难以适应实际的软件开发过程. 文献[59]认为随机性和模糊性是不确定性最基本内涵，提出基于熵的云模型为实现不确定性人工智能找到一种简单、有效的形式化方法，但这种方法并不适合纤维化索引归纳数据类型不确定性语义计算，因为程序运行过程具有部分函数性质，模糊性质并不适用.

目前研究纤维化索引归纳数据类型不确定语义的文献不多，传统语义模型不再适用. 如 Ada 语言允许表达式有副作用但对求值顺序不做规定，同一表达式序列计算顺序的不同导致语义模型不唯一[21]. 一些主流的面向对象程序语言，如 C#、Java 等，尽管在一定程度上考虑了并发进程执行的不确定性，但具体的处理过程仅停留在语法层面，不具备普适意义，不确定语义计算缺乏统一的数学工具，难以进行精确的形式化描述.

相对于现有的研究成果，我们应用 Fibrations 方法在纤维化索引归纳数据类型的不确定语义计算方面具有独特的优势. 在统一的范畴论框架内对纤维化索引归纳数据类型进行精确地形式化描述，应用折叠函数与部分 F - 代数等工具描述纤维化索引归纳数据类型的不确定语义计算，具有较强的普适性. 如例 3.7 由二元着色树构造红黑树，不再依赖于传统数理逻辑与代数方法的特定约束，增强了纤维化索引归纳数据类型的内聚性，降低了模块间的耦合性，从而提升软件开发的效率.

3.3.2　单类索引归纳数据类型

本小节应用 Fibrations 方法建立单类索引 fibration 的语义模型，对典型的单类索引归纳数据类型，如流、表与树等语义性质进行分析，在文献[48]的基础上，充分借鉴 N. Ghani 等学者的研究成果[50]，提出并设计单类索引归纳数据类型具有普适意义的归纳规则.

3.3.2.1　单类索引 fibration 的语义模型

定理 3.8　设 $P: \mathscr{T} \to \mathscr{B}$ 是局部小范畴 $\mathscr{T}$ 与 $\mathscr{B}$ 间的一个 fibration 或 bifibration，$T: \mathscr{B} \to \mathscr{T}$ 为 P 的真值函子. $\exists I \in \boldsymbol{Obj}\ \mathscr{B}$ 为基范畴 $\mathscr{B}$ 上的离散索引对象，令单类索引函子 $P/I: \mathscr{T}/T(I) \to \mathscr{B}/I$ 为对 $\forall u: Y \to T(I) \in \boldsymbol{Obj}\ \mathscr{T}/T(I)$，有 $P/I(u) = P(u): P(Y) \to I \in \boldsymbol{Obj}\ \mathscr{B}/I$，则单类索引函子 P/I 也是一个 fibration 或 bifibration.

证明： 取 $\forall f: C \to D \in \boldsymbol{Mor}\ \mathscr{B}$，存在 f 上 fibration P 的卡式射 $f_X^{\downarrow}: f^*(X) \to X$，使得 $P(X) = D$，且存在唯一态射 $w: T_P(I) \to f^*(X)$，有 $v = f_X^{\downarrow} \circ w$ 与 $P(v) = f \circ h$，如图 3.16 所示. 设 $\alpha: D \to I \in \boldsymbol{Obj}\ \mathscr{B}/I$，$\beta: C \to I \in \boldsymbol{Obj}\ \mathscr{B}/I$，则有 $\gamma: P(u) \to \alpha = P(Y) \to D \in \boldsymbol{Mor}\ \mathscr{B}/I$，$\delta: P(u) \to \beta = P(Y) \to C \in \boldsymbol{Mor}\ \mathscr{B}/I$，满足图表交换 $\gamma = f \circ \delta$.

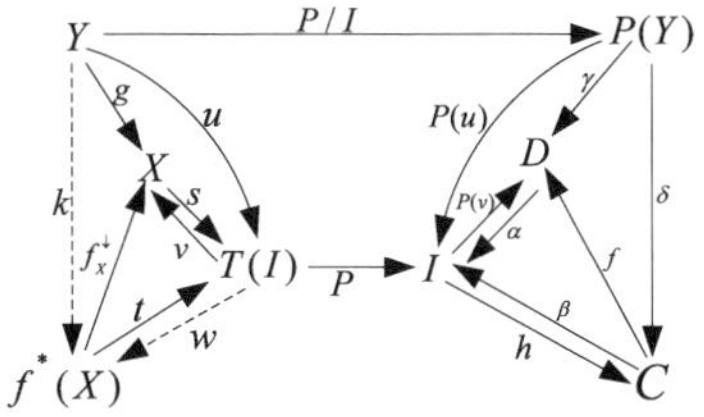

图 3.16　f 上函子 P/I 的卡式射 $f_X^{\downarrow}$

在函子 P/I 的全范畴 $\mathscr{T}/T(I)$ 中，$s: X \to T(I) \in \boldsymbol{Obj}\ \mathscr{T}/T(I)$，$t: f^*(X) \to T(I) \in \boldsymbol{Obj}\ \mathscr{T}/T(I)$，有 $g: u \to s = Y \to X \in \boldsymbol{Mor}\ \mathscr{T}/T(I)$，则存在唯一态射 $k: u \to t = Y \to f^*(X)$，满足图表交换 $g = f_X^{\downarrow} \circ k$，由定义 1.43 知 $f_X^{\downarrow}$ 是 f 上函子 P/I 的卡式射，即如果 P 是一个 fibration，则单类索引函子 P/I 也是一个 fibration.

设 $m: Z \to T(I) \in \boldsymbol{Obj}\ \mathscr{T}/T(I)$，由函子 P/I 的定义有 $P/I(m) = \alpha$，令 $f_{\downarrow}^{Z}: Z \to {}^*f(Z)$ 为 f 上 P 的对偶卡式射，如图 3.17 所示. 切片范畴 $\mathscr{B}/I$ 中有图表交换 $\alpha = \beta \circ f$，函子 P/I 全范畴 $\mathscr{T}/T(I)$ 中存在唯一态射 $n: {}^*f(Z) \to T_P(I)$，满足图表交换 $m = n \circ f_{\downarrow}^{Z}$，由定义 1.46 知 $f_{\downarrow}^{Z}$ 是 f 上函子 P/I 的对偶卡式射，即如果 P 是一个 opfibration，则单类索引函子 P/I 也是一个 opfibration.

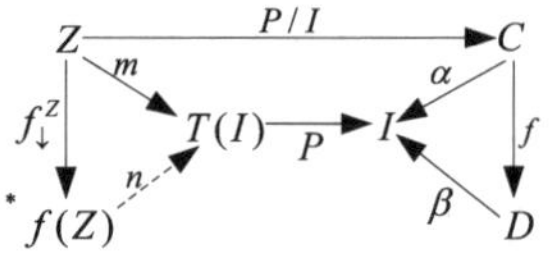

图 3.17　f 上函子 P/I 的对偶卡式射 $f_{\downarrow}^{Z}$

综上，如果 P 是一个 bifibration，则单类索引函子 P/I 也是一个 bifibration.　　证毕.

定理 3.8 论证了单类索引函子 P/I 与 P 具有相同的 fibrations 或 bifibrations 性质，对 $\forall \alpha: C \to I \in \boldsymbol{Obj}\ \mathscr{B}/I$，$C$ 上的纤维 $\mathscr{T}_C$ 与 α 上的索引纤维 $(\mathscr{T}/T(I))_\alpha$ 是同构的[50,60]. 对定义域函子 $Dom: \mathscr{B}/I \to B$，有 $Dom(\alpha: C \to I) = C \in \boldsymbol{Obj}\ \mathscr{B}$. 由 fibration 沿任一函子的拉回仍是一个 fibration 的拉回保持结构性质[61]知，fibration$P: \mathscr{T} \to \mathscr{B}$ 沿 Dom 的拉回构成一个单类索引 fibration$P/I: \mathscr{T}/T(I) \to \mathscr{B}/I$，并保持纤维化终结对象[48]，因此具有保持真值函子的性质，即如果一个 fibration P 有真值函子，则由其通过拉回构造的单类索引 fibration P/I 也有真值函子. 下面建立单类索引 fibration 的语义模型.

定义 3.23（单类索引 fibration 的语义模型）　设 $P: \mathscr{T} \to \mathscr{B}$ 为一个有真值函子 T 与内涵函子 $\{-\}$ 的 bifibration，$P/I: \mathscr{T}/T(I) \to \mathscr{B}/I$ 是 P 的单类索引 fibration，令 $T_{P/I}$ 为 P/I 的真值函子，$T_{P/I}$ 的右伴随函子 $\{-\}_{P/I}$ 为 P/I 的内涵函子. F 是基范畴 $\mathscr{B}/I$ 上的一个恒等函子，$F^{\perp}$ 称是 F 关于 P/I 在全范畴 $\mathscr{T}/T(I)$ 上的一个保持真值的提升，满足图表交换 $(P/I)F^{\perp} = F(P/I)$，且有同构表达式 $T_{P/I}F \cong F^{\perp}T_{P/I}$ 与 $F\{-\}_{P/I} \cong \{-\}_{P/I}F^{\perp}$ 成立.

3.3.2.2　单类索引归纳数据类型的语义性质

对 $\forall\alpha: C\to I\in \boldsymbol{O}bj\ \mathscr{B}/I$，在恒等函子 F 作用下构成一个 F－代数 $(\alpha,\varphi:F(\alpha)\to\alpha)$，单类索引 fibration P/I 的真值函子 $T_{P/I}$ 将 (α,φ) 映射为一个 $F^{\perp}$－代数 $(T_{P/I}(\alpha),\ T_{P/I}(\varphi): T_{P/I}(F(\alpha))\cong F^{\perp}(T_{P/I}(\alpha))\to T_{P/I}(\alpha))$. 令 μF 为初始 F－代数的载体，由真值函子 $T_{P/I}$ 保持初始对象性质知 $T_{P/I}(\mu F)$ 为初始 $F^{\perp}$－代数 $(T_{P/I}(\mu F), in^{\perp}: F^{\perp}(T_{P/I}(\mu F))\to T_{P/I}(\mu F))$ 的载体. 与 3.2 节类似，记 $Alg(T_{P/I})$ 为 F－代数范畴 $\boldsymbol{Alg}_F$ 到 $F^{\perp}$－代数范畴 $\boldsymbol{Alg}_{F^{\perp}}$ 的函子，并定义 $Alg(T_{P/I})\overset{def}{=}T_{P/I}$，$Alg(T_{P/I})(in)=in^{\perp}$，则 $in^{\perp}$ 是初始 F－代数 $(\mu F,in)$ 的态射 in 在函子 $Alg(T_{P/I})$ 作用下的同态像.

对任一 $F^{\perp}$－代数 $(Y,\phi:F^{\perp}(Y)\to Y)$，有单类索引 fibration P/I 的内涵函子 $\{-\}_{P/I}$ 将 (Y,ϕ) 映射为一个 F－代数 $(\{Y\}_{P/I},\{\phi\}_{P/I}: \{F^{\perp}(Y)\}_{P/I}\cong F\{Y\}_{P/I}\to\{Y\}_{P/I})$，如图 3.18 所示. 若 $n: Y\to T_{P/I}(\alpha)$ 是 ϕ 到 $T_{P/I}(\varphi)$ 的 $F^{\perp}$－代数态射，则 $\{\phi\}_{P/I}$ 到 φ 的 F－代数态射 $m:\{Y\}_{P/I}\to\alpha$ 是 n 上的 F－代数同态. 类似地，n 是 m 上的 $F^{\perp}$－代数同态. 定义 $\boldsymbol{Alg}_{F^{\perp}}$ 到 $\boldsymbol{Alg}_F$ 的函子 $Alg\{-\}_{P/I}\overset{def}{=}\{-\}_{P/I}$，$Alg\{-\}_{P/I}$ 建立以 Y 为载体的 $F^{\perp}$－代数与以 $\{Y\}_{P/I}$ 为载体的 F－代数间一种直观的语义性质，为单类索引归纳数据类型归纳规则的形式化描述提供了一种以 μF 为初始 F－代数载体的简洁与一致的建模方法，即若函子 $Alg(T_{P/I})$ 保持初始对象，则 F 关于 P/I 保持真值的提升 $F^{\perp}$ 生成可靠的归纳规则.

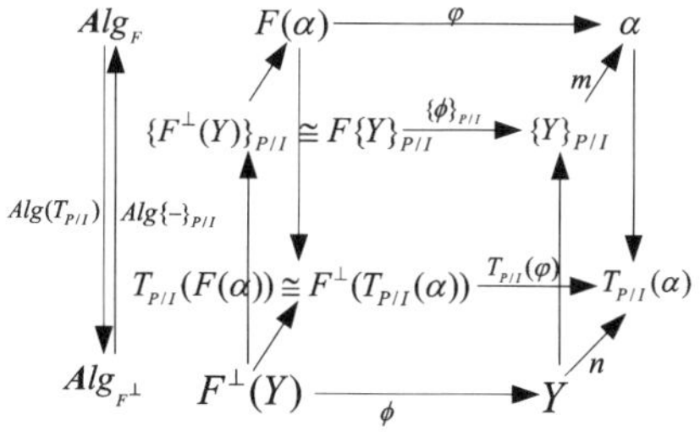

图 3.18　单类索引归纳数据类型的语义性质

3.3.2.3 单类索引归纳数据类型的归纳规则

设P：$\mathscr{T}\to\mathscr{B}$是一个有真值函子$T$与内涵函子$\{-\}$的bifibration，$\forall I\in \boldsymbol{Obj}\ \mathscr{B}$为基范畴$\mathscr{B}$中的离散对象. F是基范畴$\mathscr{B}/I$上的一个恒等函子，其初始代数的载体为μF，则F关于P的单类索引fibrationP/I的每一个保持真值的提升$F^{\perp}$都有一个归纳规则[50]，进而确保单类索引fibration在单类索引归纳数据类型上生成归纳规则的有效性. 下面在Fibrations方法的框架内提出并描述单类索引归纳数据类型具有普适意义的归纳规则.

设$\forall\alpha: C\to I\in \boldsymbol{Obj}\ \mathscr{B}/I$，令$\mu F\in \boldsymbol{Obj}\ \mathscr{B}/I$，应用$F$构造基范畴$\mathscr{B}/I$上单类索引归纳数据类型的折叠函数$fold:(F(\alpha)\to\alpha)\to\mu F\to\alpha$. 对任意一个$F$-代数$r: F(\alpha)\to\alpha$，$fold\,r$将$r$映射为初始$F$-代数$in$到$r$的唯一$F$-代数态射$fold\,r:\mu F\to\alpha$.

由定义3.23知，$T_{P/I}(F(\alpha))\cong F^{\perp}(T_{P/I}(\alpha))$，$T_{P/I}(F(\mu F))\cong F^{\perp}(T_{P/I}(\mu F))$，而真值函子$T_{P/I}$保持初始对象，则$T_{P/I}(\mu F)$为初始$F^{\perp}$-代数的载体，记$\mu F^{\perp}=T_{P/I}(\mu F)$，$Y=T_{P/I}(\alpha)$. 应用恒等函子$F^{\perp}$构造全范畴$\mathscr{T}/T(I)$上单类索引归纳数据类型的递归计算$fold:(F^{\perp}(Y)\to Y)\to\mu F^{\perp}\to Y$，对任意一个$F^{\perp}$-代数$q: F^{\perp}(Y)\to Y$，$fold\ q$将$q$映射为初始$F^{\perp}$-代数$in^{\perp}$到$q$的唯一$F^{\perp}$-代数态射$fold\ q:\mu F^{\perp}\to Y$. 对$\forall\alpha\in \boldsymbol{Obj}\ \mathscr{B}/I$，$Y\in \boldsymbol{Obj}\ \mathscr{T}/T(I)$，有单类索引归纳数据类型具有普适意义的归纳规则：

Ind_{SIIDT}: $(F^{\perp}(Y)\to Y)\to T_{P/I}(\mu F)\to Y$.

若$q: F^{\perp}(Y)\to Y$是F-代数$r: F(\alpha)\to\alpha$上的$F^{\perp}$-代数，则$Ind_{SIIDT}\ Y\ q$是$fold\,r$上的$F^{\perp}$-代数同态.

例3.8 流或无穷序列元素的类型由索引I指定，如自然数类型Nat，整型Int与字符型$Char$等，$\forall I\in \boldsymbol{Obj}\ \mathscr{B}$. 对任意流$\alpha: S\to I\in \boldsymbol{Obj}\ \mathscr{B}/I$，有$\mathscr{B}/I$上恒等函子$F:\alpha\to I\times\alpha$，其中$head:\alpha\to I$为流的头函数，$tail:\alpha\to\alpha$为去掉头元素后流的尾函数. 令流类型$Stream(I)$为基范畴$\mathscr{B}/I$上的初始$F$-代数$in$的载体$\mu F$，取单类索引fibration$P/I$全范畴$\mathscr{T}/T(I)$中任一流性质$Y\in \boldsymbol{Obj}\ \mathscr{T}/T(I)$，如合并、逆等，则有对$Stream(I)$性质的一个归纳：$(Y(head(\alpha))\to(Y(\alpha)\to Y(tail)(\alpha)))\to Y(\alpha)$成立. 对任一$F$-代数$r$：$F(\alpha)\to\alpha$，通过单类索引fibration$P/I$提升为$F^{\perp}$-代数$q: F^{\perp}(Y)\to Y$，满足图表交换$F(P/I)(Y)=(P/I)F^{\perp}(Y)$. 初始$F$-代数的初始性定义

$Stream(I)$ 上一个折叠函数 $fold\,r$，执行 $Stream(I)$ 数据类型的判定；而由初始 $F^{\perp}$ - 代数的初始性对应得到一个递归操作，描述 $Stream(I)$ 的语义性质. 若 q 位于 r 上，则 $Ind_{SIIDT}\,Y\,q$ 是 $fold\,r$ 上的 $F^{\perp}$ - 代数同态，且遍历单类索引 fibration P/I 全范畴 $\mathscr{T}/T(I)$ 中每一个对象，得到描述 $Stream(I)$ 性质的语义集 $\{Y(\alpha)\mid\forall\alpha\in\boldsymbol{Obj}\ \mathscr{B}/I\}$.

在程序语言的语义计算与程序逻辑研究中，基于流或无穷序列描述程序输入/输出过程的程序代码是一个动态的执行过程，传统代数等研究方法难以有效处理流这种复杂单类索引归纳数据类型动态输入/输出过程的形式语义. 例 3. 8 应用 Fibrations 方法建立单类索引 fibration 的语义模型，深入分析流的语义性质，并抽象描述流的归纳规则，为程序语言的语义计算与程序逻辑研究奠定了良好的数学基础.

3. 3. 3　多类索引归纳数据类型

基于切片范畴 $\mathscr{B}/I$ 建模较好地处理了以 I 为索引的单类索引归纳数据类型语义性质及其归纳规则的分析与描述，但 I 只是针对单类特定的索引归纳数据类型，难以有效处理互递归等更为复杂的多类索引归纳数据类型. 下面将单类索引 fibration 的离散索引 I 扩充为索引范畴 $\mathscr{C}$，建立多类索引 fibration 的语义模型，以 $\boldsymbol{Obj}\ \mathscr{C}$ 为索引描述 $\mathscr{B}$ 中的多类索引归纳数据类型，在索引范畴 $\mathscr{C}$ 上基于 fibration $G:\mathscr{B}\to\mathscr{C}$ 进行多类索引归纳数据类型的语义建模，针对不同的索引选择不同的程序逻辑.

3. 3. 3. 1　多类索引 fibration 的语义模型

设 $P:\mathscr{T}\to\mathscr{B}$ 与 $G:\mathscr{B}\to\mathscr{C}$ 是局部小范畴间的 fibration，由两个 fibration 的复合仍是一个 fibration 的复合性质[61] 知，GP 也是一个 fibration. $\forall a\in\boldsymbol{Obj}\ \mathscr{C}$，令 $\mathscr{T}_a$ 是 a 上 fibration GP 全范畴 $\mathscr{T}$ 中的纤维. 构造 P 的限制 P_a：$\mathscr{T}_a\to\mathscr{B}_a$ 是 P 沿包含函子 $Inc:\mathscr{B}_a\to\mathscr{B}$ 的拉回，其中 $\mathscr{B}_a$ 是 a 上 fibration G 全范畴 $\mathscr{B}$ 中的纤维，则由拉回的保持结构性质[60-61] 知 P_a 也是一个 fibration. 不同的 fibration P_a 处理不同的索引 a，若 P 是一个 opfibration 或 bifibration，则其限制 P_a 也是一个 opfibration 或 bifibration，进而若 P 有真值函子，则 P_a 也有真值函子，记 P_a 的真值函子为 T_a. 实

际上，P_a 是 P 的子 fibration，即 P_a 与 P 具有相同的 fibration 结构和逻辑性质.

对一个 bifibration$P$，重索引函子的右伴随性质保持终结对象，当 a 遍历索引范畴$\mathscr{C}$中每一个索引对象时，T_a 的集合则构造 P 的真值函子 T，即 $T=\{T_a \mid \forall a \in \boldsymbol{Obj}\ \mathscr{C}\}$，但 $F: \mathscr{B}_a \to \mathscr{B}_a$ 是纤维 $\mathscr{B}_a$ 而非基范畴 $\mathscr{B}$ 上的一个恒等函子，其提升 $F_G^{\perp}$ 是否是全范畴 $\mathscr{T}$ 上的恒等函子是不可判定的. 与 $F_G^{\perp}$ 的不可判定性类似，P 的每一个限制 P_a 有真值函子与内涵函子，不能判定 P 本身有真值函子与内涵函子；反之，P 有真值函子与内涵函子，也不能判定其每一个限制 P_a 有真值函子与内涵函子. 下面我们在文献[50]的基础上引入纤维化 fibration 的定义，并论证纤维化 fibration 与其限制在真值函子与内涵函子存在性上的判定.

定义 3.24（纤维化 fibration） 设 $P: \mathscr{T} \to \mathscr{B}$ 与 $G: \mathscr{B} \to \mathscr{C}$是局部小范畴间的 fibration，$T: \mathscr{B} \to \mathscr{T}$是 P 的真值函子，若 T 有一个纤维化右伴随$\{-\}: GP \to G$，则称 P 为 G 上有真值函子 T 与内涵函子$\{-\}$的纤维化 fibration.

由定义 3.10 与定义 3.9 知 P 的真值函子 $T: G \to GP$ 是一个纤维化函子，进而可判定 P 是 G 上的纤维化 fibration 与 P 是有真值函子与内涵函子的 fibration 是等价的. 下面通过定理 3.9 的论证深入研究纤维化 fibration$P$ 与其限制 P_a 在真值函子与内涵函子存在性上的判定.

定理 3.9 设 $P: \mathscr{T} \to \mathscr{B}$ 与 $G: \mathscr{B} \to \mathscr{C}$是两个 fibration，且 P 是 G 上的一个纤维化 fibration，则对$\forall a \in \boldsymbol{Obj}\ \mathscr{C}$，$P$ 的限制 P_a：$\mathscr{T}_a \to \mathscr{B}_a$ 也是一个纤维化 fibration.

证明： 设纤维化伴随函子 $T \dashv \{-\}$分别为纤维化 fibration$P$ 的真值函子与内涵函子，对$\forall a \in \boldsymbol{Obj}\ \mathscr{C}$，得到 T 与$\{-\}$在 a 上的限制分别为 T_a 与$\{-\}_a$. 令 $f: a \to b \in \boldsymbol{Mor}\ \mathscr{C}$，$f_Y^{\downarrow}: f^*(Y) \to Y \in \boldsymbol{Mor}\ \mathscr{B}_a$ 为 fibration G 在 f 上的卡式射，下面证明 $T_a(f_Y^{\downarrow})$是 fibration GP 在 f 上的卡式射，即真值函子 T_a 保持卡式射. $\exists g: c \to a \in \boldsymbol{Mor}\ \mathscr{C}$，令 $l: X \to T_a(Y) \in \boldsymbol{Mor}\ \mathscr{T}_a$ 位于 fg 上，如图 3.19 所示.

设 $\eta: \mathbf{1}_{\mathscr{T}_a} \to T_a\{-\}_a$ 与 $\varepsilon: \{-\}_a T_a \to \mathbf{1}_{\mathscr{B}_a}$ 为两个自然变换，则 l 的置换 $\hat{l}=\varepsilon_Y\{l\}_a$ 位于fg 上，存在$\mathscr{B}_a$ 中一个唯一的 g 上态射 $v: \{X\}_a \to f^*(Y) \in \boldsymbol{Mor}\ \mathscr{B}_a$，满足图表交换 $f_Y^{\downarrow} v=\hat{l}$，进而得到$\mathscr{T}_a$中一个唯一的 g 上态射$(T_a(v))\eta_X: X \to T_a(f^*(Y)) \in \boldsymbol{Mor}\ \mathscr{T}_a$，满足图表交换 $T_a(f_Y^{\downarrow})(T_a(v)\eta_X)=l$，

故 $T_a(f_Y^{\downarrow})$ 是 fibration GP 在 f 上的卡式射，即真值函子 T_a 保持卡式射. 类似地，由对偶原理可得 $\{-\}_a$ 保持对偶卡式射，限于篇幅此部分证明略去.

综上，有 $T_a \dashv \{-\}_a$，η 与 ε 分别为其单位与共单位，且 η 为垂直态射，即 P 的限制 P_a: $\mathscr{T}_a \to \mathscr{B}_a$ 也是一个纤维化 fibration. 证毕.

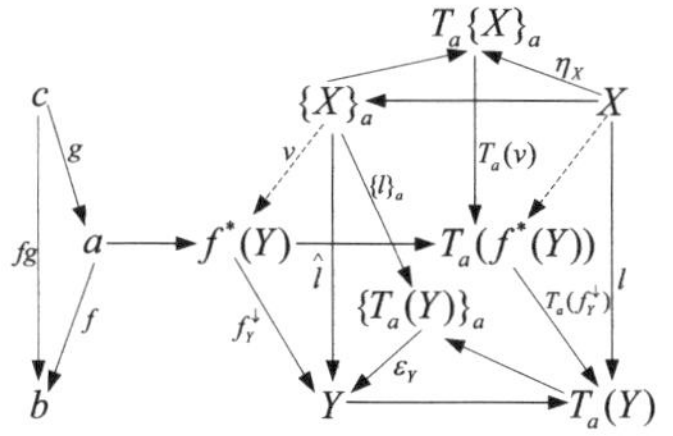

图 3.19　真值函子 T_a 保持卡式射

以 fibration G：$\mathscr{B} \to \mathscr{C}$ 描述索引类型，定理 3.9 确保若 P：$\mathscr{T} \to \mathscr{B}$ 是 G 上的一个纤维化 fibration，则对 $\forall a \in \boldsymbol{Obj}\ \mathscr{C}$，$P$ 在 a 上的限制 P_a: $\mathscr{T}_a \to \mathscr{B}_a$ 也是一个有真值函子 T_a 与内涵函子 $\{-\}_a$ 的纤维化 fibration，且 $T_a \dashv \{-\}_a$. 下面建立多类索引 fibration P_a 的语义模型.

定义 3.25（多类索引 fibration 的语义模型）　设 G：$\mathscr{B} \to \mathscr{C}$ 是索引范畴 $\mathscr{C}$ 上的 fibration，P：$\mathscr{T} \to \mathscr{B}$ 是 G 上有真值函子 T 与内涵函子 $\{-\}$ 的纤维化 fibration，$\forall a \in \boldsymbol{Obj}\ \mathscr{C}$ 为索引对象，则 P 在 a 上的限制 P_a: $\mathscr{T}_a \to \mathscr{B}_a$ 为由 P 通过拉回构造的多类索引 fibration. 令 F 为纤维 $\mathscr{B}_a$ 上的一个恒等函子，称 $F_G^{\perp}$ 是 F 关于 P_a 的一个保持真值的提升，满足图表交换 $P_a F_G^{\perp} = FP_a$，且有同构表达式 $T_a F \cong F_G^{\perp} T_a$ 与 $\{-\}_a F_G^{\perp} \cong F\{-\}_a$ 成立.

3.3.3.2　多类索引归纳数据类型的语义性质

对 $\forall D \in \boldsymbol{Obj}\ \mathscr{B}_a$，在恒等函子 F 作用下构成一个 F - 代数 $(D, \sigma: F(D) \to D)$，纤维化 fibration P 在对象 a 上的限制 P_a 是一个多类索引 fibration，其真值函子 T_a 将 (D, σ) 映射为一个 $F_G^{\perp}$ - 代数 $(T_a(D), T_a(\sigma)$: $T_a(F(D)) \cong F_G^{\perp}(T_a(D)) \to T_a(D))$. 令 μF 为初始 F - 代数的载体，由真值函子 T_a 保持初始对象性质知 $T_a(\mu F)$ 为初始 $F_G^{\perp}$ - 代数 $(T_a(\mu F), in_G^{\perp}$: $T_a(F(\mu F))) \cong F_G^{\perp}(T_a(\mu F)) \to (T_a(\mu F))$ 的载体. 与 3.2 节类似，记 $Alg(T_a)$ 为 F - 代数范畴 $\boldsymbol{Alg}_F$ 到 $F_G^{\perp}$ - 代数范畴 $\boldsymbol{Alg}_{F_G^{\perp}}$ 的函子，并定义

$Alg(T_a) \stackrel{def}{=} T_a$，$Alg(T_a)(in) = in_G^{\perp}$，则 $in_G^{\perp}$ 是初始 F - 代数$(\mu F, in)$的态射 in 在函子 $Alg(T_a)$作用下的同态像.

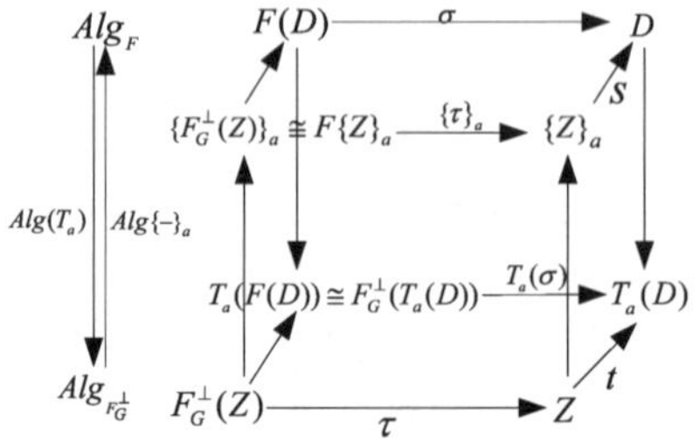

图 3.20　多类索引归纳数据类型的语义性质

对任一 $F_G^{\perp}$ - 代数$(Z,\tau: F_G^{\perp}(Z)\to Z)$，有多类索引 fibration P_a 的内涵函子$\{-\}_a$将(Z,τ)映射为一个 $F_G^{\perp}$ - 代数$(\{Z\}_a,\{\tau\}_a: \{F_G^{\perp}(Z)\}_a \cong F\{Z\}_a \to \{Z\}_a)$，如图 3.20 所示. 若 $t: Z\to T_a(D)$是τ到 $T_a(\sigma)$的 $F_G^{\perp}$ - 代数态射，则$\{\tau\}_a$到σ的 F - 代数态射 $s: \{Z\}_a \to D$ 是 t 上的 F - 代数同态. 类似地，t 是 s 上的 $F_G^{\perp}$ - 代数同态. 定义 $\boldsymbol{Alg}_{F_G^{\perp}}$ 到 $\boldsymbol{Alg}_F$ 的函子 $Alg\{-\}_a \stackrel{def}{=} \{-\}_a$，$Alg\{-\}_a$ 建立以 Z 为载体的 $F_G^{\perp}$ - 代数与以$\{Z\}_a$为载体的 F - 代数间一种直观的互推导关系，为多类索引归纳数据类型归纳规则的形式化描述提供了一种以 μF 为初始 F - 代数载体的简洁与一致的建模方法，即若函子 $Alg(T_a)$保持初始对象，则 F 关于 P_a 保持真值的提升 $F_G^{\perp}$ 生成一个可靠的归纳规则.

3.3.3.3　多类索引归纳数据类型的归纳规则

设 $P: \mathscr{T}\to\mathscr{B}$ 是 fibration $G: \mathscr{B}\to\mathscr{C}$ 上的纤维化 fibration，对 $\forall a\in \boldsymbol{Obj}\ \mathscr{C}$，有纤维 $\mathscr{B}_a$ 上的恒等函子 $F: \mathscr{B}_a\to\mathscr{B}_a$，且 μF 是初始 F - 代数的载体，则 F 的任一个保真值提升 $F_G^{\perp}: \mathscr{T}_a\to\mathscr{T}_a$ 都有一个归纳规则[50]，进而确保多类索引 fibration 在多类索引归纳数据类型上生成归纳规则的有效性. 下面在 Fibrations 方法的框架内提出并抽象描述多类索引归纳数据类型具有普适意义的归纳规则.

对 $\forall D\in \boldsymbol{Obj}\ \mathscr{B}_a$，有 $\mathscr{B}_a$ 中的一个 F - 代数 $m: F(D)\to D$，构造 fibration P_a 基范畴 $\mathscr{B}_a$ 上多类索引归纳数据类型的一个折叠函数 $fold: (F(D)\to D)\to\mu F\to D$，$fold\ m$ 将 m 映射为初始 F - 代数 in 到 m 的唯一 F - 代数态射 $fold\ m: \mu F\to D$. 由真值函子 T_a 保持初始对象的性质知，

$T_a(\mu F)$为初始 $F_G^{\perp}$ - 代数的载体，记 $\mu F_G^{\perp} = T_a(\mu F)$. 有 $T_a(F(D)) \cong F_G^{\perp}(T_a(D))$，$T_a(F(\mu F)) \cong F_G^{\perp}(T_a(\mu F)) = F_G^{\perp}(\mu F_G^{\perp})$. 基于 $F_G^{\perp}$ 构造 fibration P_a 全范畴 $\mathscr{T}_a$上多类索引归纳数据类型的递归操作 $fold$: $(F_G^{\perp}(Z) \to Z) \to \mu F_G^{\perp} \to Z$，对任意一个 $F_G^{\perp}$ - 代数 $n : F_G^{\perp}(Z) \to Z$，$fold\ n$ 将 n 映射为初始 $F_G^{\perp}$ - 代数 $in_G^{\perp}$ 到 n 的唯一 $F_G^{\perp}$ - 代数态射 $fold\ n : \mu F_G^{\perp} \to Z$. 对 $\forall D \in \boldsymbol{O}bj\ \mathscr{B}_a$，$\forall Z \in \boldsymbol{O}bj\ \mathscr{T}_a$，有多类索引归纳数据类型通用的归纳规则：

Ind_{MIIDT}: $(F_G^{\perp}(Z) \to Z) \to T_a(\mu F) \to Z$.

若 $n : F_G^{\perp}(Z) \to Z$ 是 F - 代数 $m : F(D) \to D$ 上的 $F_G^{\perp}$ - 代数，则 $Ind_{MIIDT}\ Z\ m$ 是 $fold\ n$ 上的 $F_G^{\perp}$ - 代数同态.

例 3.9　奇数类型 $EVEN$ 与偶数类型 ODD 是互递归的多类索引归纳数据类型，设索引范畴$\mathscr{C}$只有两个索引元素 a,b 与两对态射 $succ_e, pre_e$: $a \to b$，$succ_o, pre_o$: $b \to a$，a 是 $EVEN$ 的索引，b 是 ODD 的索引. 定义基范畴二元积 $\mathscr{B} \times \mathscr{B}$ 上的函子 F : $\mathscr{B} \times \mathscr{B} \to \mathscr{B} \times \mathscr{B}$，对 $\forall E \in EVEN$，$\forall O \in ODD$，有 $F(E,O) = (O,E)$. 取多类索引 fibration(P_a, P_b)全范畴$(\mathscr{T}_a, \mathscr{T}_b)$中任一对奇数类型与偶数类型的性质$(Z,Z')$，如 $Z \in \boldsymbol{O}bj\ \mathscr{T}_a$，$Z' \in \boldsymbol{O}bj\ \mathscr{T}_b$，分别表示不被 2 整除与被 2 整除，则有对 $EVEN$ 与 ODD 的一个归纳：$(Z'(O) \to ((Z(E) \to (Z'(succ_e(E)) \wedge Z'(pre_e(E))) \wedge (Z'(O) \to (Z(succ_o(O)) \wedge Z(pre_o(O)))) \to (Z'(E) \times Z(O))$成立. 令$(EVEN, ODD)$为多类索引 fibration$(P_a, P_b)$基范畴二元积上初始 F - 代数 in 的载体 $\mu F = (\mu F_E, \mu F_O)$，对任一 F - 代数 $m : F(E,O) \to (E,O)$，通过多类索引 fibration(P_a, P_b)提升为 $F_G^{\perp}$ - 代数 $n : F_G^{\perp}(Z,Z') \to (Z,Z')$，且满足图表交换$(F(P_a, P_b))(Z,Z') = ((P_a, P_b)F_G^{\perp})(Z,Z')$. 初始 F - 代数的初始性定义$(EVEN, ODD)$上一个递归操作 $fold\ m$，执行$(EVEN, ODD)$数据类型的判定；而由初始 $F_G^{\perp}$ - 代数的初始性对应得到一个递归操作，描述$(EVEN, ODD)$的语义性质. 若 n 位于 m 上，则 $Ind_{SIIDT}(Z,Z')\,n$ 是 $fold\ m$ 上的 $F_G^{\perp}$ - 代数同态，且遍历多类索引 fibration(P_a, P_b)全范畴$(\mathscr{T}_a, \mathscr{T}_b)$中每一个对象，得到描述$(EVEN, ODD)$性质的语义集$\{(Z(E), Z'(O)) \mid \forall E \in EVEN, \forall O \in ODD\}$.

互递归是一种复杂的多类索引归纳数据类型，传统的代数和域论方法难以有效处理互递归的语义计算. 例 3.9 应用 Fibrations 方法建立多类索引 fibration 的语义模型，不严格依赖于谓词逻辑与集合论等特定的方法与工具，深入分析互递归的语义性质，并抽象描述其具有普适意义的归纳规则，是传统研究方法在范畴论层面上的拓展与深化，在统一的Fibrations方法的框架内处理互递归的语义计算，进一步扩展了归纳数据类型研究方法的宽度与深度.

3.4 小结

归纳数据类型是类型理论的重要分支. 现有研究成果大多侧重于运用代数或数理逻辑方法研究归纳数据类型的有限语法构造，如文献[41]基于代数函子分析归纳数据类型的构造，用统一的形式化框架描述语义关系及性质，但一些复杂的归纳数据类型，如纤维化归纳数据类型与索引归纳数据类型等，在语义计算和程序逻辑方面仍存在许多尚未解决的问题，如语义性质的分析与归纳规则的描述等，特别是归纳规则多以自动生成为主，如构造演算仅从简单归纳数据类型的归纳结构自动生成归纳规则，但这种从函子语法而非语义层面的自动生成难以满足语义计算的逻辑建模需要，导致归纳规则被弱化为附加的公理，例如构造演算中基于丘奇编码(Church code)归纳规则的自动生成被证明是无效的[62].

自动生成的归纳规则缺乏坚实的数学基础和精确的形式化描述，我们应用范畴论中的Fibrations方法，针对简单归纳数据类型、纤维化归纳数据类型、纤维化索引归纳数据类型、单类索引归纳数据类型与多类索引归纳数据类型，基于伴随函子及其伴随结构构造真值函子、内涵函子等fibration上的基本结构，建立了谓词fibration、非索引fibration、纤维化索引fibration、单类索引fibration与多类索引fibration的语义模型，深入分析其各自的语义性质，并应用保持真值的函子提升与折叠函数等范畴论工具抽象描述具有普适意义的归纳规则.

R. Matthes在归纳数据类型研究方面取得了较为突出的成果[63]，系统地研究了内涵类型论中嵌套数据类型的归纳规则，但其函子的处理能力仅限于二阶范围内，而我们的单类索引fibration描述了一阶索引归纳数据类型$Stream(I)$的归纳规则，多类索引fibration较好地处理了二阶索引归纳数据类型$EVEN$与ODD的归纳规则，结合单类索引fibration与多类索引fibration可进一步描述二阶以上索引归纳数据类型的归纳规则. 同时，Matthes基于非断言式公理化方法处理归纳数据类型的递归计算，严格依赖于谓词逻辑，其归纳规则不具备普适性；而我们应用初始代数语义方法描述归纳规则，高度抽象与灵活扩展的Fibrations方法进一步增强了复杂归纳数据类型的语义性质分析与归纳规则描述能力.

应用 Fibrations 方法在归纳数据类型中的研究是传统研究方法在范畴论层面上的拓展与深化，特别是共代数方法出现后，卡式射与对偶卡式射、fibration 与 opfibration 等对偶范畴概念的有机结合，使得 Fibrations 方法在程序语言中的研究呈现出强大的生命力，在计算机科学的理论研究和工程实践中具有广阔的应用前景. 同时，应用 Fibrations 方法对归纳数据类型的研究不是纯粹数学意义上的研究，而是从程序语言的应用角度出发，结合 Fibrations 方法在面向对象语言及语义计算中的最新研究成果，对程序语言归纳数据类型中各种核心概念的范畴性质与语义解释、行为描述等核心问题进行的基础研究.

融入传统程序语言设计思想的 Fibrations 方法，其高度抽象、灵活扩展及简洁描述的独特思路和研究方法为程序语言及其形式语义的研究带来积极和深远的影响，并推动范畴论方法在计算机科学中的应用. 但从目前文献检索的情况来看，国际上从事 Fibrations 方法研究的学者不多，将 Fibrations 方法应用于计算机科学中的研究文献不多，特别是针对程序语言及其语义计算展开系统、深入研究的文献更少，而当前国内尚未发现其他学者对这一方法在计算机科学中的应用进行系统地研究.

我们应用 Fibrations 方法建立谓词 fibration 等语义模型分析简单归纳数据类型等 5 类归纳数据类型的语义性质，利用保持真值的函子提升及折叠函数描述这 5 类归纳数据类型具有普适意义的归纳规则，为程序语言的语义计算与程序逻辑研究提供了一种简洁、统一的描述方式，同时也增强了程序语言对归纳数据类型语义性质的分析与描述能力. Fibrations 方法在解决抽象问题描述方面具有独特的优势，同时，在计算机科学中也有广阔的应用前景，希望我们的研究能够起到抛砖引玉的作用，引起国内其他学者对 Fibrations 方法的关注，共同推动范畴论方法在计算机科学中的应用研究.

3.5　简单共归纳数据类型

共归纳数据类型以共代数为数学基础，从外部观察程序执行过程的动态语义行为. 作为归纳数据类型的对偶概念，共归纳数据类型与归纳数据类型形成互补，共同提高程序语言语法构造与语义计算能力. 目前，共归纳数据类型已成为程序语言与类型理论研究的一个重要组成部分和重点研究内容.

简单共归纳数据类型是一类常见的共归纳数据类型，应用 Fibrations 方法对简单共归纳数据类型进行研究，可以有效融合传统的研究方法，为程序语言中共归纳数据类型的语义行为分析与共归纳规则描述提供基于范畴论方法的数学框架，将简单共归纳数据类型融入程序语言的形式语义与程序逻辑研究中，提高程序语言对简单共归纳数据类型语义行为与共归纳规则的分析与描述能力. C. Hermida 与 B. Jacobs 在这方面做了大量的基础性研究工作[46]，他们的工作为我们提供了一种研究思路.

我们应用 Fibrations 方法研究简单共归纳数据类型的基本思路是：以简单共归纳数据类型构成基范畴的对象集，其语义行为构成全范畴的对象集，应用等式函子与商函子等工具描述了简单共归纳数据类型与其语义行为在程序逻辑上的对应关系，建立关系 fibration 的语义模型，以基范畴上恒等函子及其在全范畴上保持等式的提升为工具，构造简单共归纳数据类型的共递归计算，抽象描述具有普适意义的共归纳规则.

3.5.1 关系 fibration 与等式函子

令 $P:\mathscr{T}\to\mathscr{B}$ 是一个 fibration，函子 T_P: $\mathscr{B}\to\mathscr{T}$ 将 $\forall M\in \boldsymbol{O}bj\ \mathscr{B}$ 映射为纤维 $\mathscr{T}_M$ 上的终结对象，称 T_P 为 fibration P 的真值函子.

记 $\mathbf{1}_{\mathscr{B}}$ 与 $\mathbf{1}_{\mathscr{T}}$ 分别为基范畴 $\mathscr{B}$ 与全范畴 $\mathscr{T}$ 的终结对象，则有 $P(\mathbf{1}_{\mathscr{T}})=\mathbf{1}_{\mathscr{B}}$，对 $\forall M\in \boldsymbol{O}bj\ \mathscr{B}$，存在唯一的态射 $u:M\to\mathbf{1}_{\mathscr{B}}$，有 $T_P(M)\cong u^*(\mathbf{1}_{\mathscr{T}})$. 对 $\forall s:M\to N\in \boldsymbol{O}bj\ \mathscr{B}$，$s^*(T_P(N))\cong T_P(M)$，真值函子 T_P 将 s 映射为全范畴 $\mathscr{T}$ 上的卡式射 $s^{\downarrow}_{T_P(N)}$. 可靠且完全的真值函子 T_P 是 fibration P 的纤维化右伴随.

定义 3.26（关系 fibration） 设 $P:\mathscr{T}\to\mathscr{B}$ 为一个 *fibration*，基范畴 $\mathscr{B}$ 有积. 令 $\Delta:\mathscr{B}\to\mathscr{B}$ 为 $\mathscr{B}$ 上的对角恒等函子，将 $\forall M\in \boldsymbol{O}bj\ \mathscr{B}$ 映射为积对象 $M\times M$. P 沿 Δ 的拉回 P'，构成一个 fibration，记 P' 为 $Rel(P)$，则有 $Rel(P):Rel(\mathscr{T})\to\mathscr{B}$，称 $Rel(P)$ 为 P 的关系 fibration.

关系 fibration $Rel(P)$ 全范畴 $Rel(\mathscr{T})$ 的对象为关系 (M,N)，对另一对象 (M',N')，令 $\rho:M\to M'$，$\gamma:N\to N'$，$(\rho,\gamma):(M,N)\to(M',N')\in \boldsymbol{M}or\ Rel(\mathscr{T})$. 图 3.21 中的关系 fibration $Rel(P)$ 将关系 (M,N) 映射为基范畴 $\mathscr{B}$ 中的对象 M，函子 Δ' 将 (M,N) 映射为 $\mathscr{B}$ 中的对象 N，且有 $P(N)=\Delta(M)$. 同时，定义 3.26 的拉回保持性质确保 M 上关于 $Rel(P)$ 的纤维

$Rel(\mathscr{T})_M$ 与 $M\times M$ 上关于 P 的纤维 $\mathscr{T}_{M\times M}$ 是同构的，即 $Rel(\mathscr{T})_M\cong\mathscr{T}_{M\times M}$.

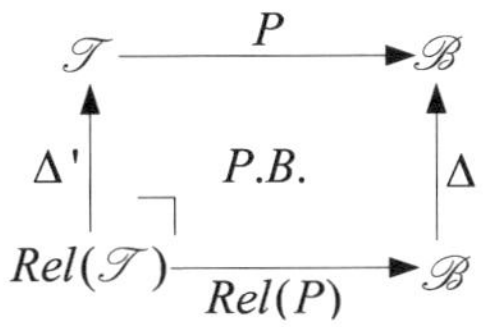

图 3.21　P 的关系 fibration $Rel(P)$

由给定的 fibration 通过拉回构造一个新的 fibration 的过程称为基变换(Change of Base)，如定义 3.26 中 P 通过基变换构造 $Rel(P)$. 基变换具有保持结构性质，如保持纤维化终结对象[64]，即若 P 有真值函子 T_P，则 $Rel(P)$ 有真值函子 $T_{Rel(P)}$，且 $T_{Rel(P)}(M)=T_P(M\times M)$. 如例 3.1 的谓词 fibration Pre 通过基变换构造关系 fibration $Rel(Pre)$，其真值函子将集 X 映射为一个二元关系 $R: X\times X\to \mathbf{Set}$，即将每一个序对 (x,x') 映射为一个单点集 $\{*\}$.

定义 3.27(等式函子)　令 $P:\mathscr{T}\to\mathscr{B}$ 是一个满足 Beck-Chevalley 条件的 fibration，$\mathscr{B}$ 有积，且 T_P 为 P 的真值函子. 对 $\forall M\in \mathbf{Obj}\ \mathscr{B}$，自然变换 $\delta: Id_{\mathscr{B}}\to\Delta$ 在 M 的作用函数 δ_M: $M\to M\times M$ 扩展为对偶重索引函子 ${}^*\delta$，称 $Eq:\mathscr{B}\to Rel(\mathscr{T})$ 为 P 的等式函子，并记 $Eq={}^*\delta\circ T_P$.

真值函子 T_P 将 M 映射为 $\mathscr{T}_M$ 上的终结对象 $T_P(M)$，由定义 3.26 知 $Rel(P)$ 是 P 沿 Δ 的基变换，则若 P 有纤维化终结对象，则 $Rel(P)$ 也有纤维化终结对象. 定义 3.27 中的 ${}^*\delta$ 将 $T_P(M)$ 映射为 ${}^*\delta(T_P(M))$，且 ${}^*\delta(T_P(M))\in \mathbf{Obj}(\mathscr{T}_{M\times M}\cong Rel(\mathscr{T})_M)$. 等式函子 Eq 将 $\forall s\in \mathbf{Mor}\ \mathscr{B}$ 映射为由 δ_s 与 $(\delta_M)^{T_P(M)}_{\downarrow}$ 确定的 $s\times s$ 上唯一态射，其直观意义是，相同的参数得到相同的结果. 如例 3.1 的谓词 fibration Pre，其纤维 $Rel(\mathscr{T})_M$ 中的对象为等式关系 $R: X\times X\to\mathbf{Set}$，等式函子 Eq 将 M 映射为 $Eq(M)(x,x')=1$，若 $x=x'$；否则，$Eq(M)(x,x')=0$. 下面，我们建立关系 fibration 的语义模型，分析简单共归纳数据类型的语义行为.

3.5.2　简单共归纳数据类型的语义行为

定义 3.28(关系 fibration 的语义模型)　设 $P:\mathscr{T}\to\mathscr{B}$ 是一个满足 Beck-Chevalley 条件的 fibration，$\mathscr{B}$ 有积，且 P 有真值函子，$Rel(P)$ 为 P

的关系 fibration，Eq 为 P 的等式函子．令 $F: \mathscr{B} \to \mathscr{B}$ 是基范畴 $\mathscr{B}$ 上的一个恒等函子，若 $Eq \circ F \cong F^{\perp} \circ Eq$，则称 $F^{\perp}: Rel(\mathscr{T}) \to Rel(\mathscr{T})$ 为 F 关于 $Rel(P)$ 的一个保持等式的提升．

对 $\forall M \in \boldsymbol{Obj}\ \mathscr{B}$，在恒等函子 F 作用下构成一个 F - 共代数 $(\rho: M \to F(M), M)$，M 为载体．(ρ, M) 与另一 F - 共代数 $(\gamma: N \to F(N), N)$ 的态射是载体间的态射 $s: M \to N$，且满足图表交换 $\gamma \circ s = F(s) \circ \rho$．$F$ - 共代数及其态射构成 F - 共代数范畴，记为 $\boldsymbol{Coalg}_F$．终结 F - 共代数 $(out: \nu F \to F(\nu F), \nu F)$ 若存在，则是唯一同构的，终结共代数的泛性质所确定的唯一同构性是研究简单共归纳数据类型语义行为及其共归纳规则的主要工具．作为终结 F - 共代数载体的简单共归纳数据类型 νF 是函子 F 的最大不动点(maximal fixed point)，函子 F 指称简单共归纳数据类型 νF 的语法析构(syntax destructor)，out 从外部观察 νF 在该语法析构过程中一种语义行为．

应用等式函子 Eq 将 F - 共代数 (ρ, M) 映射为一个 $F^{\perp}$ - 共代数 $(Eq(\rho): Eq(M) \to Eq(F(M)) \cong F^{\perp}(Eq(M)), Eq(M))$．相应地，$Eq(\nu F)$ 为终结 $F^{\perp}$ - 共代数的载体，即等式函子 Eq 保持终结对象．记 $Coale(Eq)$ 为 F - 共代数范畴 $\boldsymbol{Coalg}_F$ 到 $F^{\perp}$ - 共代数范畴 $\boldsymbol{Coalg}_{F^{\perp}}$ 的函子，利用等式函子 Eq 将关系 fibration $Rel(P)$ 基范畴 $\mathscr{B}$ 中的对象与态射映射为全范畴 $Rel(\mathscr{T})$ 中相应的对象与态射，通过函子 $Coalg(Eq)$ 进一步建立 F - 共代数范畴 $\boldsymbol{Coalg}_F$ 到 $F^{\perp}$ - 共代数范畴 $\boldsymbol{Coalg}_{F^{\perp}}$ 的联系．$out^{\perp}: Eq(\nu F) \to F^{\perp}(Eq(\nu F))$ 是关系 fibration $Rel(P)$ 全范畴 $Rel(\mathscr{T})$ 中的一个终结 $F^{\perp}$ - 共代数，则 $out^{\perp}$ 是 out 在函子 $Coalg(Eq)$ 作用下的同态像，即 $Coalg(Eq)(out) = out^{\perp}$．终结 $F^{\perp}$ - 共代数的终结性确保 $out^{\perp}$ 是唯一同构的，这种唯一同构泛性质的存在为分析简单共归纳数据类型的语义行为并描述其共归纳规则提供了便利性．

定义 3.29（fibration 的商函子） 令 $P: \mathscr{T} \to \mathscr{B}$ 是一个满足 Beck-Chevalley 条件的 fibration，$\mathscr{B}$ 有积．若 P 的等式函子 Eq 有一个左伴随函子 Q，即 $Q \dashv Eq$，且有图表交换 $F \circ Q = Q \circ F^{\perp}$，则称 Q 为 P 的商函子．

基于集合论的角度，例 3.1 谓词 fibration Pre 的商函子将关系范畴 $Rel(\mathscr{T})$ 中每一个关系对象映射为由该关系对象生成的最小等价类所确定的商集．若将例 1.12 的子对象 fibration S 的基范畴 $\mathscr{B}$ 限定为一个正则范畴，且 $\mathscr{B}$ 有共等值子，则 S 有商函子 Q，Q 将 $Rel(S)$ 全范畴 $Rel(\mathscr{T})$ 中的一个等价类映射为其共等值子的共域.

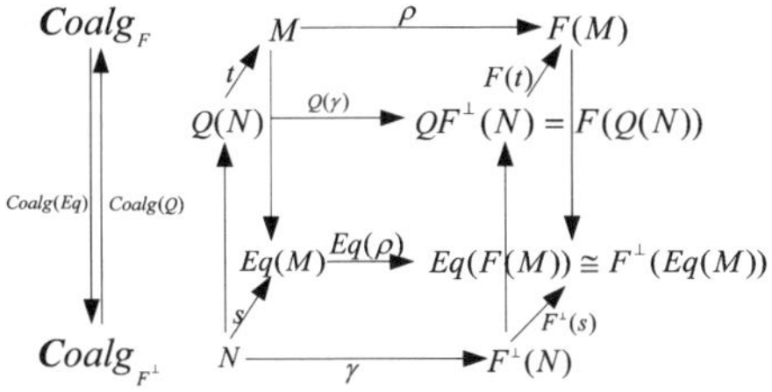

图 3.22　简单共归纳数据类型的语义行为

与 $Coalg(Eq)$类似，记 $Coalg(Q)$为 $F^{\perp}$ - 共代数范畴 $\boldsymbol{Coalg}_{F^{\perp}}$ 到 F - 共代数范畴 $\boldsymbol{Coalg}_F$ 的函子，由定义 3.29 伴随函子 Eq 与 Q 的伴随性质有 $Coalg(Q) \dashv Coalg(Eq)$[46]，对任一 $F^{\perp}$ - 共代数$(\gamma: N \to F^{\perp}(N), N)$，有 $Coalg(Q)(\gamma) = Q(N) \to F(Q(N))$，即 $Coalg(Q)(\gamma) = Q(\gamma)$，则 $Q(\gamma)$是 γ 在函子 $Coalg(Q)$作用下的同态像，如图 3.22 所示. 若 $s: N \to Eq(M)$是 γ 到 $Eq(\rho)$的 $F^{\perp}$ - 共代数态射，则 $Q(\gamma)$到 ρ 的 F - 共代数态射 $t: Q(N) \to M$ 是 s 上的 F - 共代数同态. 类似地，s 是 t 上的 $F^{\perp}$ - 共代数同态. 函子 $Coalg(Eq)$的左伴随 $Coalg(Q)$建立以 $Q(N)$为载体的 F - 共代数与以 N 为载体的 $F^{\perp}$ - 共代数间直观的语义行为，为简单共归纳数据类型共归纳规则的形式化描述提供了一种以 νF 为终结共代数载体的简洁、一致的建模方法，即若函子 $Coalg(Eq)$保持终结对象，则 F 关于 $Rel(P)$保持等式的提升 $F^{\perp}$生成一个可靠的共归纳规则.

3.5.3　简单共归纳数据类型的共归纳规则

若简单共归纳数据类型定义并运用了具有等式函子与商函子的 fibration，则其共归纳规则的形式化描述与语义行为分析是一致的. N. Ghani 等学者在文献[50]中证明了以下定理成立：

定理 3.10　文献[50]中定理 3.10. 设 $P: \mathscr{T} \to \mathscr{B}$ 是一个满足 Beck-Chevalley 条件的 bifibration，$\mathscr{B}$ 有积，且 P 有真值函子与商函子. $Rel(P): Rel(\mathscr{T}) \to \mathscr{B}$ 为 P 的关系 fibration，$F: \mathscr{B} \to \mathscr{B}$ 是基范畴 $\mathscr{B}$ 上的一个恒等函子，νF 为终结 F - 共代数的载体. F 关于 $Rel(P)$的每一个保持等式的提升 $F^{\perp}: Rel(\mathscr{T}) \to Rel(\mathscr{T})$都有一个可靠的基于 νF 的共归纳规则.

定理 3.10 实际上为 $F^{\perp}$ 应用终结 F－共代数在简单共归纳数据类型上生成共归纳规则的有效性判定提供了一种可靠依据，即若 fibration P 定义并运用等式函子与商函子分析简单共归纳数据类型的语义行为，则其基于终结 F－共代数的共归纳规则在程序语言语义行为分析过程中是有效的.

下面，在 Fibrations 方法的框架内分析与描述简单共归纳数据类型具有普适意义的共归纳规则. 首先，考虑简单共归纳数据类型的共递归计算. 基于范畴论的观点，共归纳数据类型的共递归计算源于终结共代数语义. 以共归纳数据类型为终结 F－共代数的载体 νF，应用基范畴 $\mathscr{B}$ 上的恒等函子 F 构造简单共归纳数据类型的展现函数 $unfold:(M\to F(M))\to M\to\nu F$，对任意一个 F－共代数 $(\rho: M\to F(M),M)$，在展现函数 $unfold$ 的作用下，$unfold\rho$ 将 ρ 映射为 ρ 到终结 F－共代数 out 的唯一 F－共代数态射 $unfold\rho: M\to\nu F$，如图 3.23 所示. 源于终结共代数语义的 $unfold$ 本质上是简单共归纳数据类型一个参数化(Parameterized)的共递归计算，具有语义正确、扩展灵活与表达简洁等良好性质.

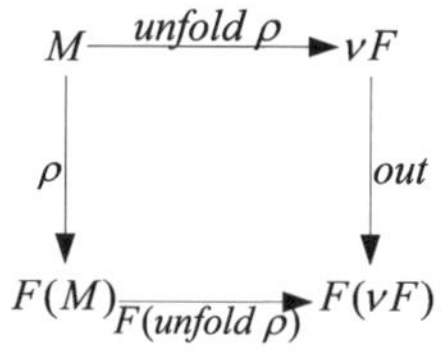

图 3.23　F－共代数态射

$Eq\circ F(M)\cong F^{\perp}\circ Eq(M)$，$Eq\circ F(\nu F)\cong F^{\perp}\circ Eq(\nu F)$，而由等式函子 Eq 保持终结对象性质知，$Eq(\nu F)$ 为终结 $F^{\perp}$－共代数的载体，记 $\nu F^{\perp}=Eq(\nu F)$，$N=Eq(M)\in \boldsymbol{O}bj\,Rel(\mathscr{T})$. 类似地，以 F 保持等式的提升 $F^{\perp}$ 为工具构造全范畴 $Rel(\mathscr{T})$ 上描述简单共归纳数据类型语义行为的共递归计算 $unfold:(N\to F^{\perp}(N))\to N\to\nu F^{\perp}$，如图 3.24 所示，进而对 $\forall M\in \boldsymbol{O}bj\,\mathscr{B}$，$N\in \boldsymbol{O}bj\,Rel(\mathscr{T})_M$，在 Fibrations 方法的形式化框架内得到简单共归纳数据类型具有普适意义的共归纳规则：

$Coind_{SCDT}$: $(N\to F^{\perp}(N))\to N\to Eq(\nu F)$

若 $(\gamma:(N\to F^{\perp}(N),N)$ 是 F－共代数 $(\rho: M\to F(M),M)$ 上的 $F^{\perp}$－共

代数，则 $Coind_{SCDT}N\gamma: N \to Eq(\nu F)$ 是 $unfold\rho$ 上的 $F^{\perp}$ – 共代数同态.

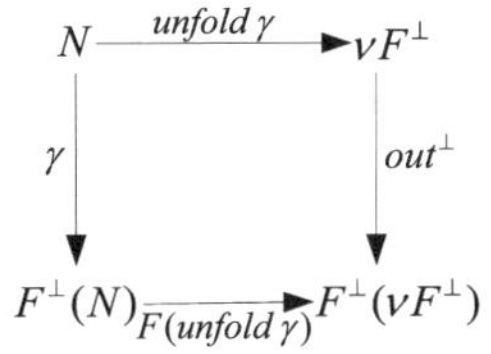

图 3.24　$F^{\perp}$ – 共代数态射

例 3.10　令确定有穷状态自动机 DFA 的状态空间 K 为基范畴 $\mathscr{B}$ 上终结 F – 共代数 out 的载体 νF，Σ 为有限输入字母表，$F: K \times \Sigma \to K$ 为状态转移函数. 记 ε 为空字. 对 $\forall x \in K, a \in \Sigma$，若 $F(x,a) = \mathbf{1}$，则 DFA 停机；$F(x,a) \in K$，则 DFA 成功运行并产生一个新状态. 对 DFA 中另一状态 x'，取关系 fibration $Rel(P)$ 全范畴 $Rel(\mathscr{T})$ 中 DFA 任一性质 $R \in \boldsymbol{O}bj\,Rel(\mathscr{T})$，如互模拟，则有对 R 的一个共归纳：

$R(x,x')$ iff$((F(x,\varepsilon) = F(x',\varepsilon)) \wedge F(x,a) \in K \wedge F(x',a) \in K \wedge R(F(x,a), F(x',a)))$成立. 对任一 F – 共代数$(\rho: M \to F(M), M)$，通过 F 关于 $Rel(P)$ 的一个保持等式提升 $F^{\perp}$，有 $F^{\perp}$ – 共代数$(\gamma: N \to F^{\perp}(N), N)$, $N = Eq(M)$，有图表交换$(F \circ Rel(P))(N) = (Rel(P) \circ F^{\perp})(N)$. 终结 F – 共代数的终结性定义 DFA 状态空间 K 上的共递归计算 $unfold\rho$，执行 DFA 状态转换的判定；而由终结 $F^{\perp}$ – 共代数的终结性对应得到一个展现函数，描述 DFA 的语义行为. 若 γ 位于 ρ 上，则 $Coind_{SCDT}N\gamma$ 是 $unfold\rho$ 上的 $F^{\perp}$ – 共代数同态，且遍历全范畴 $Rel(\mathscr{T})_M$ 中每一性质 R，$R \in \boldsymbol{O}bj\,Rel(\mathscr{T})_M$，$\forall M \in \boldsymbol{O}bj\ \mathscr{B}$，得到描述 DFA 行为的语义集 $\{R(N,N) \mid N = Eq(M)\}$.

互模拟是自动机理论研究的核心内容，例 3.10 从 Fibrations 方法的角度进一步拓展了传统自动机理论的研究内容，例如在关系 fibration 的语义模型基础上建立描述 DFA 共递归计算的共归纳规则 $Coind_{SCDT}$，为简单共归纳数据类型 DFA 的语义行为与程序逻辑提供了一种简洁的描述方式，特别是在函数式程序语言（如 Haskell、ML 等）中，$Coind_{SCDT}$ 生成的代码片段具有易读、易写与易理解等良好性质.

3.5.4 相关研究

简单共归纳数据类型以共代数为数学基础，将终结性与互模拟等工具引入类型理论研究中，在程序语言动态语义行为分析与描述方面具有独特的优势. 从文献检索的情况看，T. Hagino 最早应用 Dialgebras 结构系统地研究了归纳与共归纳数据类型间的关系[11]，奠定了简单共归纳数据类型的研究基础，但在多态类型系统、程序语言的共归纳原理应用等方面仍存在着一定的不足.

众多学者的共同努力进一步推动了简单共归纳数据类型的研究，如 P. Nogueira 应用双代数方法研究了归纳与共归纳数据类型的关系及其在多态编程中的应用[13]，文献[14]进一步利用 λ - 双代数与分配律将归纳与共归纳数据类型有机融合起来，探讨数据类型的语法构造与动态行为关系. E. Poll 基于子类型和继承对 T. Hagino 的工作进行了拓展，应用代数与共代数的对偶性质研究了归纳与共归纳数据类型的子类型和继承关系[12]. J. Greiner 等学者将共归纳原理引入到程序语言的研究中，对程序语言中的简单共归纳数据类型进行了深入研究[65-66]，以上研究成果在一定程度上解决了上述问题. 同时，在简单共归纳数据类型的应用方面，E. Gimenez 对其在形式化理论证明工具 Coq 中的应用进行了研究[67]，V. Vene 对函数式程序语言 Haskell 中的简单共归纳数据类型进行了研究[68].

现有基于 Fibrations 方法的研究侧重于简单共归纳数据类型程序逻辑推理与共归纳规则有效性验证等方面，如 C. Hermida 与 B. Jacobs 证明了有商类型的终结共代数的共归纳规则是可靠的[46]. N. Ghani 等学者[50]在[46]的基础上，突破多项式函子的局限，将其研究工作扩展为一般意义上的函子类型，但在语义计算和程序逻辑等方面仍存在许多尚未解决的问题，如语义行为与共归纳规则的分析与描述等，特别是在简单共归纳数据类型的研究中共归纳规则多以自动生成为主，缺乏坚实的数学基础和精确的形式化描述.

简单共归纳数据类型传统的研究方法在局部卡式闭范畴内建立类型论模型，使得简单共归纳数据类型与其语义行为共存同一范畴内，导致函子与其提升是等同的，在语义行为分析与共归纳规则描述方面存在着一定的局限性. 我们在 Fibrations 方法的形式化框架内展开简单共归纳数据类型的研究，描述语义行为的关系不再局限于函数或态射，而是提升为全范畴中的对象. 同时，更为重要的是，简单共归纳数据类型与其语义行为不再共存于同一个范畴内，而是在全范畴上构造函子提升，深入分析与抽象描述简单共归纳数据类型的语义行为与共归纳规则.

3.6　索引共归纳数据类型

索引共归纳数据类型是一种语义计算能力更强的简单共归纳数据类型. 将终结性与互模拟等工具引入类型理论研究中，在程序语言动态语义行为分析等方面具有独特的优势. 文献[50]分析了索引共归纳数据类型与其语义行为在程序逻辑上的对应关系. 文献[69]在 B. Jacobs 等学者的基础上[46]，证明了 fibration 框架内互模拟共归纳证明方法的可靠性，并通过参数变换提出弱互模拟性证明的一种新范畴论方法. 文献[70]基于自反图(reflexive graphs)提出了依赖数据类型的一种参数化模型，该模型可被视为从族 fibration 到其自反图 fibration 的一种转换，支持初始代数存在性的判定与推导. N. Ghani 与 T. Revell 等学者提出 λ_1 - fibration 的概念，以限定于卡式闭范畴的基范畴描述单位消除语义，以全范畴描述关系语义，并由 λ_1 - fibration 归纳地构造参数化计量单位 fibration UoM，证明了 UoM 的一些基本定理，给出一些 UoM 实例，在范畴论的层面对 A. J. Kennedy 的工作[18]进行了扩展[17].

最近，I. Hasuo 等学者在 J. Worrell 语义计算工作基础上[71]，应用 Fibrations 方法探讨了共归纳谓词终结序列(final sequences)的稳定性，提出范畴规模限制公理，确保 ω 步之后共归纳谓词的终结序列达到稳定状态[72].

现有研究成果主要集中在简单共归纳数据类型及其在程序语言中的应用，而索引共归纳数据类型的研究当前还处于起步阶段，在语义行为分析与共归纳规则描述等方面存在许多尚未解决的问题[73]. 我们应用 Fibrations 方法对索引共归纳数据类型进行了研究. 构造了单类索引 fibration 的关系 fibration 及其语义模型，并应用伴随性质与保持等式的提升在共代数范畴内深入分析了索引共归纳数据类型的语义行为；构造索引共归纳数据类型上参数化的共递归操作，抽象描述具有普适意义的共归纳规则.

3.6.1 单类索引 fibration 与其等式函子

基于 Fibrations 方法的视角，索引共归纳数据类型是一种常见的带有离散索引对象的简单共归纳数据类型，如流、表与树及带环无限循环图等复杂的数据结构，支持协同进程演算及其控制过程等. 本节通过基变换构造单类索引 fibration 的关系 fibration、等式函子等工具，在共代数范畴内应用伴随函子的伴随性质与保持等式的提升，对索引共归纳数据类型的语义行为进行深入分析，增强程序语言对索引共归纳数据类型语义行为的处理与证明能力.

定理 3.8 证明了单类索引 fibration P/I 与 fibration P 具有相同的 fibration 或 bifibration 性质，同时也对单类索引 fibration 进行了定义. 实际上，P 沿定义域函子 $Dom: \mathscr{B}/I \to \mathscr{B}$ 的基变换可具体构造一个单类索引 fibration $P/I: \mathscr{T}/T_P(I) \to \mathscr{B}/I$，对 $\forall \alpha: C \to I \in \mathbf{Obj}\ \mathscr{B}/I$，$P$ 在 C 上的纤维 $\mathscr{T}_C$ 与 P/I 在 α 上的纤维 $(\mathscr{T}/T(I))_\alpha$ 是同构的[50]，且若 P 有真值函子，由 P 构造的单类索引 fibration P/I 也有真值函子. 我们以此基变换构造的单类索引 fibration 为主要工具，展开对索引共归纳数据类型语义行为分析、共归纳规则描述的研究.

对 $\forall \alpha: C \to I \in \mathbf{Obj}\ \mathscr{B}/I$，设 α 沿自身的拉回分别记为 i 与 j，则积对象 $\alpha \times \alpha$ 为 $\alpha \circ i$ 或 $\alpha \circ j$，即切片范畴 $\mathscr{B}/I$ 的积对象由其拉回确定. 与定义 3.26 类似，下面给出单类索引 fibration P/I 的关系 fibration 的定义.

定义 3.30（单类索引 fibration P/I 的关系 fibration） 令 $P/I: \mathscr{T}/T_P(I) \to \mathscr{B}/I$ 为一个单类索引 fibration，基范畴 $\mathscr{B}/I$ 有积. 设 $\Delta/I: \mathscr{B}/I \to \mathscr{B}/I$ 为切片范畴 $\mathscr{B}/I$ 上的对角恒等函子，将 $\forall \alpha \in \mathscr{B}/I$ 映射为其积对象 $\alpha \times \alpha$. P/I 沿 Δ/I 的拉回 $(P/I)'$，记为 $Rel(P/I)$，构成 fibration $Rel(P/I): Rel(\mathscr{T}/T_P(I)) \to \mathscr{B}/I$，称 $Rel(P/I)$ 为 P/I 的关系 fibration.

对 $Rel(P/I)$ 在 α 上对象 $R \in \mathbf{Obj} Rel(\mathscr{T}/T_P(I))$，$P/I$ 在 $\alpha \times \alpha$ 上对象 $R' \in \mathbf{Obj}\ \mathscr{T}/T_P(I)$，$P$ 在 $Dom(\alpha \times \alpha)$ 上对象 $R'' \in \mathbf{Obj}\ \mathscr{T}$，有同构表达式 $R \cong R' \cong R''$ 成立[50]. α 在自然变换 $\delta/I: Id_{\mathscr{B}/I} \to \Delta/I$ 上的作用函数为 $(\delta/I)_\alpha: C \to$

$Dom(\alpha\times\alpha)$，则自然变换 δ/I 的直观意义是将切片范畴中 $\mathscr{B}/I$ 的一个对象变换为另一个对象的态射. 与定义 3.27 类似，下面给出单类索引 fibration P/I 的等式函子的定义.

定义 3.31（单类索引 fibrationP/I 的等式函子） 令单类索引 fibration P/I 的真值函子为 $T_{P/I}$，称 $Eq_{P/I}={}^{*}(\delta/I)\circ T_{P/I}$: $\mathscr{B}/I\to Rel(\mathscr{T}/T_P(I))$ 为 P/I 的等式函子.

等式函子 $Eq_{P/I}$ 将切片范畴 $\mathscr{B}/I$ 中的对象 $\alpha: C\to I$ 映射为 $\alpha\times\alpha$ 上的唯一态射 ${}^{*}(\delta/I)_{\alpha}\circ T_{P/I}(C)\to T_P(I)$. 下面构造单类索引 fibration P/I 的商函子.

3.6.2　商函子与保持等式的提升

以 fibration$P$: $\mathscr{T}\to\mathscr{B}$ 的等式函子 Eq_p: $\mathscr{B}\to Rel(\mathscr{T})$ 替代 P 的真值函子 T_P: $\mathscr{B}\to\mathscr{T}$，$P$ 的关系 fibration $Rel(P)$ 替代 P，应用定理 3.8，构造一个新的 fibration $Rel(P)/I$: $Rel(\mathscr{T})/Eq_P(I)\to\mathscr{B}/I$，对 $\forall R\in \boldsymbol{O}bj\,Rel(\mathscr{T})$，$Rel(P)/I$ 将 $\alpha: R\to Eq_P(I)$ 映射为 $\hat{\alpha}$: $QR\to I$，$\hat{\alpha}$ 是 α 在伴随函子 $Q\dashv Eq_P$ 下的置换.

定义 3.32（单类索引 fibration 的商函子） 构造伴随函子 $\tau\dashv\sigma$: $Rel(\mathscr{T}/T_P(I))\to Rel(\mathscr{T})/Eq_P(I)$，满足图表交换 $Rel(P/I)=Rel(P)/I\circ\tau$ 与 $Rel(P)/I=Rel(P/I)\circ\sigma$. 若 $Rel(P)/I$ 有一个右伴随 $Eq_{(P/I)}$，满足图表交换 $Eq_{(P/I)}=\tau\circ Eq_{P/I}$，则 $Rel(P)/I\circ\tau\dashv\sigma\circ Eq_{(P/I)}$，称 $Rel(P)/I\circ\tau$ 为单类索引 fibration P/I 的商函子，记为 $Q_{P/I}$，且有 $Q_{P/I}\dashv Eq_{P/I}$.

设 $\forall R=(C,D)\in\boldsymbol{O}bj\,Rel(\mathscr{T}/T_P(I))$，则 $Q_{P/I}(C,D)=C$，如图 3.25 所示. $\Pi(C,D)=D$，对 f: $D\to T_P(I)\in\boldsymbol{O}bj\ \mathscr{T}/T_P(I)$，$P/I(f)=P(D)\to I$，而对 $g: C\to I\in\boldsymbol{O}bj\ \mathscr{B}/I$，$\Delta/I(g)=g\times g$，即 $Dom(g\times g)=P(D)$.

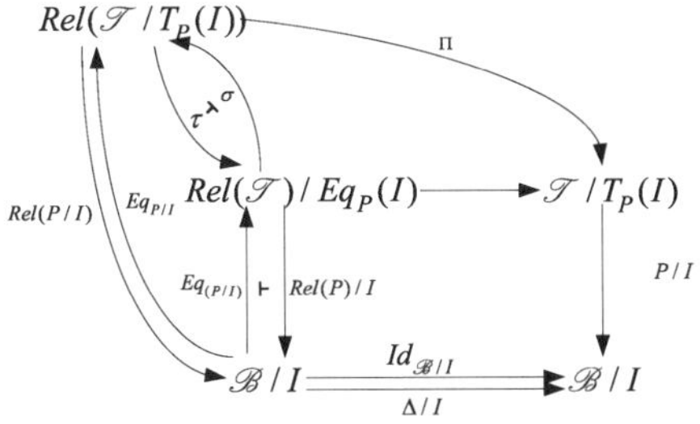

图 3.25　商函子 $Q_{P/I}$ 的构造

例 3.11 记 $\boldsymbol{Set}$ 为集合范畴，I 为一离散索引对象，则 $\boldsymbol{Set}$ 在 I 上的切片范畴为 $\boldsymbol{Set}/I$. 对任意集合 $X \in \boldsymbol{Obj}\,\boldsymbol{Set}$，存在 $X/I \in \boldsymbol{Obj}\,\boldsymbol{Set}/I$. 单类索引 fibration P/I 的关系 fibration 为 $Rel(P/I)$，X/I 关于 $Rel(P/I)$ 在 $\boldsymbol{Set}/I$ 上的纤维 $Rel(\mathscr{T}/T_P(I))_{X/I}$ 由关系 $R: X/I \times X/I \to \boldsymbol{Set}/I$ 构成，即 $Rel(\mathscr{T}/T_P(I))_{X/I} = \{R: X/I \times X/I \to \boldsymbol{Set}/I \mid X/I \in \boldsymbol{Obj}\,\boldsymbol{Set}/I\}$. 对 X/I 中任意两个对象 α 与 α'，$R(\alpha,\alpha')$ 给出 α 与 α' 某种关联性（如等价、同余、同构等）的构造证明，如构造 R 的一种等价性定义：若 $\alpha \cong \alpha'$，$R(\alpha,\alpha') = 1$；否则 $R(\alpha,\alpha') = 0$，其中 $\cong$ 为等价. 单类索引 fibration P/I 的等式函子 $Eq_{P/I}$ 将 X/I 映射为关联集 $R(X/I,X/I)$，而商函子 $Q_{P/I}$ 则将关联集 $R(X/I,X/I)$ 映射为 X/I 的商集 $(X/I)/R$，$(X/I)/R$ 由含 R 的最小等价关系确定.

定义 3.33（单类索引 fibrationP/I 关系 fibration 的语义模型） 设 $P: \mathscr{T} \to \mathscr{B}$ 为一个满足 Beck-Chevalley 条件且有真值函子 T_P 的 fibration，基范畴 $\mathscr{B}$ 有积与拉回，$P/I: \mathscr{T}/T_P(I) \to \mathscr{B}/I$ 是 P 的单类索引 fibration，构造 P/I 的关系 fibration $Rel(P/I)$，并有 P/I 的等式函子 $Eq_{P/I}$ 与商函子 $Q_{P/I}$. F 是 $Rel(P/I)$ 基范畴 $\mathscr{B}/I$ 上的一个恒等函子，$F^{\perp}$ 是 $Rel(P/I)$ 全范畴 $Rel(\mathscr{T}/T_P(I))$ 上的一个恒等函子，若满足图表交换 $Rel(P/I) \circ F^{\perp} = F \circ Rel(P/I)$，且有同构表达式 $Eq_{P/I} \circ F \cong F^{\perp} \circ Eq_{P/I}$ 与 $F \circ Q_{P/I} \cong Q_{P/I} \circ F^{\perp}$ 成立，则称 $F^{\perp}$ 是 F 关于 $Rel(P/I)$ 在全范畴 $Rel(\mathscr{T}/T_P(I))$ 上的一个保持等式的提升.

3.6.3 索引共归纳数据类型的语义行为

对 $\forall \alpha: C \to I \in \boldsymbol{Obj}\,\mathscr{B}/I$，在恒等函子 F 作用下构成一个 F－共代数 $(r: \alpha \to F(\alpha), \alpha)$，称 α 为载体. (r,α) 与另一 F－共代数 $(t: \beta \to F(\beta), \beta)$ 的态射是 r 与 t 载体间的态射 $f: \alpha \to \beta$，且满足图表交换 $t \circ f = F(f) \circ r$.

终结 F－共代数 $(\nu F, out: \nu F \to F(\nu F))$ 若存在，则是唯一同构的. 终结共代数具有终结性的泛性质，其所确定的唯一同构性是研究索引共归纳数据类型语义行为的主要工具.

作为终结 F－共代数载体的索引共归纳数据类型 νF 是函子 F 的最大不动点，函子 F 指称索引共归纳数据类型 νF 的语法析构，out 从外部观

察 νF 在该语法析构过程中一种语义行为. 应用索引 fibration P/I 的等式函子 $Eq_{P/I}$，将 F－共代数(α,r)映射为一个 $F^{\perp}$－共代数 $Eq_{P/I}(\alpha,r)=(Eq_{P/I}(\alpha),Eq_{P/I}(r):Eq_{P/I}(\alpha)\to Eq_{P/I}(F(\alpha))\cong F^{\perp}(Eq_{P/I}(\alpha)))$. 相应地，$Eq_{P/I}(\nu F)$为终结 $F^{\perp}$－共代数的载体，即等式函子 $Eq_{P/I}$保持终对象.

定理 3.11　以 $F^{\perp}$－共代数为对象，以 $F^{\perp}$－共代数态射为态射，构成 $F^{\perp}$－共代数范畴 $\boldsymbol{Coalg}_{F^{\perp}}$.

证明： 证明过程与定理 2.1 类似，略.　　证毕.

记 $Coalg(Eq_{P/I})$为 $\boldsymbol{Coalg}_F$ 到 $\boldsymbol{Coalg}_{F^{\perp}}$的函子，利用等式函子 $Eq_{P/I}$将关系 fibration $Rel(P/I)$基范畴 $\mathscr{B}/I$ 中的对象与态射映射为全范畴 $Rel(\mathscr{T}/T_P(I))$中相应的对象与态射，并通过函子 $Coalg(Eq_{P/I})$进一步建立 $\boldsymbol{Coalg}_F$ 到 $\boldsymbol{Coalg}_{F^{\perp}}$的联系.

令$(Eq_{P/I}(\nu F),out^{\perp}:Eq_{P/I}(\nu F)\to F^{\perp}(Eq_{P/I}(\nu F)))$是关系 fibration $Rel(P/I)$全范畴 $Rel(\mathscr{T}/T_P(I))$中的一个终结 $F^{\perp}$－共代数，则 $out^{\perp}$是 out 在函子 $Coalg(Eq_{P/I})$作用下的同态像，即 $Coalg(Eq_{P/I})(out)=out^{\perp}$. 终结 $F^{\perp}$－共代数的终结性确保 $out^{\perp}$是唯一同构的，唯一同构泛性质的存在为分析索引共归纳数据类型的语义行为提供了便利.

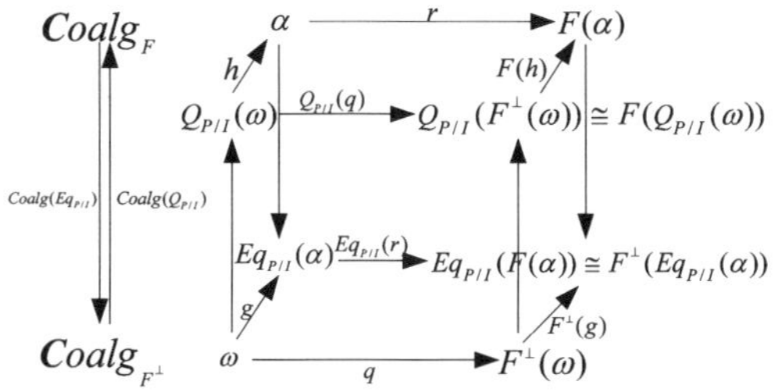

图 3.26　索引共归纳数据类型的语义行为

与 $Coalg(Eq_{P/I})$类似，记 $Coalg(Q_{P/I})$为 $\boldsymbol{Coalg}_{F^{\perp}}$到 $\boldsymbol{Coalg}_F$ 的函子，由伴随函子的伴随性质有 $Coalg(Q_{P/I})\dashv Coalg(Eq_{P/I})$. 对任一 $F^{\perp}$－共代数$(\omega,q:\omega\to F^{\perp}(\omega))$，$\omega:X\to T_P(I)\in \boldsymbol{Obj}Rel(\mathscr{T}/T_P(I))$，有 $Coalg(Q_{P/I})(q)=Q_{P/I}(\omega)\to Q_{P/I}(F^{\perp}(\omega))\cong F(Q_{P/I}(\omega))$，即 $Coalg(Q_{P/I})(q)=Q_{P/I}(q)$，则 $Q_{P/I}(q)$是 q 在函子 $Coalg(Q_{P/I})$作用下的同态像，如图 3.26 所示. 若 $g:\omega\to Eq_{P/I}(\alpha)$是 q 到 $Eq_{P/I}(r)$的 $F^{\perp}$－共代数态射，则 $Q_{P/I}(q)$到 r 的 F－共代数态射 $h:Q_{P/I}(\omega)\to\alpha$ 是 g 上的 F－共代数同态. 类似地，g

是 h 上的 $F^{\perp}$ - 共代数同态.

函子 $Coalg(Eq_{P/I})$ 的左伴随 $Coalg(Q_{P/I})$ 建立以 $Q_{P/I}(\omega)$ 为载体的 F - 共代数与以 ω 为载体的 $F^{\perp}$ - 共代数间直观的互推导关系，为索引共归纳数据类型的语义行为分析提供了一种以 νF 为终结共代数载体的简洁与一致的建模方法.

3.6.4 索引共归纳数据类型的共归纳规则

对定义并运用了等式函子与商函子的 fibration，索引共归纳数据类型共归纳规则的形式化描述与语义行为分析是一致的[46]. 设 fibration $P: \mathscr{T} \to \mathscr{B}$ 与单类索引 fibration $P/I: \mathscr{T}/T_P(I) \to \mathscr{B}/I$ 满足定义 3.33. 令 F 是 P/I 的关系 fibration $Rel(P/I)$ 的基范畴 $\mathscr{B}/I$ 上的一个恒等函子，νF 为终结 F - 共代数的载体，且 $F^{\perp}$ 为 F 关于 $Rel(P/I)$ 保持等式的提升，则 P/I 有以 νF 为索引共归纳数据类型的共归纳规则. 同时，若函子 $Coalg(Eq_{P/I})$ 保持终结对象，则 $F^{\perp}$ 生成一个可靠的共归纳规则. 这为 $F^{\perp}$ 应用终结 F - 共代数在索引共归纳数据类型上生成共归纳规则的有效性判定提供了一种可靠依据，即若索引 fibration P/I 定义并运用等式函子与商函子分析索引共归纳数据类型的语义行为，则其基于终结 F - 共代数的共归纳规则在程序语言语义行为分析过程中是有效的. 下面在 Fibrations 理论框架内提出并抽象描述索引共归纳数据类型具有普适意义的共归纳规则.

基于范畴论的观点，共归纳数据类型的共递归计算源于终结共代数语义. 设 $\forall \alpha: C \to I \in \boldsymbol{Obj}\ \mathscr{B}/I$，令 $\nu F \in \boldsymbol{Obj}\ \mathscr{B}/I$，应用 F 构造基范畴 $\mathscr{B}/I$ 上索引共归纳数据类型的共递归计算 $unfold: (\alpha \to F(\alpha)) \to \alpha \to \nu F$. 对任意一个 F - 共代数 $(r: \alpha \to F(\alpha), \alpha)$，$unfold\ r$ 将 (r, α) 映射为 r 到终结 F - 共代数 $(out, \nu F)$ 的唯一 F - 共代数态射 $unfold\ r: \alpha \to \nu F$.

由定义 3.33 知，$Eq_{P/I}(F(\alpha)) \cong F^{\perp}(Eq_{P/I}(\alpha))$，$Eq_{P/I}(F(\nu F)) \cong F^{\perp}(Eq_{P/I}(\nu F))$，而等式函子 $Eq_{P/I}$ 保持终结对象，则 $Eq_{P/I}(\nu F)$ 为终结 $F^{\perp}$ - 共代数的载体，记 $\nu F^{\perp} = Eq_{P/I}(\nu F)$，$X = Eq_{P/I}(\alpha)$. 应用恒等函子 $F^{\perp}$ 构造全范畴 $Rel(\mathscr{T}/T_P(I))$ 上索引共归纳数据类型共递归计算 $unfold: (X \to F^{\perp}(X)) \to X \to \nu F^{\perp}$.

对任意一个 $F^{\perp}$ – 共代数 $(X, q: X \to F^{\perp}(X))$，$unfold\ q$ 将 q 映射为 (X, q) 到终结 $F^{\perp}$ – 共代数 $(\nu F^{\perp}, out^{\perp})$ 的唯一 $F^{\perp}$ – 共代数态射 $unfold\ q$: $X \to \nu F^{\perp}$. 对 $\forall \alpha \in \boldsymbol{Obj}\ \mathscr{B}/I$，$\exists X \in \boldsymbol{Obj}\,Rel(\mathscr{T}/T_P(I))$，有索引共归纳数据类型具有普适意义的共归纳规则：

$Coind_{ICDT}$: $(X \to F^{\perp}(X)) \to X \to Eq_{P/I}(\nu F)$.

若 $(q: X \to F^{\perp}(X), X)$ 是 F – 共代数 $(r: \alpha \to F(\alpha), \alpha)$ 上的 $F^{\perp}$ – 共代数，则 $Coind_{ICDT}\,X\,q$ 是 $unfold\ r$ 上的 $F^{\perp}$ – 共代数同态.

例 3.12　流或无穷序列的元素类型由索引 I 指定，如自然数类型 Nat，整型 Int 与字符型 $Char$ 等，$\forall I \in \boldsymbol{Obj}\ \mathscr{B}$. 对任意流 $\alpha: S \to I \in \boldsymbol{Obj}\ \mathscr{B}/I$，有 $\mathscr{B}/I$ 上恒等函子 $F: \alpha \to I \times \alpha$，其中 $head: \alpha \to I$ 为流的头函数，$tail: \alpha \to \alpha$ 为去掉头元素后的尾函数. 应用定理 3.8 构造单类索引 fibration P/I，并取 P/I 的关系 fibration $Rel(P/I)$ 全范畴 $Rel(\mathscr{T}/T_P(I))$ 中任一流性质 $R \in \boldsymbol{Obj}Rel(\mathscr{T}/T_P(I))$，如互模拟，则对 $\mathscr{B}/I$ 中另一流对象 β: $S' \to I$，有 α 与 β 在互模拟性质 R 上的一个共归纳成立：

R 是两个流类型 α 与 β 间的互模拟关系，当且仅当 $\forall (\alpha, \beta) \in R$，$head(\alpha) = head(\beta)$，且 $(tail(\alpha), tail(\beta)) \in R$.

F – 共代数及其态射构成 F – 共代数范畴 $\boldsymbol{Coalg}_F$，若 $\boldsymbol{Coalg}_F$ 中终结 F – 共代数 $(\nu F, out: \nu F \to F(\nu F))$ 存在，令流类型 $Stream(I)$ 为该终结 F – 共代数的载体 νF. 恒等函子 F 应用定义 3.33 可构造一个保持等式的提升 $F^{\perp}$，$F^{\perp}$ – 共代数及其态射应用定理 3.11 可构成 $F^{\perp}$ – 共代数范畴 $\boldsymbol{Coalg}_{F^{\perp}}$. 对 $\boldsymbol{Coalg}_F$ 中任一 F – 共代数 $(r: \alpha \to F(\alpha), \alpha)$，通过关系 fibration $Rel(P/I)$ 提升为 $\boldsymbol{Coalg}_{F^{\perp}}$ 中的一个 $F^{\perp}$ – 共代数 $(q: X \to F^{\perp}(X), X)$，满足图表交换 $F \circ Rel(P/I)(X) = Rel(P/I) \circ F^{\perp}(X)$. 终结 F – 共代数的终结性定义 $Stream(I)$ 上一个展现函数作用 $unfold\ r$，执行 $Stream(I)$ 的判定；而由终结 $F^{\perp}$ – 共代数的终结性对应得到一个共递归计算，描述 $Stream(I)$ 的语义行为. 若 q 位于 r 上，则 $Coind_{ICDT}\,X\,q$ 是 $unfold\ r$ 上的 $F^{\perp}$ – 共代数同态，且遍历关系 fibration $Rel(P/I)$ 全范畴 $Rel(\mathscr{T}/T_P(I))$ 中每一性质 R，$R \in \boldsymbol{Obj}\,Rel(\mathscr{T}/T_P(I))$，得到描述 $Stream(I)$ 行为的语义集 $\{R(X, X) \mid X = Eq_{P/I}(\alpha) \in Obj\ \mathscr{B}/I\}$.

例 3.12 中的 $unfold\ r$ 直观描述了流类型 α 到其语义行为的映射关系. $unfold\ r$ 的存在性提供了共代数到其终结共代数同态射的一种有效方式，

进而得到共归纳定义原则，即定义展现函数 *unfold* $r: \alpha \to Stream(I)$，只需在 α 上构造相应操作 r，令 (α,r) 成为一个 F - 共代数即可，$F(\alpha) = I \times \alpha$；同时，*unfold* r 的唯一性进一步证明两个同态射相等，从而得到共归纳证明原则，即证明 $m,n: \alpha \to Stream(I)$ 相等，只需证明 m 与 n 都是同一个共代数 (α,r) 到其终结 F - 共代数 $(Stream(I), out: Stream(I) \to F(Stream(I)))$ 的同态射即可，即证明 m 与 n 都等于 *unfold* r.

相对于传统的 Horn 理论与共代数研究方法，例 3.12 具有同样的表达能力，但在语义行为分析与共归纳规则描述方面比前者更强，如表 3.2 所示. 例如，互模拟是共代数与自动机理论研究的核心内容，例 3.12 从 Fibrations 方法的角度进一步拓展传统共代数方法的研究内容，在关系 fibration $Rel(P/I)$ 上建立描述 $Stream(I)$ 共递归计算的共归纳规则 $Coind_{ICDT}$，突破传统方法多以自动生成共归纳规则为主的局限，提供一种精确、简洁的形式化描述方式. 特别是在函数式程序语言(如 Haskell、ML 等)中，$Coind_{ICDT}$ 生成的代码片段具有易读、易写与易理解等良好性质.

表 3.2　Fibrations 方法与传统方法在表达能力上的比较

表达能力方法	Fibrations 方法	Horn 理论	共代数
语义行为分析	强	弱	弱
共归纳规则描述	强	弱	弱

例 3.13　确定有穷状态自动机 *DFA* 状态空间 K 的具体类型由离散索引对象 I 指定，如字母、数字与时间序列等，$\forall I \in \boldsymbol{Obj}\ \mathscr{B}$. Σ 为 DFA 的有限输入表，$\mathscr{B}/I$ 上恒等函子 $F: K \times \Sigma \to K$ 为状态转移函数. 记 ε 为空输入. 对 K 中的任意状态 $x: K \to I \in \boldsymbol{Obj}\ \mathscr{B}/I$，$a \in \Sigma$，若 $F(x,a) = \mathbf{1}$，则 *DFA* 停机；$F(x,a) \in K$，则 *DFA* 成功运行并产生一个新状态. 应用定理 3.8 构造单类索引 fibration P/I，并取 P/I 的关系 fibration 全范畴中任一 *DFA* 性质 $U \in \boldsymbol{Obj}\, Rel(\mathscr{T}/T_P(I))$，如可达性，则对另一状态 $x': K \to I$，输入 a 时有从状态 x 到 x' 可达的一个共归纳：

$U(x,x')$ iff $\exists y: K \to I \in \boldsymbol{Obj}\ \mathscr{B}/I((F(x,\varepsilon) = F(x',\varepsilon)) \wedge F(x,a) \in K \wedge U(x,y) \wedge U(y,x'))$ 成立. 若 $\boldsymbol{Coalg}_F$ 中终结 F - 共代数 $(\nu F, out: \nu F \to F(\nu F))$ 存在，令 $DFA(I)$ 为该终结 F - 共代数的载体 νF. 应用定义 3.33 由

F 可构造一个保持等式的提升 $F^{\perp}$. 对 $\boldsymbol{Coalg}_F$ 中任一 F - 共代数($\tau: X \to F(X), X$), 通过关系 fibration$Rel(P/I)$ 提升为 $\boldsymbol{Coalg}_{F^{\perp}}$ 中的一个 $F^{\perp}$ - 共代数($\sigma: Z \to F^{\perp}(Z), Z$), 满足图表交换 $F \circ Rel(P/I)(Z) = Rel(P/I) \circ F^{\perp}(Z)$. 终结 F - 共代数的终结性定义 $DFA(I)$ 上一个共递归操作 $unfold\,\tau$, 执行 $DFA(I)$ 的判定; 而由终结 $F^{\perp}$ - 共代数的终结性对应得到一个共递归操作, 描述 $DFA(I)$ 的语义行为. 若 σ 位于 τ 上, 则 $Coind_{ICDT}\, Z\,\sigma$ 是 $unfold\,\tau$ 上的 $F^{\perp}$ - 共代数同态, 且遍历全范畴 $Rel(\mathscr{T}/T_P(I))$ 中每一性质 U, 得到描述 $DFA(I)$ 行为的语义集 $\{U(Z,Z) \mid Z = Eq_{P/I}(X), \forall X \in \boldsymbol{Obj}\ \mathscr{B}/I\}$.

可达性是自动机理论研究的重要内容, 例 3.13 在统一的 Fibrations 方法框架内研究自动机状态的可达性具有较强的普适意义, 脱离不相关的语法细节, 直接面向特定的领域问题. 传统研究方法中, 操作语义方法证明自动机中两个状态在语义行为上等价, 指称语义方法证明两个状态在语义模型中指称同一个对象, 而数理逻辑方法则证明程序语言的两个状态在所有可能的模型中映射到同一个对象, 以上 3 种方法依赖于操作语义、指称语义与类型论等特定的计算环境, 缺乏通用的建模概念, 不具有普适意义. 在建模工具的普适性方面, Fibrations 方法与传统方法的比较如表 3.3 所示.

表 3.3　Fibrations 方法与传统方法的在普适性上的比较

抽象能力方法	Fibrations 方法	操作语义	指称语义	数理逻辑
普适性	是	否	否	否

第 4 章　在数据库系统中的应用

数据模型是数据库技术发展的主线，是数据库系统的核心与基础. 数据结构、数据操作与完整性约束是数据模型构成的 3 个基本要素. 数据结构描述数据库系统的静态特征，构成数据库系统的基本组成成分；数据操作描述数据库系统的动态特性，定义数据库系统允许执行的操作集合，明确操作的确切含义、操作符号与操作规则；完整性约束是数据模型中数据及其联系的语义约束和依存规则，限定数据库系统状态及其变化，保证数据的正确、有效、相容.

本章研究了范畴论方法在时态数据模型的构建与时态数据库系统的设计、范畴数据模型、视图更新等数据库系统中这三个问题上的应用。

4.1　时态数据模型

ER 模型是一种重要的数据模型，自然且易于理解的图形化规范使其成为数据库系统概念建模的重要工具. 随着大量与时间相关的数据库应用需求不断增多，对 *ER* 模型进行时态扩展使其准确捕捉时间变化信息，已成为时态数据库系统(temporal data system)研究热点之一[74].

当前，时态数据库技术仍处于研究与发展阶段，学术界和工业界已提出几十种时态数据模型(temporal data model). 时态数据模型是时态数据库技术发展的主线，同时也是时态数据库系统开发与设计的核心与基础. 现有时态数据模型还不够成熟，尚未形成完整的国际标准[75]. 大多数时态数据模型局限于数据库时态属性的研究，停留在数据处理层次，对时态逻辑信息表示、知识推理和完整性约束等方面的研究不够深入，主要体现在时态信息处理能力弱，时态数据计算体系不完备，时态数据依赖缺乏系统的时态规范化理论支持，现有时态数据模型的完整性约束难以对时态数据模型进行有效规范化等方面.

同时，基于 Turing 机和 Von Neumann 体系结构的传统形式语言模型可高效处理时态数据库的确定性问题，但对不确定性算法并没有取得实质性进展，许多相应问题均归结于 NP - 完全问题，降低问题求解标准而选择非最优解，采用不总是多项式时间或仅满足部分实例的优化算法.

4.1.1　时态数据模型研究现状

图 4.1 归纳了一些具有代表性的时态数据模型基本情况，大多数时态数据模型的数据结构是关系. 现有时态数据模型是传统关系数据模型的扩展，将关系数据库作为特例. 时态数据库支持 3 种时间类型：有效时间 VT、事务时间 TT 与用户定义时间 UDT[74]，VT 与 TT 是两个正交的时间维，时态数据模型至少支持其中一维. 所有时态数据模型都支持 UDT，图 4.1 中 TempEER、TimeER[76] 与 BCDM[75] 支持 TT. VT 有 3 种时态数据结构：时刻、时区与时长[76]，时区与时长均表示一段时间，但前者没有起点与终点时刻，图 4.1 只有 BCDM 同时支持 VT 的 3 种数据结构.

时态数据库定义 2 种时间粒度：单粒度与多粒度[74]，图 4.1 中 5 个时态数据模型支持多粒度，其余时态数据模型考虑具体应用的时间粒度不同而在数据库逻辑设计阶段延迟粒度的选择. 时态数据操作扩展传统关系操作，在时态数据库中增加时态选择、时态投影、时态连接等时态操作，图 4.1 中大部分时态数据模型提供关系表达式、时态表达式及 SQL 表达式的 VT 操作，RAKE[76] 只支持普通 SQL 操作，而 MOTAR[76] 与 TERC +[76] 扩展时态数据模型面向对象功能. 所有操作均为函数，部分函数可嵌套，TempEER、BCDM 与 TimeER 同时提供 VT 操作和 TT 操作. 对旧版本的向上兼容性[76] 为新版本增强功能提供平稳过渡，图 4.1 中 7 种时态数据模型具备向上兼容性.

目前大部分时态数据模型查询语言扩展 SQL、Quel 等语言的时态数据查询功能，但时态查询功能有限，效率较低，BCDM 的查询语言有 TempSQL、Tquel、TSQL2 等. 图 4.1 中 4 种时态数据模型不支持时态约束，现有时态数据模型规范化程度最好的是 TERM[76] 与 TERC +，尽管两者均支持时态约束，但无法灵活表达 UDT 变化属性之间固有的依赖约束.

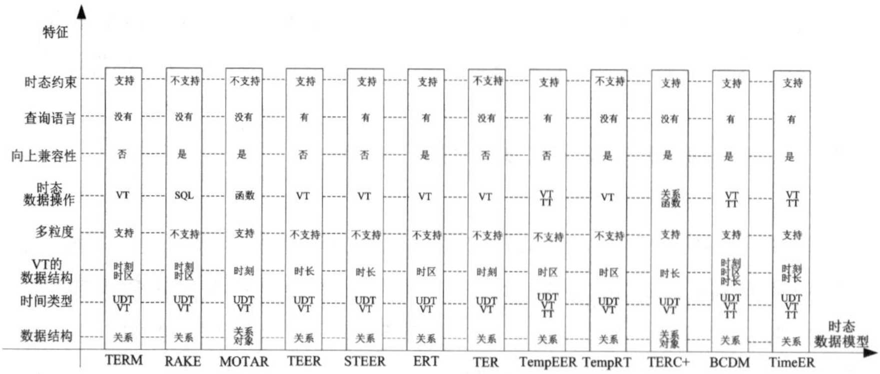

图 4.1　一些具有代表性的时态数据模型

随着时态数据库系统复杂度与应用需求的不断提升，可靠性、安全性及不确定性等非功能因素导致的技术难题在时态数据库开发过程中日益突出，完善和提升已有形式化方法解决问题的能力，研发通用、便利、高效的新方法和新技术，成为时态数据模型研究重点，特别是在时态数据模型的高度抽象性、灵活表达性与一致性描述方面，目前专门的研究机构和显著成果较少. 文献[77]提出的 Zsyntax 对生物化学系统建模，生化过程作为一种逻辑推演而被重写和分析，但 Zsyntax 定理自动证明器的有效运行等问题有待于进一步解决. 文献[78]基于带时序约束的 RBAC 模型提出一种形式语言 $A^{xml(T)}$，将安全策略库转换为逻辑程序对存储在 XML 格式化文档中的信息提供访问控制.

现有时态数据模型整体上在概念层以不同方式有效捕捉数据的时态特性，但每个时态数据模型侧重于不同应用领域建模，有较强倾向性而不具备普适性，难以满足时态数据库所有的时态特性要求. 同时，为突破传统形式语言模型在时态数据库系统应用上的局限性，众多学者做了大量工作，提出了许多新的时态数据模型，但目前具有普适计算意义和灵活扩展性的时态数据模型较少.

我们建立一种形式化时态数据模型 *FTDM*(formal temporal data model)，在 *FTDM* 基础上进一步建立时态形式语言模型 $L(FTDM)$，并应用语言重用技术建立时态形式语言族模型 $\{L_i\}$，应用范畴论方法构造时态形式语言模型范畴 ***Tflc***，在 ***Tflc*** 内抽象描述时态数据库系统的软件规约，为时态数据库建模，尤其是为编码、测试提供一个普适工具.

4.1.2　时间模型

设 $S=\{s_1,s_2,\cdots,s_n\}$ 为有限集，$S_1\times S_2\times\cdots\times S_n=(s_1,s_2,\cdots,s_n)$ 为卡氏积，$s_i\in S_i,1\leqslant i\leqslant n$，记 $M(S)=\{\{s_1,s_2,\cdots,s_n\}\}$ 为多重集，$S^+=<s_1,s_2,\cdots,s_n>$ 为 S 上非空有限表域，$S_1\uplus S_2$ 为不相交并，$\perp$ 为集合内未定义元素.

我们采用离散线性时间模型，时域是一全序有限集，同构于自然数集 $\mathbb{N}$ 的有限子集，时域元素称为时间量子[75]，记为 $c_i,i\in\mathbb{N}$. 将时间基线划分为许多独立等值长度由 c_i 指定的时间片，$g=|c_i|$ 为时间粒度，反映时态数据库时刻最小值，由应用程序显式指定. 引入两个时间变元 now[76] 与 UC[76]，前者有效值依赖于当前时间，后者指称 TT 中元组改变的时间.

记 VTE 为时态数据库中作用于实体的 VT，VTA 为作用于属性的 VT. 设不同属性 VT 域为 $D_{VTA}^g=\{c_1^a,c_2^a,\cdots,c_k^a\}$，所有属性 VT 域为 $\mathcal{D}_{VTA}=\cup_g D_{VTA}^g$. 设不同实体 VT 域为 $D_{VTE}^g=\{c_1^e,c_2^e,\cdots,c_{now}^e\}$，所有实体 VT 域为 $\mathcal{D}_{VTE}=\cup_g D_{VTE}^g$. 设不同 TT 域为 $D_{TT}^g=\{c_1^t,c_2^t,\cdots,c_{now}^t\}\cup\{UC\}$，所有 TT 域为 $\mathcal{D}_{TT}=\cup_g D_{TT}^g$.

4.1.3　形式化时态数据模型

定义 4.1（形式化时态数据模型）　形式化时态数据模型 $FTDM$ 是一个三元组，即 $FTDM=(TDS,TDM,TSC)$，TDS 为时态数据结构，TDM 为时态数据操作，TSC 为时态完整性约束，用巴克斯－诺尔范式分别表示如下：

$TDS::=SCH\mid E_D\mid R_D\mid A_D\mid T_s\mid t$

SCH 为时态数据库模式，E_D 与 R_D 分别为实体型与联系型，A_D 为属性定义，T_s 为时域，t 为元组.

$$TDM\supseteq\{\cup_T: E_D\times E_D\rightarrow E_D, -_T: E_D\times E_D\rightarrow E_D, \times_T: E_D\times\cdots\times E_D\rightarrow E_D, \sigma_T: E_D\rightarrow E_D, \pi_T: E_D\rightarrow\{t[A]\mid t\in E_D\}\}$$

$t[A]$ 为 t 在属性 A 上的分量，时态并、时态差、时态卡氏积、时态选择与时态投影是时态数据操作的 5 种基本运算，其他时态操作如时态交、时态连接与时态除等均可用这 5 种基本运算表达.

$TSC ::= TSC_1 ; TSC_2 \mid EIC \mid WEIC \mid RIC \mid IIC \mid UIC \mid PIC \mid TC$

$EIC ::= SPK \mid TIK \mid TK$

$UIC :: IS\_ A \mid HAS\_ PART\_ OF \mid GC$

$GC ::= GP \mid GT$

$PIC ::= Snapshot\ Participation\ of\ E\ in\ R\ is\ (\min, \max) \mid Valid\ Time\ Participation\ of\ E\ in\ R\ is [\min, \max] \mid Participation\ of\ R\ to\ E\ is\ p_1, p_2$

$p_1 ::= disjoint \mid overlapping$

$p_2 ::= total \mid partial$

$TC ::= DEX \mid DEV$

时态完整性约束有实体完整性约束 EIC，弱实体完整性约束 WEIC、参照完整性约束 RIC、固有完整性约束 IIC、用户定义完整性约束 UIC、参与完整性约束 PIC 和变迁约束 TC 等 7 种类型. 其中，EIC 有简单主码约束 SPK、时间不变式 TIK[79] 和时态码 TK[80] 这 3 种类型. SPK 在时态数据库任一快照中唯一确定一个实体；TIK 是一类 SPK，在实体存在的一段 VT 内不随时间改变，如规定“职工号”50 年内唯一，50 年后同一“职工号”可赋予另一“职工”；TK 是一类 TIK，在实体整个 VT 内唯一.

弱实体的存在必须以属主实体的 VT 为前提，时态数据库 RIC 定义外码与码之间的引用规则. IIC 是时态数据库特有的约束类型，属性的 VT 必须是实体 VT 的子集. 同时，时态数据库执行一次事务活动时，属性与实体的 TT 也必须是实体 VT 的子集.

UIC 有一般与特殊关系 IS_ A[76,81]、整体与部分关系 HAS_ PART_ OF[76] 和用户自定义生成的通用关系 GC[82]. GC 约束从源实体产生目标实体，根据源实体是否保留分为生成积 GP 约束和生成转换 GT 约束两类，前者保留源实体，如“经理”通过“管理”联系生成目标“项目”实体，而源实体“经理”仍在时态数据库中保留；后者不保留源实体，如重组后的“部门”与源“部门”不同.

变迁规则 TC[83] 约束源实体到目标实体的演变，根据演变前后实体角色是否相容分为动态扩展 DEX 和动态进化 EDV 两类. 前者角色相容，如“职工”晋升为“经理”后其角色仍属于“职工”，后者角色不相容，从“部门经理”晋升为“高级主管”，其角色不再相容. DEV 不能作用于父实体与子实体，两个不相交实体间的 DEX 即为 DEV.

4.1.4　时态形式语言模型

基于形式语言理论和形式语义学的指称语义方法，同时参考 TimeER 模型的文本表示法[76]，我们建立 *FTDM* 的形式语言模型 $L(FTDM)=(SYN、SEM、AUF、SEF)$，*SYN* 与 *SEM* 分别为 $L(FTDM)$ 的语法域与语义域，*AUF* 为辅助函数，前缀为函数返回时态数据类型，辅助函数定义中的方括号表示可选项，*SEF* 为语义函数.

引入一些元变量符号：*E*、***Weak*** *E*、*R*、*A* 分别为实体名、弱实体名、联系名、属性名，$B\in 2^A$ 为属性子集，粗体字为编译系统解析的分词.

语法域 *SYN*

$SCH::=E_D;R_D$

$E_D::=E_{D1};E_{D2}\mid$ ***Entity Type*** E ***has*** $A_D\mid$ ***Entity Type*** E ***with*** T_s ***has*** $A_D\mid$ ***Weak Entity Type*** E ***has*** $A_D\mid$ ***Weak Entity Type*** E ***with*** T_S ***has*** $A_D\mid$ ***Entity Type*** E_1 ***IS_ A*** E_2 ***has*** $A_D\mid$ ***Entity Type*** E_1 ***IS_ A*** E_2 ***with*** T_s ***has*** A_D

$R_D::=R_{D1};R_{D2}\mid$ ***Relationship Type*** R ***has*** $A_D\mid$ ***Relationship Type*** R ***with*** T_s ***has*** A_D

$A_D::=A_{D1};A_{D2}\mid$ ***Attribute Type*** A ***is*** $d\mid$ ***Attribute Type*** A ***is*** d ***with*** T_s

$d::=\mathrm{int}\mid\mathrm{boolean}\mid\mathrm{string}$

$T_s::=T_{s1};T_{s2}\mid(dim,ts,g)$

$dim::=VTE\mid VTA\mid TT$

$ts::=instant\mid period$

$g::=sec\mid min\mid hour\mid day\mid week\mid month\mid year$

语义域 *SEM*

$D_S\cup\{\perp\}$：置换集[79]；$D_S^E\subseteq D_S$：实体 *E* 的置换集；$D_{VTA}=\mathcal{D}_{VTA}\cup\{\perp\}$：属性 VT 域集；$D_{VTE}=\mathcal{D}_{VTE}\cup\{\perp\}$：实体 VT 域集；$D_{TT}=\mathcal{D}_{TT}\cup\{\perp\}$：TT 域集；$\mathcal{D}[\![d]\!]$：基本数据类型域集；*PRED*：谓词集；$Role:E_D$：角色集；$D_{dim}^g$：时集.

辅助函数 AUF

二元辅助函数 *inSch* 以实体名或弱实体名或联系名和数据库模式为参数，如果该实体或联系在此模式中定义则返回真，否则为假.

$$\text{boolean}: inSch(E,SCH)=\text{boolean}: inSch(E,E_D)=\begin{cases} ture\ if\ \textbf{Entity Type}\ E \\ \quad [\textbf{with}\ T_s]\textbf{has}\ A_D\in E_D \\ false\ otherwise \end{cases}$$

$$\text{boolean}: inSch(\textbf{Weak}\ E,SCH)=\text{boolean}: inSch(\textbf{Weak}\ E,E_D)=$$
$$\begin{cases} ture\ if\ \textbf{Weak Entity Type}\ E\ [\textbf{with}\ T_s]\textbf{has}\ A_D\in E_D \\ false\ otherwise \end{cases}$$

$$\text{boolean}: inSch(\boldsymbol{R},SCH)=\text{boolean}: inSch(\boldsymbol{R},\boldsymbol{R}_D)=\begin{cases} true\ if\ \textbf{Relationship} \\ \quad \textbf{Type}\ \boldsymbol{R}[\textbf{with}\ T_s]\textbf{has} \\ \quad A_D\in \boldsymbol{R}_D \\ false\ otherwise \end{cases}$$

一元辅助函数 *attOf* 以实体类型声明或属性定义为参数，返回该实体类型的属性名.

$$A_D: attOf(\textbf{Entity Type}\ E\ [\textbf{with}\ T_s]\textbf{has}\ A_D)=A_D: attOf(A_D)$$

$$A_D: attOf(A_{D1};A_{D2})=A_D: attOf(A_{D1})\cup A_D: attOf(A_{D2})$$

$$A_D: attOf(\textbf{Attribute Type}\ A\ \textbf{is}\ \textbf{d}\ [\textbf{with}\ T_s])=\{A\}$$

一元辅助函数 *entPar* 以联系名或实体名或弱实体名为参数，返回参与该联系的所有实体、弱实体名. $E_i\in R$ 表示实体 E_i 参与联系 R，单实体型或弱实体型内的联系结果为多重集.

$$E_D: entPar(R)=\begin{cases} \{E_1,E_2,\cdots,E_n\}\ if\ E_i\in R,1\leqslant i\leqslant n \\ \perp\ otherwise \end{cases}$$

$$E_D: entPar(R_1;R_2)=E_D: entPar(R_1)\cup E_D: entPar(R_2)$$

$$E_D: entPar(E)=\{\{E\}\}$$

$$E_D: entPar(\textbf{Weak}\ E)=\{\{E\}\}$$

二元辅助函数 *belTo* 以弱实体名和联系名为参数，返回该弱实体隶属的实体名.

$$E_D: belTo(\textbf{Weak}\ E,R)=\begin{cases} \{entPar(R)-\textbf{Weak}\ E\}\ if\ \textbf{Weak}\,E\in R \\ \varnothing\ otherwise \end{cases}$$

一元辅助函数以实体名或弱实体名为参数，返回该实体或弱实体的所有属性名；如果参数为子实体，则返回该子实体的属性名和其父实体的所有属性名；如果参数为弱实体，则只返回此弱实体的所有属性名.

$$A_D: attList(E) = \begin{cases} attOf(\textbf{Entity Type } E\cdots) \ \textit{if } \textbf{Entity Type } E\cdots \in E_D \\ attOf(\textbf{Entity Type } E \ \textbf{IS\_ A} \ E \ \cdots) \cup A_D: attList(E') \ \textit{if} \\ \qquad \textbf{Entity Type } E\cdots \in E_D \\ \perp \ otherwise \end{cases}$$

$$A_D: attList(\textbf{Weak } E) = attOf(\textbf{Weak Entity Type } E\cdots)$$

一元辅助函数 *entNum* 以联系 R 为参数，返回参与 R 的实体数目. R 为所有参与实体的自然连接，具有 n 个属性，$R.A$ 为 R 的属性集，$\pi_{TA_i}(R)$为对 R 的属性 A_i 的时态投影运算.

$$\text{int}: entNum(R) = \begin{cases} 0 & \textit{if } R.A = \varnothing \\ cnt(R -_T E) & \textit{if} \bigcup_{1\leqslant i\leqslant n} \pi_{TA_i}(R) \neq E \\ cnt(R -_T E) + 1 & \textit{if} \bigcup_{1\leqslant i\leqslant n} \pi_{TA_i}(R) = E \end{cases}$$

语义函数 *SEF*

对于指定的实体型，联系型或者属性定义，语义函数$\mathcal{T}$返回具体时态支持的时域，其函数声明和语义方程定义如下：

$$\mathcal{T}: T_s \rightarrow D_{VTE} \cup D_{VTA} \cup D_{TT}$$

$$\mathcal{T}[\![\textbf{with } T_{s1}; T_{s2}]\!] = \mathcal{T}[\![T_{s1}]\!] \times \mathcal{T}[\![T_{s2}]\!] \quad (1)$$

$$\mathcal{T}[\![(dim, instant, g)]\!] = D^g_{dim} \quad (2)$$

$$\mathcal{T}[\![(dim, period, g)]\!] = 2^{D^g_{dim}} \quad (3)$$

语义函数$\mathcal{A}$以属性定义为参数，返回具体属性的时态值，其函数声明和语义方程如下：

$$\mathcal{A}: A_D \times d \times T_s \rightarrow \mathcal{D}[\![d]\!] \cup (\mathcal{T}[\![T_s]\!] \rightarrow \mathcal{D}[\![d]\!])$$

$$\mathcal{A}[\![A_{D1}; A_{D2}]\!] = \mathcal{A}[\![A_{D1}]\!] \times \mathcal{A}[\![A_{D2}]\!] \quad (4)$$

$$\mathcal{A}[\![\textbf{Attribute Type } A \textbf{ is } d]\!] = \mathcal{D}[\![d]\!](d) \quad (5)$$

$$\mathcal{A}[\![\textbf{Attribute Type } A \textbf{ is } d \textbf{ with } T_s]\!] = \mathcal{T}[\![T_s]\!] \rightarrow \mathcal{D}[\![d]\!](d) \quad (6)$$

语义函数$\mathcal{I}$确定实体型的置换集，时态数据库自动生成实体在全系统唯一的置换属性[79]，以识别随时间变化的实体，其函数声明和语义方程定义如下：

$$\mathcal{I}: E \rightarrow D^E_S$$

$$\mathcal{I}[\![E]\!] = \begin{cases} D^E_S \ \textit{if } E \in E_D \\ \perp \ otherwise \end{cases} \quad (7)$$

语义函数 $\mathcal{E}$ 通过实体型定义识别实体实例，返回存储在时态数据库中该实体的元组集，dom 为定义域函数，实体语义方程中 a 为置换属性，弱实体与继承实体语义方程中 s 为置换运算[79]，sE_i 为实体 E_i 在时态数据库内唯一的置换属性，继承实体语义方程中 $E_2.T_s$ 为父实体 E_2 的时态特性. 语义函数 $\mathcal{E}$ 声明和语义方程定义如下：

$$\mathcal{E}: E_D \times T_s \times A_D \to D_S^E \times \mathcal{A}[\![A_D]\!] \cup (D_S^E \times \mathcal{T}[\![T_s]\!] \times \mathcal{A}[\![A_D]\!])$$

$$\mathcal{E}[\![E_{D1};E_{D2}]\!] = \mathcal{E}[\![E_{D1}]\!] \uplus \mathcal{E}[\![E_{D2}]\!] \tag{8}$$

$$\mathcal{E}[\![\textbf{\textit{Entity Type}}\ E\ \textbf{\textit{has}}\ A_D]\!] = \{t \mid t \in S^+ \wedge dom(t) = \{a, attOf(A_D)\} \wedge t[a] \in \mathcal{I}[\![E]\!] \wedge_{A_i \in attOf(A_D)} t[A_i] \in \mathcal{A}[\![A_D]\!] \wedge (\forall t_i, t_j, i \neq j \Rightarrow t_i[a] \neq t_j[a])\} \tag{9}$$

$$\mathcal{E}[\![\textbf{\textit{Entity Type}}\ E\ \textbf{\textit{with}}\ T_s\ \textbf{\textit{has}}\ A_D]\!] = \{t \mid t \in S^+ \wedge dom(t) = \{a, attOf(A_D)\} \wedge t[a] \in (\mathcal{T}[\![T_s]\!] \to \mathcal{I}[\![E]\!]) \wedge_{A_i \in attOf(A_D)} t[A_i] \in \mathcal{A}[\![A_D]\!] \wedge \forall c^e \in \mathcal{D}_{VTE} \forall c^t \in \mathcal{D}_{TT} (\forall t_i, t_j, i \neq j \Rightarrow t_i[a] \neq t_j[a])\} \tag{10}$$

$$\mathcal{E}[\![\textbf{\textit{Weak Entity Type}}\ E\ \textbf{\textit{has}}\ A_D]\!] = \{t \mid t \in S^+ \wedge dom(t) = \{\cup_{E_i \in belTo(E,R)} sE_i, attOf(A_D)\} \wedge_{E_i \in belTo(E,R)} t[sE_i] \in \mathcal{I}[\![E_i]\!] \wedge_{A_i \in attOf(A_D)} t[A_i] \in \mathcal{A}[\![A_D]\!]\} \tag{11}$$

$$\mathcal{E}[\![\textbf{\textit{Weak Entity Type}}\ E\ \textbf{\textit{with}}\ T_s\ \textbf{\textit{has}}\ A_D]\!] = \{t \mid t \in S^+ \wedge dom(t) = \{\cup_{E_i \in belTo(E,R)} sE_i, attOf(A_D)\} \wedge_{E_i \in belTo(E,R)} t[sE_i] \in \mathcal{T}[\![T_s]\!] \to \mathcal{I}[\![E_i]\!] \wedge_{A_i \in attOf(A_D)} t[A_i] \in \mathcal{A}[\![A_D]\!]\} \tag{12}$$

$$\mathcal{E}[\![\textbf{\textit{Entity Type}}\ E_1\ \textbf{\textit{IS\_A}}\ E_2\ \textbf{\textit{has}}\ A_D]\!] = \{t \mid t \in S^+ \wedge dom(t) = \{sE_2, attList(E_2), attOf(A_D)\} \wedge t[sE_2] \in \mathcal{T}[\![E_2.T_s]\!] \to D_S^{E_2} \wedge_{A_i \in attList(E_2)} t[A_i] \in \mathcal{A}[\![A_D]\!] \wedge_{A_i \in attOf(A_D)} t[A_i] \in \mathcal{A}[\![A_D]\!]\} \tag{13}$$

$$\mathcal{E}[\![\textbf{\textit{Entity Type}}\ E_1\ \textbf{\textit{IS\_A}}\ E_2\ \textbf{\textit{with}}\ T_s\ \textbf{\textit{has}}\ A_D]\!] = \{t \mid t \in S^+ \wedge dom(t) = \{sE_2, attList(E_2), attOf(A_D)\} \wedge t[sE_2] \in \mathcal{T}[\![E_2.T_s]\!] \times \mathcal{T}[\![T_s]\!] \to D_S^{E_2} \wedge_{A_i \in attList(E_2)} t[A_i] \in \mathcal{A}[\![A_D]\!] \wedge_{A_i \in attof(A_D)} t[A_i] \in \mathcal{A}[\![A_D]\!]\} \qquad (14)$$

4.1.5　时态形式语言模型族

使用时态形式语言模型描述时态数据库系统软件规约，以 $L(FTDM)$ 为基础，由 $L(FTDM)$ 有限次应用定义 2.5 的简单重用、扩张重用和选择重用可以得到具有不同层次的时态形式语言模型，从而构成一个时态形式语言族模型 $\{L_i\}$.

定理 4.1　以时态形式语言族模型 $\{L_i\}$ 中的时态形式语言模型为对象，以时态形式语言模型之间的映射为态射，构成时态形式语言模型范畴 ***T****flc*.

证明： 与定理 2.1 的证明过程类似，略.　　　　证毕.

时态形式语言模型族 $\{L_i\}$ 中每个时态形式语言模型都是形式化时态形式语言模型 $L(FTDM)$ 的闭包，L_i 在不同层次上描述时态数据库系统软件规约的抽象表达程度. 形式语言模型层次越高，其抽象表达程度越高，形式语言模型描述能力就越强，从而使得时态数据库系统开发人员越容易进行编码、测试.

4.2　范畴数据模型

作为关系数据库技术发展的主线，基于关系代数的关系数据模型经过几十年的发展与完善已经十分成熟，而应用范畴论方法研究数据模型（以下简称“范畴数据模型”）是当前一个研究热点[25－26,53,84]. 当前，范畴数据模型侧重于不同抽象层次间具体数据模型实现技术的研究，缺乏统一的概念和系统的形式化描述，在数据库状态的一致性转换、模型转换的语义完整性等方面缺乏坚实的理论基础，导致范畴数据模型的理论研究与工程实践不完善，难以满足实际应用需求.

语义完整性是数据模型正确转换的重要标准，形式语义准确描述的贫乏难以支持模型的正确转换与代码自动生成. 模型转换的语义完整性仍是一个尚未解决的难题，目前还没有成熟的理论支持与有效的验证工具. 我们应用素描等范畴论工具建立了一种范畴数据模型 *SDM*(sketch data model)，对范畴数据模型的两个主要课题：数据库状态的一致性转换和模型转换的语义完整性进行了一些基础性研究工作，并以 *SDM* 为基础设计并实现了企业级协作互动平台 Wetoband. 在 *SDM* 的形式化理论框架内统一描述 Wetoband 的业务逻辑，而 Wetoband 用户群体协作行为和业务执行过程则是 *SDM* 形式系统谓词演算和形式推导能力的扩展.

4.2.1 范畴数据模型相关研究工作

文献[85]提出函数式实体的概念，列举的 9 类函数式实体涵盖了自动问答系统实例主导、值主导和连接主导 3 种主要类型，设计的函数实体联系图 FERD 扩展了传统 *ER* 模型的语义处理功能，完善了类型范畴[86]的数据建模理论. 文献[53]基于文本标签解释语义方法提出一种知识表示的范畴论模型 Olog，用函子将 Olog 连接为 Ologs 处理复杂信息系统数据建模问题，但 Ologs 理论的完善及 Ologs 通信等问题有待于进一步解决. 文献[87]基于范畴论模型 Olog 对生物蛋白原料概念交互的语义规则进行了严密的形式化描述，并与社会网络等复杂层次结构的现存模型进行了比对分析，指出 Olog 在描述复杂层次系统结构与功能联系方面的优势. 以上文献在范畴数据模型建模方面取得了一些理论研究成果，文献[85]在类型范畴上的建模工作、文献[53,85]以函子语义作为基本工具建立 Olog 模型表述复杂层次系统结构与功能联系，为我们的研究提供了一些有益的借鉴.

文献[84]用范畴论的素描概念描述 *ER* 建模的设计过程，基于数据库状态和状态转换的应用环境建立 EA 素描模型，在 2 - 范畴框架内研究数据库查询和更新问题. 文献[88]提出 3 种方法研究数据库系统的不完备信息问题，应用同一范畴模型构造了 3 种 EA 素描模型 E_R^+、RpE 与 $E_R^{\sim}$，并证明了范畴 $Mod(E_R^+)$、Rp - Mod(E) 与 $Mod(E_R^{\sim})$ 两两 Morita 等价，但存在两个局限性：RpE 态射无法完全定义和 $E_R^{\sim}$ 部分函数定义域子对象不明确.

文献[89]利用类型范畴理论，结合面向特征技术提出一种软件体系结构模型的形式化描述方法，为模型驱动开发提供一种支持. 文献[90]

提出一个模型变换与程序生成的范畴框架，并通过一个数据访问程序模式的应用说明其实现方式. 文献[84,88]做了大量范畴数据模型建模方法的理论研究工作，但从文献检索的情况来看，目前还没有发现其理论研究成果转换为实际的软件工程项目；文献[89－90]在范畴数据模型与软件工程结合方面取得了一些研究成果. 文献[84]建立 EA 素描模型研究数据库查询和更新问题、文献[88]对于数据库系统不完备信息问题的研究、文献[89]在模型转换一致性验证方面的研究及文献[90]参数化的泛型模型等研究成果为我们的工作提供了有益的参考.

我们参考了 EA 素描模型[84,88,91]及 SKDM 模型[91]的相关建模方法和思路，建立了范畴数据模型 *SDM*，研究数据库状态的一致性转换问题，并设计了 *ER* 模型向 *SDM* 转换的算法 ER2SDM，分析模型转换的语义完整性问题.

4.2.2　词范畴与扩张函子

定义 4.2（词范畴）　如果范畴$\mathscr{C}$有有限极限、有限不相交与泛共极限，则称$\mathscr{C}$为词范畴（lextensive category）.

词范畴的积与和彼此满足分配律运算，在理论计算机科学中有许多应用，其不相交与泛性质广泛应用于程序语言语义计算的范畴论方法研究中. 素描扩展初始代数语义，以函子作为描述语义的基本工具，本质上是有相同结构形式系统的一类形式规范，为数据模型建模提供一种有效的范畴论方法. 本节应用的素描工具均限定为定义 1.53 的有限离散素描.

定义 4.3（素描在词范畴中的模型）　素描 $\boldsymbol{S}$ 在词范畴$\mathscr{C}$中的模型 M：$\mathscr{C}_G \to \mathscr{C}$是一个图同态，将$\mathscr{C}_G$中节点与边分别映射为$\mathscr{C}$中的对象与态射，$\{Dia\}$中的交换图表等价于$\mathscr{C}$中态射的复合，$\boldsymbol{L}$ 中锥的像是$\mathscr{C}$中的极限锥，$\boldsymbol{K}$ 中共锥的像是$\mathscr{C}$中的共极限共锥.

定义 4.4（模型态射）　M 与 M'是素描 $\boldsymbol{S}$ 在词范畴$\mathscr{C}$中的任意两个模型，ϕ：$M \to M'$是模型态射.

定理 4.2　以词范畴$\mathscr{C}$中的模型为对象，模型态射为态射，构成词范畴$\mathscr{C}$中素描 $\boldsymbol{S}$ 的模型范畴，记为 $\boldsymbol{Mod}(\boldsymbol{S},\mathscr{C})$.

证明：与定理 2.1 的证明过程类似，略.　　　　证毕.

定义 4.3 描述了素描 $\boldsymbol{S}$ 基础图$\mathscr{C}_G$与词范畴$\mathscr{C}$两个形式系统间一种保结构的映射关系，素描生成的理论涵盖了素描所刻画的形式系统的全部语法结构. 令 $\boldsymbol{Th}(\boldsymbol{S})$ 为定义 1.57 中有限离散素描 $\boldsymbol{S}$ 的理论，词范畴 $\mathscr{C}$ 中素描 $\boldsymbol{S}$ 的模型 M 可扩张为一个函子 $ExtM: \boldsymbol{Th}(\boldsymbol{S}) \to \mathscr{C}$, 将 $\boldsymbol{S}$ 中 $\boldsymbol{L}$ 与 $\boldsymbol{K}$ 中的锥与共锥分别映射为 $\mathscr{C}$ 中的极限锥和共极限共锥.

泛模型是应用素描理论研究数据模型语义建模一种重要的数学工具. $\boldsymbol{Th}(\boldsymbol{S})$ 的泛模型 M_U: $\boldsymbol{S} \to \boldsymbol{Th}(\boldsymbol{S})$, 对任意其他模型 $M: \boldsymbol{S} \to \mathscr{C}$, 存在唯一的扩张函子 $ExtM: \boldsymbol{Th}(\boldsymbol{S}) \to \mathscr{C}$, 使 $M = ExtM \circ M_U$ 成立，该等式对应的图表交换称为 M_U 的泛映射(universal mapping)性质. 泛映射在数据模型的范畴论方法研究中具有普适意义，对 $\boldsymbol{S}$ 中任意态射 f, 泛模型 M_U 取每个结点到其自身，取 f 到 $\boldsymbol{Th}(\boldsymbol{S})$ 中 f 的同余类 $[f]$，取每个图表到 $\boldsymbol{Th}(\boldsymbol{S})$ 的一个交换图表.

定义 4.4 的模型态射 $\phi: M \to M'$ 是从扩张函子 $ExtM$ 到 $ExtM'$ 的自然变换，模型范畴 $\boldsymbol{Mod}(\boldsymbol{S}, \mathscr{C})$ 是一种 2 - 范畴，我们所研究的 $\boldsymbol{Th}(\boldsymbol{S})$ 与 $\mathscr{C}$ 都是局部小范畴，$\boldsymbol{Mod}(\boldsymbol{S}, \mathscr{C})$ 是函子范畴 $\boldsymbol{F}un(\boldsymbol{Th}(\boldsymbol{S}), \mathscr{C})$ 的全子范畴.

4.2.3 范畴数据模型 *SDM*

素描是一种新型的语义建模规范，基于素描的 *SDM* 与 *ER* 模型和关系模型密切相关，而词范畴的许多良好性质使其在数据库概念结构设计阶段得到广泛应用. M. Johnson、R. Rosebrugh 及 R. Wood 等学者在词范畴内建立 EA 素描模型，较为系统地研究了数据库的数据操作问题[26,84,88,91]. 在前人相关研究工作基础上，我们将词范畴作为构建 *SDM* 的基础，应用范畴论方法对数据模型的概念建模进行研究.

我们建立的 *SDM* 是词范畴 $\mathscr{C}$ 中的有限离散素描 $\boldsymbol{S}$，即 $SDM = (\mathscr{G}, \{Dia\}, \boldsymbol{L}, \boldsymbol{K})$, *SDM* 是词范畴在数据库概念建模应用研究中的扩展.

有限非循环有向图 $\mathscr{G}$ 描述 *SDM* 静态特征的数据结构，锥集 $\boldsymbol{L}$ 与共锥集 $\boldsymbol{K}$ 描述 *SDM* 动态变化的数据操作，其生成的操作结果与交换图表集 $\{Dia\}$ 共同支持 *SDM* 完整性约束的语义条件. *SDM* 的锥集 $\boldsymbol{L}$ 中有一指定顶点是终结对象 $\boldsymbol{1}$ 的空锥，$\mathscr{G}$ 中域是 $\boldsymbol{1}$ 的态射称为元素，记为 *element*. 属性是共极限离散共锥中内射为元素的顶点，$\mathscr{G}$ 中不是属性和 $\boldsymbol{1}$ 的节点是实体.

我们用词范畴 $\mathscr{C}$ 约束 *SDM* 的定义，降低素描 $\boldsymbol{S}$ 出现不一致问题的可能性，即 $\boldsymbol{S}$ 产生的平凡模型 M 使 $\mathscr{C}$ 中初始对象 $\boldsymbol{0}$ 与终结对象 $\boldsymbol{1}$ 同构，导

致 $\boldsymbol{Mod}(\boldsymbol{S},\mathscr{C})$ 为空或词范畴 $\mathscr{C}$ 与 $\mathbf{1}$ 同构. $\boldsymbol{S}$ 的平凡模型 M 不产生新的语义，我们不考虑素描 $\boldsymbol{S}$ 的不一致问题.

如果 SDM 的每个实体 E 有一个指定的单态射 $f: E \to A_K$，A_K 为 E 的主码，称 SDM 为码控 SDM[25]. 词范畴 $\mathscr{C}$ 中 SDM 确定的一个数据库状态 St 是 $\mathscr{C}$ 中一个模型 M，数据库状态间的转换 $\varphi: St \to St'$ 是自然变换，SDM 确定的数据库状态集是 $\mathscr{C}$ 中模型范畴 $\boldsymbol{Mod}(SDM,\mathscr{C})$. 在 $\boldsymbol{Mod}(SDM,\mathscr{C})$ 的形式化理论框架内分析数据库状态的一致性转换可归结为定理 4.3.

定理 4.3　SDM 是词范畴 $\mathscr{C}$ 中的码控 SDM，E 是 SDM 中实体，A_K 为 E 的码，St 是模型范畴 $\boldsymbol{Mod}(SDM,\mathscr{C})$ 的任一数据库状态，St' 是 St 的一致转换状态，$\varphi: St \to St'$ 为一个自然变换，则 $\varphi_E: St(E) \to St'(E)$ 是被 A_K 确定的单态射.

证明： 由定义 1.57 及 St 的函子性质可知，对 $\mathscr{C}$ 中任一终结对象 $\mathbf{1}$，有 $St(\mathbf{1})$ 同构于 $\mathbf{1}$，记为 $St(\mathbf{1}) \cong \mathbf{1}$，且 St' 是 St 的一致转换状态，有 $St'(\mathbf{1}) \cong \mathbf{1}$，则 $St(\mathbf{1}) \cong St'(\mathbf{1})$，即 $\varphi: St(\mathbf{1}) \to St'(\mathbf{1})$ 是自然同构. 主码 A_K 是以 n 个 $\mathbf{1}$ 为基构成的离散共锥的顶点，即 $A_K = \mathbf{1} + \mathbf{1} + \cdots + \mathbf{1}$，则在 $\mathscr{C}$ 中有 $St(A_K) \cong \mathbf{1} + \mathbf{1} + \cdots + \mathbf{1}$. 由 $\varphi_{\mathbf{1}}$ 的自然同构性质可得 $St(A_K)$ 与 $St'(A_K)$ 的等价性.

令 $f: E \to A_K$ 为实体完整性约束，则 f 是单态射. 图 4.2 的图表为一拉回方形，记 φ_{A_K} 沿 $St'(f)$ 的拉回 φ'_{A_K} 为 φ_E，$St'(f)$ 沿 φ_{A_K} 的拉回 $(St'(f))'$ 为 $St(f)$. $St(f)$ 与 $St'(f)$ 均为单态射，则 φ_E 保持 φ_{A_K} 的等价性，即 $\varphi_E: St(E) \to St'(E)$ 是被 A_K 确定的单态射.　　证毕.

$$
\begin{array}{ccc}
St(E) & \xrightarrow{St(f)} & St(A_K) \\
\varphi_E \downarrow & \lrcorner \quad P.B. & \downarrow \varphi_{A_K} \\
St'(E) & \xrightarrow[St'(f)]{} & St'(A_K)
\end{array}
$$

图 4.2　拉回方形

4.2.4　*ER* 模型向 *SDM* 转换的算法

ER 模型是记录数据库系统结构并带有属性值的实体集，也是一类结

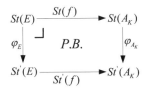

构化描述离散多类代数结构的数据类型规范，范畴论的素描概念支持 *ER* 模型的图形化建模规范，每个 *ER* 模型都可转换为一个 *SDM*. 我们应用素描等范畴论工具给出 *ER* 模型向 *SDM* 转换的算法 ER2SDM，形式化描述 *ER* 模型与 *SDM* 之间的映射关系，规范 *SDM* 的生成规则，以精确的语义联系保证 *ER* 模型向 *SDM* 转换的语义完整性.

算法 4.1(*ER* 模型向 *SDM* 转换的算法 ER2SDM)

输入：*ER* 模型

输出：*SDM*

处理过程：

(1)初始化. $\mathscr{G}$、$\{Dia\}$为空，$\boldsymbol{L}$ 仅含顶点为 $\mathbf{1}$ 的空锥 c，$\boldsymbol{K}$ 中共锥为指向属性的 *element*.

(2) $\mathscr{G}$的生成. *ER* 模型的实体 E、属性 A 及 $\mathbf{1}$ 的不相交并构成$\mathscr{G}$的节点集 *Node*，*element* 及 E 指向 A 的有向边构成$\mathscr{G}$的边集 *Edge*.

(3)$\boldsymbol{L}$ 的生成. E 取代 $\boldsymbol{L}$ 中空锥 c 的顶点 $\mathbf{1}$，E 及其属性的射构成 $\boldsymbol{L}$ 中新锥. 根据 *ER* 模型中联系 R 的语义将 R 作为新的边加入第 2 步的 *Edge*.

(4)$\boldsymbol{K}$ 的生成. 用 A 的数据类型替换 $\boldsymbol{K}$ 中离散共锥的基 $\mathbf{1}$.

(5)$\{Dia\}$的生成. *ER* 模型完整性约束规则集构成交换图表集$\{Dia\}$，$\{Dia\}$由交换方形、交换三角形及锥构成，$\{Dia\}$中各类约束生成的锥、共锥分别加入第 3、4 步的 $\boldsymbol{K}$、$\boldsymbol{L}$ 中.

(6)终止. $\{Dia\}$中不再添加由新的语义约束生成的交换图表，$\mathscr{G}$中 *Node* 与 *Edge* 不再加入新 *element*，算法结束.

算法 ER2SDM 最终形成有限非循环有向图$\mathscr{G}$，非空集合 $\boldsymbol{L}$、$\boldsymbol{K}$ 与$\{Dia\}$构成的 *SDM*，我们在处理 *ER* 模型实体完整性约束与参照完整性约束时，在 ER2SDM 第 5 步将锥作为最简单的交换图表加入$\{Dia\}$中.

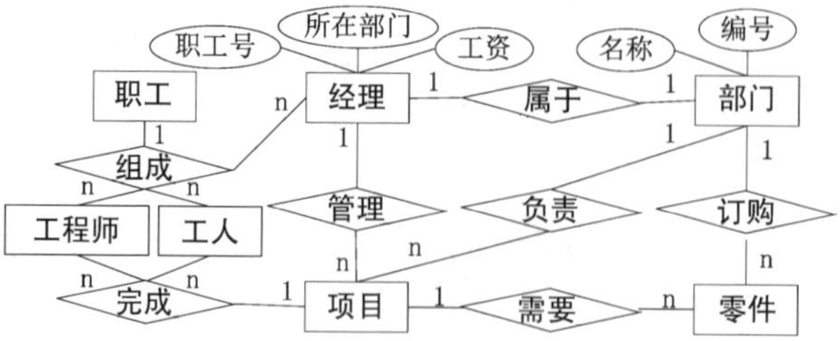

图 4.3　某公司信息管理 *ER* 模型

例　某公司信息管理 *ER* 模型，如图 4.3 所示. 为简化问题描述而又不失一般性，图 4.3 只标注了“经理”与“部门”两个实体的主要属性，其余略去. 运用算法 ER2SDM 生成的 *SDM* 的基础图 $\mathscr{G}$，如图 4.4 所示. 锥 k 为实体完整性约束，如“经理”、“部门”的主码“职工号”、“编号”不能为空，锥 f 为参照完整性约束，实体“经理”的外码“所在部门”参照实体“部门”的主码“编号”. 共锥“职工 = 工程师 + 工人 + 经理”，对应图 4.3 的 4 元一对多联系“组成”. 共锥顶点“职工号”的 2 个离散基表示“职工号”属性的数据类型为 *String* 与 *int* 的不相交并. 积锥“工程师 × 工人”与实体“职工”构成拉回方形，投影 p_1、p_2 为单态射 *isa* 的拉回. 交换三角形 $manage = respondTo \circ belongTo$ 对应自定义完整性约束：“经理管理其部门负责的项目”，并增加锥 *belongTo*、*manage* 到锥集 $\mathbf{L}$. 交换方形 $order \circ belongTo = need \circ manage$ 对应自定义完整性约束：“部门经理订购其管理项目所需的零件”，并增加共锥 *order*、*need* 到共锥集 $\boldsymbol{K}$.

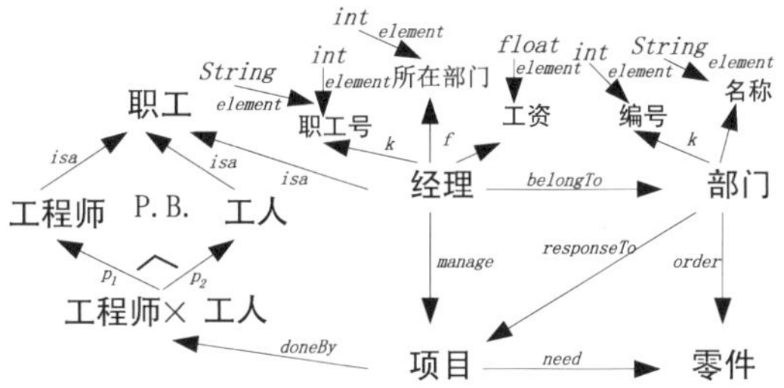

图 4.4　某公司信息管理 *SDM* 基础图 $\mathscr{G}$

4.2.5　相关工作比较

多类代数是语义建模的一种传统主流工具[53,85-87]. 在模型语义描述方面，我们建立的范畴数据模型 *SDM* 与多类代数具有同样的表达能力，但比后者更强，如表 4.1 所示. *SDM* 以词范畴为基础，素描理论泛模型的泛映射性质增强对空锥等特殊数据类型的表达效果，如算法 ER2SDM 的第 3 步以 *ER* 模型的实体 *E* 取代空锥 c 的顶点 $\mathbf{1}$. 另外，*SDM* 图形化的描述简捷、直观、明确、完整地表述了图 4.3 的问题语义，而多类代数先将图 4.3 问题语义抽象为代数系统，再用相应形式语言描述，其描述局限于集合范畴 $\boldsymbol{Set}$，抽象程度的不足难以表达其他范畴的概念.

表 4.1 *SDM* 与传统语义建模工具的比较

语义计算方法	*SDM*	多类代数	泛 Horn 理论
语义描述	强	弱	弱
语义处理	强	弱	弱

SDM 在模型语义处理方面也优于多类代数. 如图 4.3 的自定义约束: "经理管理其部门负责的项目", 多类代数用形式语言 OBJ 描述为:

Theory company-information-database is

  Sorts 经理部门项目

  Operator belongTo: 经理→部门

  Operator responseTo: 部门→项目

  Operator manage: 经理→项目

  Var x: 经理

  Equation chargeIn(x) = responseTo(belongTo(x))

End Theory

OBJ 的形式化描述无法表达该自定义语义约束, 但图 4.4 的交换三角形 $manage = respondTo \circ belongTo$ 则完整地对该自定义约束的语义进行了处理.

相对于泛 Horn 理论[54], 素描理论可表示任何用泛 Horn 理论表示的概念[45]. 我们建立的 *SDM* 可描述更多的语义信息. 例如, 图 4.4 指向积锥工程师 × 工人的等值子 *doneBy* 揭示了拉回方形单射 *isa* 的子类结构, 并形式化定义了 *isa* 核对运算(p_1、p_2), 进一步明确职工各子类结构执行项目任务的等价性, 而以上语义信息却无法用泛 Horn 理论表示. 同时, 在语义处理方面, *SDM* 也优于泛 Horn 理论.

任一 *ER* 模型都可以转换为素描模型[25], 但目前并未发现 *ER* 模型向素描模型转换的算法, 难以对数据模型的完整性约束进行有效处理. 我们应用范畴论方法在模型范畴的形式化理论框架内分析数据库状态的一致性转换, 建立了范畴数据模型 *SDM* 并设计了 *ER* 模型向 *SDM* 转换的算法 ER2SDM, 以精确的语义联系保证 *ER* 模型向 *SDM* 转换的语义完整性, 同时对数据模型的实体完整性、参照完整性和自定义完整性约束进行了有效处理.

素描作为一种范畴论方法在文献[45,61]中已有陈述，M. Johnson 等学者应用素描方法对数据库的数据操作问题进行了研究[26,84,88,91]. 我们在前人研究工作基础上将范畴论的理论研究与数据模型的工程实践相结合，建立了一种形式化的范畴数据模型 *SDM*，扩展了传统 *ER* 模型的描述与处理功能，在模型范畴 $\boldsymbol{Mod}(SDM,\mathscr{C})$ 的形式化框架内用与数据库建模语言无关的范畴论方法对数据库状态的一致性转换进行了形式化描述. 同时，我们设计的算法 ER2SDM 规范了 *SDM* 的生成规则，以精确的语义联系保证 *ER* 模型向 *SDM* 转换的语义完整性，进一步论证了素描方法在数据库概念结构设计阶段语义建模方面的优势，进而推广范畴论方法在计算机科学中的应用.

4.2.6　范畴数据模型的总结与展望

通过对数据模型、范畴论、程序设计方法的研究和总结，我们认为目前范畴数据模型的研究呈现出以下新的特点和发展趋势：

(1)范畴数据模型为类型理论、泛代数、形式语言理论与程序设计方法等相关领域的研究提供了一个基于范畴论的形式化框架. 重要的是，应用范畴论方法开展范畴数据模型的研究，可将计算机科学中许多重要的基础理论有机融合起来，并提供新的研究思路，进而促进各相关理论的深入发展. 例如，以 Monads 结构确定的 Kleisli 范畴解释数据模型语义约束的外延语义(extensional semantics)，而其对偶 Cokleisli 范畴则可以解释内涵语义(intensional semantics). 另外，通过分配律确定的 Bikleisli 范畴可有机融合外延语义描述的各种计算副作用与内涵语义描述的内部计算细节，提高数据模型对语义约束抽象描述的扩展性、统一性与便捷性.

(2)范畴数据模型的研究历程相对年轻，与传统数据模型的融合还存在许多问题有待解决. 尤其是形式语言族模型构成复杂共享系统的可靠性、完备性、可判定性等重要元性质的形式证明还未得到有效解决，使其在短期内无法得到广泛应用，这也是当前范畴数据模型在行为语义和规范描述研究中面临的最大难题之一.

(3)范畴论方法具有高度的抽象性和数学理论的复杂性，导致其在计算机科学中得到广泛应用，同时建立一套完整的数学模型建模方法，客观上存在着一定的困难. 但是应用具有高度抽象性、灵活扩展性与简洁描述性的范畴论方法深入研究数据库系统数据模型已经引起学术界的关注与重视，在范畴论的数学框架内对数据模型复杂语义进行形式化建模，将对形式语言理论的研究、数据库系统设计与实现产生积极且深远的影响.

由于范畴论还在不断发展过程中，将来会有越来越多的对偶关系和分配律被发现. 范畴数据模型目前尚处于理论深化和完善阶段，具体的应用研究相对还比较少. 作为多类代数、泛 Horn 理论、泛代数等传统语义建模方法的继承与发展，范畴数据模型将为计算机科学中许多相关领域的研究带来积极和深远的影响，对其及时地展开研究具有重要的理论研究价值和广阔的应用前景.

4.3 视图更新

视图更新问题是数据库系统即时语义(instantaneous semantics)研究的核心. 最早对视图更新问题展开研究并取得显著成果的是 F. Bancilhon 与 N. Spyratos，其主要思想是积分解(product decomposition)与常量补(constant complement)策略[92]. 随后，众多学者的共同努力进一步推动了数据库视图更新问题的解决，特别是 M. Johnson、R. Rosebrugh 与 R. Wood 等学者近期基于范畴论方法的一系列研究成果，对数据库即时语义研究产生了积极的推动作用，为视图更新问题研究提供了一种新的研究思路，深化了范畴论方法在计算机科学中的应用.

文献[25]应用范畴论对视图更新问题做了深入研究，基于泛性质在 EA 素描模型的一致性框架内定义视图更新，以伴随函子为主要工具分析了插入与删除操作导致数据库模式的一系列更新问题. 文献[25]提出 EA 素描查询语言的泛视图更新与传统关系代数的主要操作类似，用范畴论方法描述与处理选择、投影、连接与不相交并 4 种数据库基本原子操作，但文献[25]在空值、算术和集合查询处理方面还需要做进一步研究，特别是 EA 素描模型转换为关系数据模型时对完整性约束的有效处理.

视图更新导致基表数据的兼容性更新称为转换，而泛转换(universal

translation)的判定条件是视图更新问题的核心[92]. 文献[93－94]针对视图定义映射提出的 lens 为视图更新问题的有效解决提供了一种方法，但 lens 方法严格依赖于视图定义映射是投影的假设条件. M. Johnson 等学者在其前期工作基础上[25,95]，应用 fibration 与 opfibration 等范畴论工具提出 c－lens，扩展了 lens 概念并重写 lens 方程，基于范畴论方法严格证明了点态(pointed)视图更新的泛转换存在条件是视图合成函子为 opfibration，共点态(copointed)视图更新的共泛转换存在条件是视图合成函子为 fibrations，并在集合范畴与偏序集范畴内给出了数据库状态与视图映射的一致性解释[26]. 应用恰当的分配律在视图定义映射上可同时满足插入与删除两种数据更新操作的代数结构则是文献[26]下一步需要解决的问题.

我们在前人研究工作基础上深化视图更新问题研究的 Opfibrations 方法，在模型范畴的形式化理论框架内提升视图定义映射，探讨视图更新函子的分裂性，基于 Grothendieck Opfibrations 的分裂性进一步构造视图更新的范畴值函子. 我们的研究工作为视图更新问题在范畴值函子的 Grothendieck Opfibrations 构造方法上做了一些前期的探索，希望能引起国内学者对范畴论方法的关注，从而在数据库视图更新问题方面展开系统、深入地研究.

4.3.1　视图定义映射的提升

数据库模式中，视图定义映射确定了数据库状态 S 到视图状态 V 的函数式定义过程，即 $g: S\to V$. 基本的视图更新操作为插入与删除，更改操作可视为删除与插入的复合操作. 视图更新 $u: V\to V$ 是视图状态间的恒等态射，视图更新问题可以简单描述为图 4.5 的交换图表. t_u: $S\to S$ 称为相应于 u 的转换或兼容性更新(compatible update)，视图更新问题的核心是 t_u 的泛转换条件的判定[26].

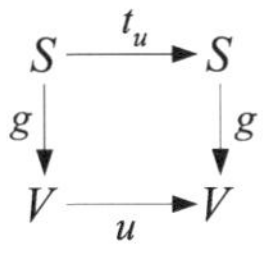

图 4.5　视图更新

令 $\boldsymbol{Set}$ 为有限集，$\boldsymbol{S}=(\mathscr{G},\{Dia\},\boldsymbol{L},\boldsymbol{K})$ 为一个有限离散素描，$\boldsymbol{C}(\boldsymbol{S})$

为带交换图表{Dia}的有向图$\mathscr{G}$生成的范畴，$\boldsymbol{S}$ 的模型为 $M:\boldsymbol{C}(\boldsymbol{S})\to\boldsymbol{Set}$，即 M 为集值函子，将 $\boldsymbol{L}$ 中的锥（$\boldsymbol{K}$ 中的共锥）映射为 $\boldsymbol{Set}$ 中的极限锥（共极限共锥）. 令 M 与 M'均为 $\boldsymbol{S}$ 的模型，$\varphi:M\to M'$为自然变换，则以 $\boldsymbol{S}$ 的模型为对象，模型间的自然变换为态射构成模型范畴 $\boldsymbol{Mod}(\boldsymbol{S})$. 在模型范畴 $\boldsymbol{Mod}(\boldsymbol{S})$的形式化框架内，模型 M 称为数据库状态. 记 $\boldsymbol{Th}(\boldsymbol{S})$为素描 $\boldsymbol{S}$ 的理论，$\boldsymbol{Th}(\boldsymbol{S})$为由$\mathscr{G}$生成且受{$Dia$}约束的范畴.

由素描 $\boldsymbol{S}$ 生成的视图为素描 $\boldsymbol{V}$，$\boldsymbol{V}$ 有素描态射 $V:\boldsymbol{V}\to\boldsymbol{Th}(\boldsymbol{S})$. $\boldsymbol{Th}(\boldsymbol{S})$确定了素描范畴上的一种 Monads 结构，素描态射 V 具有复合操作，同时也是 Kleisli 范畴的态射，Monads 上的 Kleisli 范畴为数据库即时语义的研究提供便利，使同一外延语义环境下语义计算的各种计算细节得以有效比较. 基于 $\boldsymbol{Th}(\boldsymbol{S})$与 $\boldsymbol{C}(\boldsymbol{S})$的等价性[26]，素描态射 V 与数据库状态 M 的复合为 $M\circ V:\boldsymbol{V}\to\boldsymbol{Set}$.

定义 4.5（视图更新函子） 记素描态射 V 与数据库状态 M 的复合为数据库视图更新函子 $V^*:\boldsymbol{Mod}(\boldsymbol{S})\to\boldsymbol{Mod}(\boldsymbol{V})$，即 $V^*M=M\circ V$.

一个 opfibration $P:\mathscr{E}\to\mathscr{C}$的对偶裂纹 κ 是一个函数，将态射 $f:C\to D\in\boldsymbol{Mor}\ \mathscr{C}$与对象 $X\in\boldsymbol{Obj}\ \mathscr{E}$映射为 $\kappa(f,X)$，且 $P(X)=C$，则 $\kappa(f,X)$是 f 与 X 的对偶卡式射. 我们研究的数据库基本操作，如插入与删除都是单态射. 模型范畴 $\boldsymbol{Mod}(\boldsymbol{S})$内数据库状态 M 的插入操作 $m:M\to M'$是一个单态射，$i:V^*M\to W$ 是一个插入操作. 如果存在 $i=V^*m$，且对任一数据库状态 M''与插入 $m'':M\to M''$，有 $i':W\to V^*M''$，使 $V^*m''=i'\circ i$，并存在唯一插入 $m':M'\to M''$，使 $V^*m'=i'$，则称插入 i 为级联插入（cascade insert），如图 4.6 所示. 若 V^*M 上每一个插入操作都是级联插入，则称 V^*M 是插入可更新.

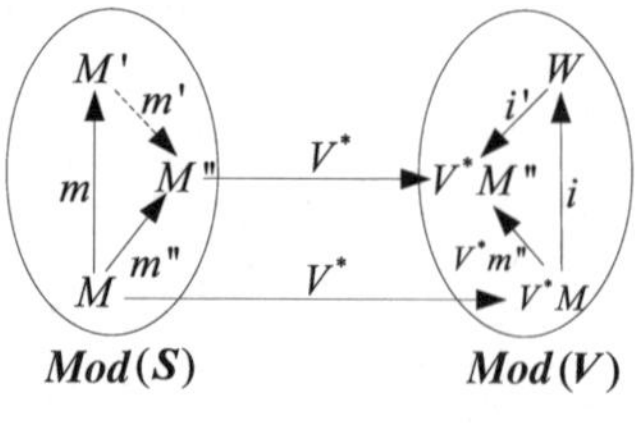

图 4.6 模型范畴间的数据库视图更新函子

定理 4.4 视图更新函子 $V^*:\boldsymbol{Mod}(\boldsymbol{S})\to\boldsymbol{Mod}(\boldsymbol{V})$是 opfibration.

证明： 对 $i: V^*M \to W \in \boldsymbol{Mor}\,\boldsymbol{Mod}(\boldsymbol{V})$，$M \in \boldsymbol{Obj}\,\boldsymbol{Mod}(\boldsymbol{S})$，显然有 $V^*(M) = V^*M$. 由 $V^*m = i$ 可知，对 $\forall m'': M \to M'' \in \boldsymbol{Mor}\,\boldsymbol{Mod}(\boldsymbol{S})$ 与 $\forall i': W \to V^*M'' \in \boldsymbol{Mor}\,Mod(\boldsymbol{V})$，满足 $i' \circ i = V^*m''$，且 $\exists!\ m': M' \to M'' \in \boldsymbol{Mor}\,\boldsymbol{Mod}(\boldsymbol{S})$ 使得 $V^*m' = i'$，$m'' = m \circ m'$，则射 $m: M \to M'$ 是 i 与 M 的对偶卡式射.

同时，$\boldsymbol{Mod}(\boldsymbol{V})$ 中每个插入 $i: V^*M \to W$ 与 $\boldsymbol{Mod}(\boldsymbol{S})$ 中每个模型 M 都有一个对偶卡式射 m，使得 $V^*(M) = V^*M$，故视图更新函子 $V^*: \boldsymbol{Mod}(\boldsymbol{S}) \to \boldsymbol{Mod}(\boldsymbol{V})$ 是 opfibration. 证毕.

定理 4.4 将单一数据库状态与视图间的视图定义映射，即图 4.5 中的 $g: S \to V$，提升为模型范畴内的视图更新函子 $V^*: \boldsymbol{Mod}(\boldsymbol{S}) \to \boldsymbol{Mod}(\boldsymbol{V})$. 视图更新问题的核心是图 4.5 中 t_u 的泛转换条件的判定，其兼容性更新条件要求图 4.7 中视图更新函子 U 与其转换 L_U 在数据库视图更新函子 V^* 作用下满足图表交换.

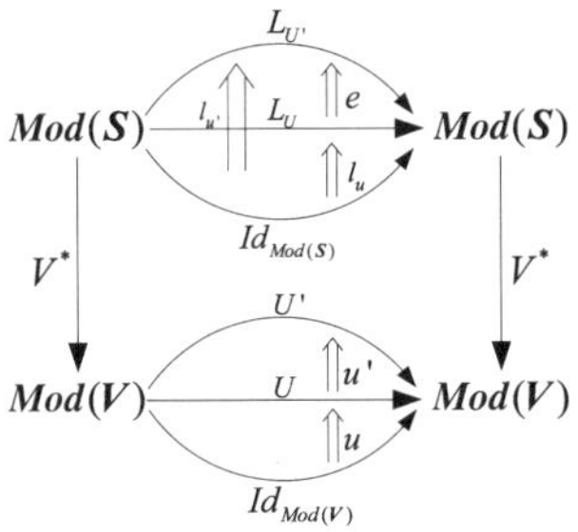

图 4.7　泛转换的兼容性更新条件

$u: Id_{Mod(V)} \to U$ 是自然变换，若 $<U, u>$ 是点态视图更新，则 $<U, u>$ 的一个转换是序对 $<L_U, l_u>$，$l_u: Id_{Mod(S)} \to L_U$ 是自然变换，且满足 $U \circ V^* = V^* \circ L_U$，$u \circ V^* = V^* \circ l_u$，即 $U \circ V^* = V^* \circ L_U$. 而 $<L_U, l_u>$ 是泛转换，则要求对任意转换 $l_{u'}: Id_{Mod(S)} \to L_{U'}$ 与 $u': U \to U'$，有 $V^* \circ l_{u'} = u' \circ u \circ V^*$，则存在一个唯一的转换 $e: L_U \to L_{U'}$，有 $l_{u'} = e \circ l_u$，且 $V^* \circ e = u' \circ V^*$，即 $V^* \circ L_{U'} = U' \circ V^*$.

图 4.6 中的对偶卡式射 m 是在视图更新函子 V^* 作用下映射到模型范畴 $\boldsymbol{Mod}(\boldsymbol{V})$ 中插入 i 的最优插入更新操作，而点态视图更新 $<U, u>$ 则提供一个从数据库初始状态到更新状态的比较过程. 同时，类似可定义级

联删除 $d: W \to V^* M$，与定理 4.4 类似，同理可证 V^* 是 fibration，应用对偶原理可得到与删除操作对应的共点态视图更新与共泛转换.

4.3.2 视图更新函子的分裂性

复合是范畴论最基本的运算，从定义 1.51 可知，若 opfibration 的裂纹保持复合性质，则其裂纹就是分裂子，而带有分裂子的 opfibration 则具有分裂性质. 积范畴的投影函子 $\prod_2: \mathscr{A} \times \mathscr{B} \to \mathscr{B}$ 既是分裂的 fibration，又是分裂的 opfibration.

若视图更新函子 $V^*: \boldsymbol{Mod}(\boldsymbol{S}) \to \boldsymbol{Mod}(\boldsymbol{V})$ 是一个 opfibration，则称 $\boldsymbol{Mod}(\boldsymbol{S})$ 是 $\boldsymbol{Mod}(\boldsymbol{V})$ 上的纤维化，$\boldsymbol{Mod}(\boldsymbol{V})$ 是基范畴，而 $\boldsymbol{Mod}(\boldsymbol{S})$ 是该 opfibration 的全范畴.

定义 4.6（模型纤维） 对任意视图更新函子 $V^*: \boldsymbol{Mod}(\boldsymbol{S}) \to \boldsymbol{Mod}(\boldsymbol{V})$，$C \in \boldsymbol{O}bj\boldsymbol{Mod}(\boldsymbol{V})$，$f: X \to Y \in \boldsymbol{M}or\boldsymbol{Mod}(\boldsymbol{S})$，$C$ 的纤维是一个集合 $F = \{(X, f) \mid V^*(X) = C \wedge V^*(f) = id_C\}$.

定义 4.6 中的纤维 F 是基范畴 $\boldsymbol{Mod}(\boldsymbol{V})$ 的全子范畴，射范畴对象上 opfibration 的纤维是切片范畴. 基范畴 $\boldsymbol{Mod}(\boldsymbol{V})$ 的所有纤维构成了全范畴 $\boldsymbol{Mod}(\boldsymbol{S})$ 的索引集，被基范畴 $\boldsymbol{Mod}(\boldsymbol{V})$ 中的对象所索引. 给定 V^* 的一个对偶裂纹，基范畴 $\boldsymbol{Mod}(\boldsymbol{V})$ 的态射集可归纳为纤维间的函子. 应用视图更新函子 V^* 的分裂性质，可定义一个类似于索引集的概念，而索引处理对象的简捷方式，为复杂情况下基范畴 $\boldsymbol{Mod}(\boldsymbol{V})$ 中各种态射组合与转换的处理提供了一个统一、便利、高效的手段，也为视图更新函子的应用与研究提供了一个灵活的形式化语义计算框架.

4.3.3 视图更新函子的 Grothendieck 构造

定义 4.7［模型范畴 $\boldsymbol{Mod}(\boldsymbol{V})$ 到局部小范畴范畴 $\boldsymbol{Cat}$ 的范畴值态射］ 视图更新函子 $V^*: \boldsymbol{Mod}(\boldsymbol{S}) \to \boldsymbol{Mod}(\boldsymbol{V})$ 是一个 opfibration，且 V^* 有对偶裂纹 κ. 定义模型范畴 $\boldsymbol{Mod}(\boldsymbol{V})$ 到局部小范畴范畴 $\boldsymbol{Cat}$ 的范畴值态射 $F: \boldsymbol{Mod}(\boldsymbol{V}) \to \boldsymbol{Cat}$ 为：

(1) $F(C)$ 是 C 上的纤维，$\forall C\in \boldsymbol{Obj}\,\boldsymbol{Mod}(\boldsymbol{V})$.

(2) 对 $\forall f: C\to D\in \boldsymbol{Mor}\,\boldsymbol{Mod}(\boldsymbol{V})$，$X\in F(C)$，$Ff(X)$ 被定义为射 $\kappa(f, X)$ 的共域.

(3) 对 $\forall u: X\to X'\in F(C)$，$Ff(u)$ 是从 $Ff(X)$ 到 $Ff(X')$ 由对偶卡式射定义指定的唯一射，且满足图 4.8 的图表交换，即 $Ff(u)\circ\kappa(f,X)=\kappa(f,X')\circ u$.

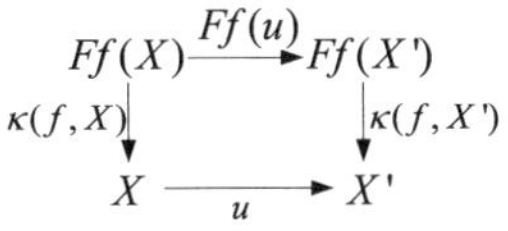

图 4.8　交换图表

定理 4.5　给定一个视图更新函子 $V^*: \boldsymbol{Mod}(\boldsymbol{S})\to\boldsymbol{Mod}(\boldsymbol{V})$，对模型范畴 $\boldsymbol{Mod}(\boldsymbol{V})$ 中的一个态射 $f: C\to D\in \boldsymbol{Mor}\,\boldsymbol{Mod}(\boldsymbol{V})$，则 $Ff: F(C)\to F(D)$ 是一个函子.

证明： 设 $u: X\to X'$，$v: X'\to X''\in F(C)$ 两次应用定义 4.7 的(3)，有 $Ff(v)\circ Ff(u)\circ\kappa(f,X)=Ff(v)\circ\kappa(f,X')\circ u=\kappa(f,X'')\circ v\circ u$，由定义 4.7 中(3)的唯一性约束，$Ff(u)$ 与 $Ff(v)$ 唯一，即 $Ff(v)\circ Ff(u)$ 必然是 $Ff(v\circ u)$，则有 $Ff(v\circ u)\circ\kappa(f,X)=\kappa(f,X'')\circ(v\circ u)$，即证明了 Ff 保持复合性质，如图 4.9 所示. Ff 保持单位性质的证明与之类似，略去证明. 证毕.

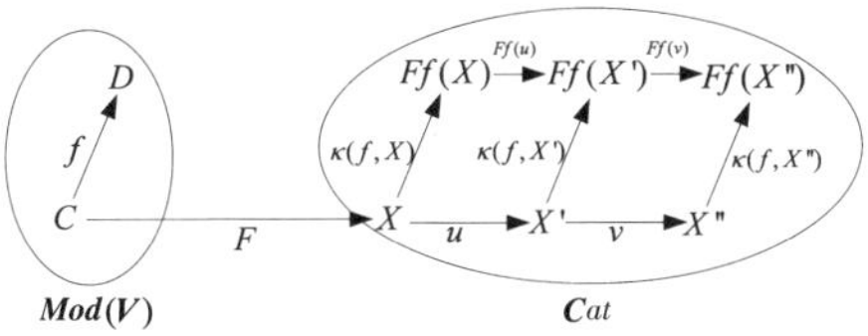

图 4.9　纤维函子保持复合性质的证明

定理 4.6　若视图更新函子 $V^*: \boldsymbol{Mod}(\boldsymbol{S})\to\boldsymbol{Mod}(\boldsymbol{V})$ 是一个带分裂子 κ 的分裂 opfibration，则由定义 4.7 定义的 $F: \boldsymbol{Mod}(\boldsymbol{V})\to\boldsymbol{Cat}$ 是一个函子.

证明： 设 $f: C\to D, g: D\to E\in \boldsymbol{Mor}\,\boldsymbol{Mod}(\boldsymbol{V})$，$u: X\to X'\in F(C)$，则 $F(g\circ f)(u): F(g\circ f)(X)\to F(g\circ f)(X')$ 是唯一态射，且满足 $F(g\circ f)(u)\circ\kappa(g\circ f,X)=\kappa(g\circ f,X')\circ u$. 而 κ 是一个分裂子，则有 $F(g\circ f)(u)\circ\kappa(g,Ff(X))\circ\kappa(f,X)=\kappa(g,Ff(X'))\circ\kappa(f,X')\circ u$，如图 4.10 所

示. 由定义 4.7 的(3)，有 $\kappa(g,Ff(X'))\circ\kappa(f,X')\circ u=\kappa(g,Ff(X'))\circ Ff(u)\circ\kappa(f,X)=F(g\circ f)(u)\circ\kappa(g,Ff(X))\circ\kappa(f,X)=F(g\circ f)(u)\circ\kappa(g\circ f,X)$，而由定义 4.7 中条件(3)的唯一性约束，$F(g\circ f)(u)=Fg[Ff(u)]$，故 F 保持复合性质，F 保持单位性质同理可证. 证毕.

定理 4.5 将基范畴 $\boldsymbol{Mod}(\boldsymbol{V})$ 中任一态射 f 提升为纤维函子 Ff，定理 4.6 则进一步证明 F 是一个范畴值函子，这为数据库视图更新函子的 Grothendieck 构造提供了理论基础.

Grothendieck 方法是生成视图更新函子的一种构造方式，首先给出集值函子的 Grothendieck 构造. 给定一个集值函子 $F:\boldsymbol{Mod}(\boldsymbol{V})\to\boldsymbol{Set}$，$f,g\in\boldsymbol{Mor\,Mod}(\boldsymbol{V})$，$C\in\boldsymbol{Obj\,Mod}(\boldsymbol{V})$，$x\in F(C)$，$x'\in F(C')$，构造范畴 $\boldsymbol{G}(\boldsymbol{Mod}(\boldsymbol{V}),F)$.

定义 4.8(集值函子的 Grothendieck 构造) 范畴 $\boldsymbol{G}(\boldsymbol{Mod}(\boldsymbol{V}),F)$ 的一个对象是序对 (x,C)，而 $(x,f):(x,C)\to(x',C')$ 是范畴 $\boldsymbol{G}(\boldsymbol{Mod}(\boldsymbol{V}),F)$ 的一个态射，$f:C\to C'\in\boldsymbol{Mor\,Mod}(\boldsymbol{V})$，且 $Ff(x)=x'$. 对另一态射 $(x',g):(x',C')\to(x'',C'')$，则其复合为 $(x',g)\circ(x,f):(x,C)\to(x'',C'')$，并有 $(x',g)\circ(x,f)=(x,g\circ f)$，且 $F(g\circ f)(x)=x''$.

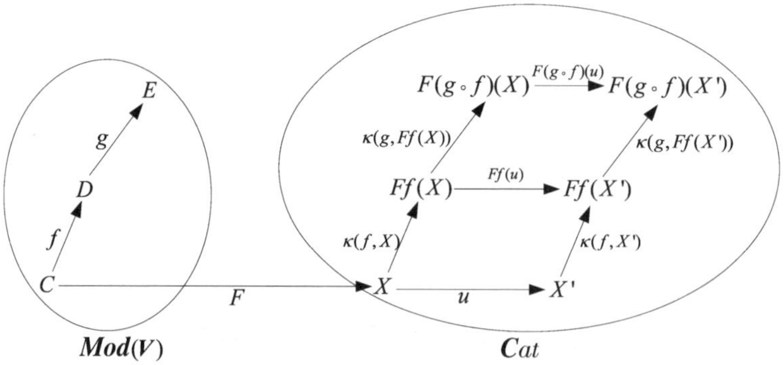

图 4.10 范畴值函子保持复合性质的证明

给定一个范畴值函子 $F:\boldsymbol{Mod}(\boldsymbol{V})\to\boldsymbol{Cat}$，Grothendieck 构造生成由 F 归纳的 opfibration，其范畴 $\boldsymbol{G}(\boldsymbol{Mod}(\boldsymbol{V}),F)$ 定义为：

定义 4.9(范畴值函子的 Grothendieck 构造) 范畴 $\boldsymbol{G}(\boldsymbol{Mod}(\boldsymbol{V}),F)$ 的一个对象是序对 (x,C)，$C\in\boldsymbol{Obj\,Mod}(\boldsymbol{V})$，$x\in F(C)$，$(u,f):(x,C)\to(x',C')$ 是范畴 $\boldsymbol{G}(\boldsymbol{Mod}(\boldsymbol{V}),F)$ 的一个态射，$f:C\to C'\in\boldsymbol{Mor\,Mod}(\boldsymbol{V})$，

$u: Ff(x) \to x'$是$F(C')$的一个态射，$Ff(x) \in \boldsymbol{Obj}\,F(C')$. 对另一个态射$(v,g):(x',C') \to (x'',C'')$，则$(v,g) \circ (u,f):(x,C) \to (x'',C'')$，有$(v,g) \circ (u,f) = (v \circ Fg(u), g \circ f)$.

集值函子是范畴值函子的一个特例，定义 4.9 是定义 4.8 在纤维函子意义上的一个泛化，如含幺半群 monoid 的半直积是 Grothendieck 构造范畴$\boldsymbol{G}(\boldsymbol{Mod}(\boldsymbol{V}),F)$的一个特例. 范畴$\boldsymbol{G}(\boldsymbol{Mod}(\boldsymbol{V}),F)$也称为$\boldsymbol{Mod}(\boldsymbol{V})$与$F$的叉积(Cross Product)，叉积到$\boldsymbol{Mod}(\boldsymbol{V})$的投影$G(F):\boldsymbol{G}(\boldsymbol{Mod}(\boldsymbol{V}),F) \to \boldsymbol{Mod}(\boldsymbol{V})$称为由$F$归纳的分裂离散 opfibration，$\boldsymbol{Mod}(\boldsymbol{V})$是此分裂离散 opfibration 的基范畴.

设$V^*: \boldsymbol{Mod}(\boldsymbol{S}) \to \boldsymbol{Mod}(\boldsymbol{V})$与$V^{*\prime}: \boldsymbol{Mod}(\boldsymbol{S'}) \to \boldsymbol{Mod}(\boldsymbol{V})$是$\boldsymbol{Mod}(\boldsymbol{V})$的 2 个分裂 opfibration，且$\kappa$与$\kappa'$分别为$V^*$与$V^{*\prime}$的分裂子，则分裂 opfibration 的一个同态是函子$\zeta: \boldsymbol{Mod}(\boldsymbol{S}) \to \boldsymbol{Mod}(\boldsymbol{S'})$，且使图 4.11 中的图表交换.

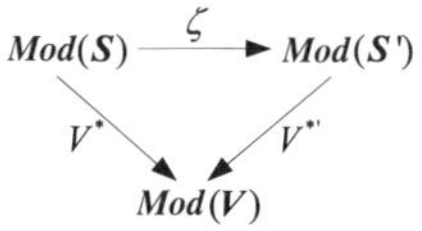

图 4.11　交换图表

对$\forall f: C \to D \in \boldsymbol{Mor}\,\boldsymbol{Mod}(\boldsymbol{V})$，$X \in \boldsymbol{Obj}\,\boldsymbol{Mod}(\boldsymbol{S})$，$V^*(X) = C$，有$\zeta(\kappa(f,X)) = \kappa'(f,X)$，即分裂 opfibrations 的一个同态保持分裂子，且将纤维映射为另一个纤维. $\boldsymbol{Mod}(\boldsymbol{V})$的分裂 opfibrations 与其同态构成一个范畴$\boldsymbol{SO}(\boldsymbol{Mod}(\boldsymbol{V}))$，其与函子范畴$\boldsymbol{Fun}(\boldsymbol{Mod}(\boldsymbol{V}),\boldsymbol{Cat})$是等价的. 同时，构造分裂 opfibrations 函子$\Sigma: \boldsymbol{SO}(\boldsymbol{Mod}(\boldsymbol{V})) \to \boldsymbol{Fun}(\boldsymbol{Mod}(\boldsymbol{V}),\boldsymbol{Cat})$与 Grothendieck 函子$\Delta: \boldsymbol{Fun}(\boldsymbol{Mod}(\boldsymbol{V}),\boldsymbol{Cat}) \to \boldsymbol{SO}(\boldsymbol{Mod}(\boldsymbol{V}))$，$\Sigma$与其伪逆$\Delta$是等价的，这种等价性为视图更新问题的计算带来了便利，特别是 Grothendieck 构造的范畴值函子$F: \boldsymbol{Mod}(\boldsymbol{V}) \to \boldsymbol{Cat}$，其高度的抽象性、灵活的扩展性与简洁的描述性可对数据库即时语义的计算进行精确地分析，为有效描述视图更新问题泛转换条件判定的多样化联系，提供了一个统一的基于 Opfibrations 方法的数学框架.

第5章　在共享系统数据模型中的应用

共享系统是以计算机和通信技术为支撑，以共享为基本运作方式，在广泛应用的背景下形成和发展起来的一种企业级信息系统，其研究范围涉及软件理论、程序设计方法学等众多领域. 一些典型的共享系统，如美国 Auburn 大学计算机科学与工程系基于面向对象技术的分布式文本和图形集成编辑工具开发的分布式协作写作系统[96]，是一种实时平台无关的共享写作原型系统，主要用于提升诸如学术写作、程序设计及信息管理等许多领域的工作效率. 清华大学史美林教授基于代理和 CSCW (computer support cooperative work) 技术提出并设计了 Web 出版系统[97]，以公共域为模型描述 Web 服务器，通过 Web 服务器之间的共享进行系统内全局资源共享，对信息进行一致描述.

共享跨并发线程的 PDES (parallel discrete event simulation) 范式处理个体事件，其不绑定事件到逻辑线程的工作模式可最大限度地提高共享内存的计算能力. 文献[98]提出了一种新型 PDES 共享系统，无阻塞处理共享数据结构的多线程交互行为，提高事件推理的时间效率. I. Mauro 等学者通过实验证明新型 PDES 共享系统比传统方法更优. 机密共享模式被视为防止大规模数据泄露的一种无缝可适应机制，但在大数据存储和检索中存在隐患. E. Ukwandu 等学者应用机密共享算法建立了一个健壮、可靠的数据存储与检索模型以有效拼接数据片段，并设计了数据转发的两种等价算法，确保数据的一致性与可用性，其模型与算法不依赖于特定文件的大小和类型[99]. 最近，文献[100]提出了交互式视觉分析系统以检测自行车共享系统中的目标社区，应用异质社区检测算法寻找聚簇节点，设计多重内连接数据视图，全角度检测子结构的可视化特性。

数据模型精确描述共享系统的数据结构、数据操作和语义约束，在抽象层面上描述共享系统的静态特征、动态行为和依存规则，是共享系统的核心和基础，同时也是共享系统开发与应用的主线. 20 世纪 90 年代中后期，计算机科学技术的迅猛发展和全球竞争的不断加剧使得企业创新活动面临的问题愈发复杂，研究与构建数据模型，设计与开发共享系统，为企业整合与共享业务流程提供一个技术平台，为企业实施有效的共享管理提供高质量服务，引起业内的广泛关注.

在众多学者的共同努力下，共享系统数据模型作为软件理论与程序设计方法学一个重要的应用领域取得了较大成功，在系统建模与形式语义分析中具有突出的作用. 然而，随着应用需求与软件系统复杂度的不断提升，可靠性、完备性与安全性等非功能性因素导致的技术难题在共享系统数据模型研究过程中日益突出，完善和提升已有数据模型解决问题的能力，研发通用、便利、高效的新方法和新技术，成为共享系统数据模型新一轮的研究重点. 应用范畴论方法对共享系统数据模型进行研究，可以有效融合共享系统数据模型传统的研究方法，建立较高抽象层次的数据模型，研究对象的相似性与普适性，为高效处理共享系统数据模型的语义计算，精确描述程序逻辑提供统一的数学框架.

5.1　范畴共享系统数据模型的研究现状

基于范畴论方法的共享系统数据模型，以下称范畴共享系统数据模型，是传统数据模型研究方法在范畴论层面上的拓展与深化. 为支持共享系统的用户以群体协作的方式高效完成任务，数据模型不仅要解决空间的分布问题，处理特殊领域的应用，而且要支持用户级的共享，其研究工作异常复杂，设计与研发也相当困难. 几十年来，学术界和工业界根据共享系统应用领域的业务需求、共享模式和企业信息系统(enterprise information system)结构特征，从不同角度提出了大量共享系统数据模型，主要的代表性工作如以 R. B. Hayes、D. D. Corkill、D. J. Russomanno 和 T. C. Robert 等学者为代表的黑板模型[101-104]、以 F. D. Cindio、G. D. Michelis 和 F. DePaoli 等学者为代表的计算机支持协同工作模型[105-107]、以 H. Gregersen、C. S. Jensen、郝忠孝和汤庸等学者为代表的时态数据模型[71-73,108]等. 相对于以上传统的共享系统数据模型，范畴共享系统数据模型的研究历程相对年轻. 本节我们分析范畴共享系统数据模型的研究现状，传统的共享系统数据模型，读者可参见文献[109].

范畴共享系统数据模型的发展与范畴论自身的基础理论研究密切相关，1985 年 M. Barr 与 C. Wells[61]系统分析了 monad 与 comonad、fibration 与 opfibration 等重要范畴论概念的对偶性质及其在拓扑斯(topos)中的应用，从而奠定了范畴共享系统数据模型的理论基础，特别是20世纪90年代中后期共代数方法出现以后，范畴论许多对偶概念的数学性质得到系统化研究. J. Power 对 monad 与 comonad 间的分配律运算进行了较为彻底地研究[110-111]，分析了 Lawvere 理论生成 Comonads 的数学性质[112]. M. Lenisa 将 monad 与 comonad 间的分配律推广到其他弱化结构，并分析了 Eilenberg-Moore 范畴和 Kleisli 范畴的数学性质[113]. J. Hughes 分析了 Monads 与代数、Comonads 与共代数及其对偶性质[114]. R. Street 应用 2－范畴方法对 monad 与 comonad 间的混合分配律运算和弱分配律运算进行了研究[115]. 以上范畴论基础工作为后期范畴共享系统数据模型的研究奠定了良好的理论基础，特别是对数据模型语义约束的研究产生了积极的推动作用，扩展了共享系统数据模型语义约束分析与处理的研究思路.

当前，范畴共享系统数据模型在语义计算研究方面较为活跃，特别是在程序设计语言的类型检查、多态计算、自动验证及面向对象语义处理等领域有广泛的应用，众多学者的努力共同推动了范畴数据模型的发展. J. R. Lewis 首先将 Comonads 工具引入环境传递(environment-passing)语义计算研究中[116]，随后 T. Uustalu 和 I. Hasuo 基于 Comonads 研究流计算、信号计算[117]和树结构转换[118-119]等问题，并建立上下文依赖(context dependent)数据模型.

存储、I/O、异常与控制等计算效果通常与命令式程序语言相关，而函数式程序语言处理这类语义行为则被认为是脏计算(impure computation)，但计算效果也可以通过 Monads 封装在一个纯函数式程序语言内[120]. 基于这一思路，R. E. Møgelberg 等学者应用范畴论方法构造了一个基于标称集(Nominal Set) Pitts 范畴的元语言模型 EEC(enriched effect calculus)[121-122]，在 Plotkin 与 Power 幂域范畴内可将 EEC 应用到任何可表达的计算效果上. EEC 是一种与 E. Moggi 的 Monadic 元语言[120]及 P. B. Levy 的 call-by-push-value[123]相关的元语言模型，但在线性逻辑的构造上对它们进行了扩展，EEC 的通用概念为范畴共享系统数据模型的语义约束提供了一个灵活的语义计算框架.

针对共享系统不同的应用需求，业内近期提出了一系列数据模型，但大部分数据模型关注共享系统的语法构造，停留在语法表示层面，对复杂语义建模和语义计算等研究不够深入，特别是在语义性质与语义行为的分析与描述方面，仍存在一定程度上的不足，主要表现在缺乏统一的数学工具和准确的形式化描述[25]，对复杂语义建模能力弱，语义计算体系不完备[26]，描述复杂数据结构的归纳与共归纳规则不具备普适性[64]等. 完整性与一致性等要求是数据模型建模过程中面临的重要问题，而共享系统应用领域问题的愈发复杂使得这些问题愈发突出. 如何增强现有数据模型的抽象与描述能力，建立具备普适性的数据模型，已成为共享系统研究的热点.

目前范畴共享系统数据模型主要应用传统语言工具(如图形与文本等)描述共享行为与业务规则，存在语义松散与形式化描述粗糙等问题. 与代数等传统方法的结合，尤其是借鉴共代数的最新研究成果，对语义性质和语义行为进行系统分析和精确描述，是范畴共享系统数据模型的一个新的研究方向[109]. 同时，在范畴共享系统数据模型上进一步构造形式语言模型，从而建立形式语言族模型，直接面向共享系统领域的复杂问题，也是范畴共享系统数据模型的一个研究重点. 当前的部分研究成果仅简单论证了形式语言族模型的构造[29]，而其构建形式系统许多重要元性质(如一致性和完备性等)的分析与论证，至今尚未得到有效解决，成为范畴共享系统数据模型目前在语义性质分析和行为描述方面的研究难点.

范畴共享系统数据模型赋予传统共享系统数据模型一种新的思路，对数据模型的语义计算产生了积极的推动作用. 同时，由于范畴共享系统数据模型在解决抽象问题描述方面的独特优势及其在理论计算机科学，特别是在形式语言理论与程序设计方法学领域的广阔应用前景，已经引起科研工作者的关注. 将范畴论方法引入共享系统数据模型研究中的重要意义不仅在于这一建模方法的独特优势和深厚的数学理论基础及其强大的抽象描述能力和语义约束处理能力，更主要的原因在于范畴论融入传统共享系统数据模型的语义计算，这种独特思路的高度抽象性、灵活扩展性及简洁描述性，为形式语言理论和程序设计方法的研究产生深远的影响，进一步推动范畴论在计算机科学中的应用.

5.2　范畴共享系统数据模型的建立

我们在 Fibrations 方法的形式化理论框架内建立范畴共享系统数据模型 *CSD* 的基本思路是：对一个 fibration $P: \mathscr{T} \to \mathscr{B}$，以 $\boldsymbol{Obj}\ \mathscr{B}$ 构造 *CSD* 的数据结构，$\boldsymbol{Mor}\ \mathscr{B}$ 描述 *CSD* 的数据操作. 对 *CSD* 中较为复杂的第三个要

素语义约束，则以 $\boldsymbol{Obj}\ \mathscr{T}$描述 CSD 的语义性质和语义行为，$\boldsymbol{Mor}\ \mathscr{T}$对应 $\boldsymbol{Obj}\ \mathscr{T}$间存在的语义关联，并以 P 及其各类函子，如真值函子与等式函子等，处理 CSD 的语义约束.

定义 5.1（范畴共享系统数据模型） 范畴共享系统数据模型 CSD 是一个三元组，即 $CSD=(\boldsymbol{Obj}\ \mathscr{B},\boldsymbol{Mor}\ \mathscr{B},\sum P)$，$\boldsymbol{Obj}\ \mathscr{B}$为反映共享系统静态特征的各类数据结构，$\boldsymbol{Mor}\ \mathscr{B}$描述共享系统状态变迁的动态行为，$\sum P$ 为 fibration P：$\mathscr{T}\to\mathscr{B}$及其各类函子构成的集合，建立 CSD 中各类数据结构及其语义性质和语义行为间的密切联系，对应共享系统语义约束的依存规则.

定义 5.1 中的数据结构 $\boldsymbol{Obj}\ \mathscr{B}$与数据操作 $\boldsymbol{Mor}\ \mathscr{B}$是共享系统数据模型 CSD 的基本要素，抽象描述共享系统的静态特征与动态行为，而 CSD 的语义性质和语义行为则提供了一种从 Fibrations 方法的角度深入探讨数据结构与数据操作关系及其性质的可行途径. 下面，分别对 CSD 的语义性质和语义行为展开精确的分析与形式化描述.

5.3 语义性质分析

定义 3.10 与定义 3.11 将范畴结构提升到纤维化结构，便于高效处理共享系统中许多带有离散结构的实际问题，如将系统状态的语义性质映射为全范畴中的纤维，通过 fibration 及其伴随结构将系统状态与其语义性质紧密关联起来，精确分析共享系统数据模型具有普适意义的语义性质，不依赖于特定的语义计算环境，降低共享系统模块间的耦合性，从而增强共享系统设计语言的独立性.

与第三章的研究过程类似，令 $P:\mathscr{T}\to\mathscr{B}$是局部小范畴$\mathscr{T}$与$\mathscr{B}$间的一个 fibration，$F:\mathscr{B}\to\mathscr{B}$是基范畴$\mathscr{B}$上的一个恒等函子，$F$ 关于 P 的提升是全范畴$\mathscr{T}$上的一个恒等函子 $F^{\perp}$：$\mathscr{T}\to\mathscr{T}$，满足图表交换 $PF^{\perp}=FP$. $T:\mathscr{B}\to\mathscr{T}$是 P 的一个真值函子，若有同构表达式 $TF\cong F^{\perp}T$ 成立，则称 $F^{\perp}$ 为 F 关于 P 的一个保持真值的提升.

应用真值函子 T 将 F－代数(C,α)映射为一个 $F^{\perp}$－代数$(T(C),T(\alpha):T(F(C))\cong F^{\perp}(T(C))\to T(C))$. 相应地，$T(\mu F)$为初始 $F^{\perp}$－代数的载体，即真值函子 T 保持初始对象. 记 $Alg(T)$为 F－代数范畴 $\boldsymbol{Alg}_F$

到 $F^{\perp}$ – 代数范畴 $\boldsymbol{Alg}_{F^{\perp}}$ 的函子，并定义 $Alg(T)\stackrel{def}{=}T$，利用真值函子 T 将 fibration$P$ 基范畴 $\mathscr{B}$ 中的对象与态射映射为全范畴 $\mathscr{T}$ 中相应的对象与态射，由复合函子的同构性通过函子 $Alg(T)$ 进一步建立 F – 代数范畴 $\boldsymbol{Alg}_F$ 到 $F^{\perp}$ – 代数范畴 $\boldsymbol{Alg}_{F^{\perp}}$ 的联系. 令 $(T(\mu F), in^{\perp}: F^{\perp}(T(\mu F))\to T(\mu F))$ 是 fibration$P$ 全范畴 $\mathscr{T}$ 中的一个初始 $F^{\perp}$ – 代数，则 $in^{\perp}$ 是 in 在函子 $Alg(T)$ 作用下的同态像，即 $Alg(T)(in)=in^{\perp}$. 初始 $F^{\perp}$ – 代数的初始性确保 $in^{\perp}$ 是唯一同构的，这种唯一同构泛性质的存在为共享系统数据模型的语义性质分析与形式化描述提供了便利.

若 $\{-\}$ 是 T 的一个右伴随，即 $T\dashv\{-\}$，并有同构表达式 $\{-\}\circ F^{\perp}\cong F\circ\{-\}$ 成立，则称 $\{-\}$ 为 P 的内涵函子.

设 $\boldsymbol{\sigma}:\{-\}\to P$ 为自然变换，由自然变换复合定理知 $F\boldsymbol{\sigma}$ 也为一个自然变换，则对 $\forall X\in\boldsymbol{Obj}\ \mathscr{T}$，有由 $F\sigma_X$ 归纳的对偶重索引函子 $^{*}(F\sigma_X)$：$\mathscr{T}_{F\{X\}}\to\mathscr{T}_{FP(X)}$，$F^{\perp}(X)={}^{*}(F\sigma_X)(T(F\{X\}))\in\boldsymbol{Obj}\ \mathscr{T}_{FP(X)}$，即基范畴上恒等函子 F 的提升 $F^{\perp}$ 对全范畴中任意对象 X 的作用 $F^{\perp}(X)$，完全由 $\{X\}$ 上 F 的语义行为确定，$\{X\}$ 是 X 在内涵函子 $\{-\}$ 上的扩张. 对 $\forall k: X\to X'\in\boldsymbol{Mor}\ \mathscr{T}$，$F^{\perp}(k)=F^{\perp}(X)\to F^{\perp}(X')={}^{*}(F\sigma_X)(T(F\{X\}))\to{}^{*(F\sigma_{X'})(T(F\{X'\}))}$，即 $F^{\perp}(k)\in{}^{*}(FP(k))$，$F^{\perp}(k)$ 是重索引函子态射 $^{*(FP(k))}$ 的一个元素.

与 $Alg(T)$ 类似，记 $Alg\{-\}$ 为 $F^{\perp}$ – 代数范畴 $\boldsymbol{Alg}_{F^{\perp}}$ 到 F – 代数范畴 $\boldsymbol{Alg}_F$ 的函子，并定义 $Alg\{-\}\stackrel{def}{=}\{-\}$，利用内涵函子 $\{-\}$ 将 fibration$P$ 全范畴 $\mathscr{T}$ 中的对象与态射映射为基范畴 $\mathscr{B}$ 中相应的对象与态射. 由伴随函子 T 与 $\{-\}$ 的伴随性质有 $Alg(T)\dashv Alg\{-\}$[46]，对任一个 $F^{\perp}$ – 代数 $(X, \beta: F^{\perp}(X)\to X)$，有 $Alg\{-\}(\beta)=F\{X\}\to\{X\}$，即 $Alg\{-\}(\beta)=\{\beta\}$，则 $\{\beta\}$ 是 β 在函子 $Alg\{-\}$ 作用下的同态像，如图 5.1 所示. 若 $g: X\to T(C)$ 是 β 到 $Alg(T)(\alpha)$ 的 $F^{\perp}$ – 代数态射，则 $Alg\{-\}(\beta)$ 到 α 的 F – 代数态射 $h:\{X\}\to C$ 是 g 上的 F – 代数同态. 类似地，g 是 h 上的 $F^{\perp}$ – 代数同态. 函子 $Alg(T)$ 的右伴随 $Alg\{-\}$ 建立以语义约束 X 为载体的 $F^{\perp}$ – 代数与以数据结构 $\{X\}$ 为载体的 F – 代数间直观的互推导关系，进而为共享系统数据模型语义性质的分析与形式化描述提供了一种以 μF 为初始 F – 代数载体的简洁与一致的建模方法.

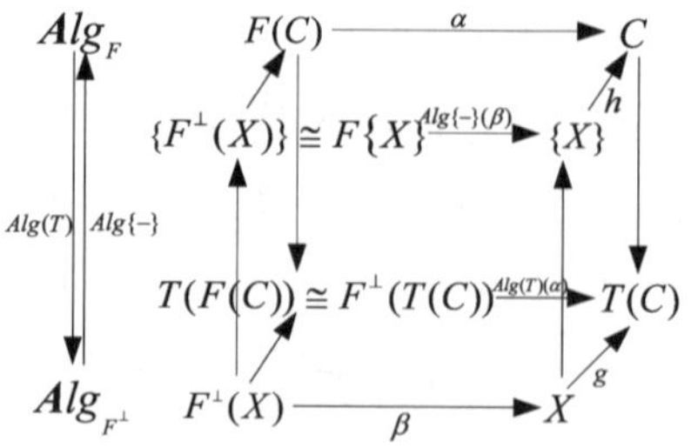

图 5.1　*CSD* 的语义性质分析

我们所建立的共享系统数据模型 *CSD*，不仅可以高效处理共享系统中基本数据结构的语义计算，如整型 *Int*、字符型 *Char* 与数值型 *Float* 等，还可以对自然数与有限偏序集等复杂的归纳数据结构进行精确的语义性质分析与形式化描述.

设 $P: \mathscr{T} \to \mathscr{B}$ 是全范畴 $\mathscr{T}$ 与基范畴 $\mathscr{B}$ 间的一个 fibration，其内涵函子$\{-\}$是真值函子 T 的右伴随，即 $P \dashv T \dashv \{-\}$. 令 F 是基范畴 $\mathscr{B}$ 上的一个恒等函子，且 μF 为初始 F－代数的载体，则 F 关于 P 的每一个保持真值提升 $F^{\perp}$ 都有一个归纳计算规则[46]. 这为 $F^{\perp}$ 应用初始 F－代数高效处理共享系统数据模型 *CSD* 归纳数据结构的语义计算提供了一种可靠的判定依据.

下面在 Fibrations 方法框架内分析与描述 *CSD* 归纳数据结构具有普适意义的语义性质. 基于范畴论的观点，归纳数据结构的归纳计算源于初始代数语义的递归计算[40]. 以 *CSD* 中的归纳数据结构为初始 F－代数的载体 μF，应用基范畴 $\mathscr{B}$ 上恒等函子 F 构造归纳数据结构的递归计算 $fold: (F(C) \to C) \to \mu F \to C$，对任意一个 F－代数(C, α)，在折叠函数 *fold* 的作用下，$fold\,\alpha$ 将 α 映射为初始 F－代数态射 *in* 到 α 的唯一 F－代数态射 $fold\,\alpha: \mu F \to C$. 源于初始代数语义的 *fold* 本质上是归纳数据结构一个参数化递归操作，其递归计算具有语义正确、扩展灵活与表达简洁等良好性质.

$TF(C) \cong F^{\perp}T(C)$，$TF(\mu F) \cong F^{\perp}T(\mu F)$，而由真值函子 T 保持初始对象性质知，$T(\mu F)$ 为初始 $F^{\perp}$－代数的载体. 记 $\mu F^{\perp} = T(\mu F)$，$X = T(C) \in \boldsymbol{Obj}\ \mathscr{T}$. 类似地，以 F 保持真值的提升 $F^{\perp}$ 为工具构造全范畴 $\mathscr{T}$ 上描述归纳数据结构语义性质的递归操作 $fold: (F^{\perp}(X) \to X) \to \mu F^{\perp} \to X$，进而对 $\forall C \in \boldsymbol{Obj}\ \mathscr{B}$，$X \in \boldsymbol{Obj}\ \mathscr{T}_C$，得到归纳数据结构具有普适意义的归纳计算规则：$Ind_{CSD}: (F^{\perp}(X) \to X) \to T(\mu F) \to X$.

若$(X,\beta: F^{\perp}(X)\to X)$是$F$－代数$(C,\alpha)$上的$F^{\perp}$－代数，则$Ind_{CSD}X\beta$：$T(\mu F)\to X$是$fold\,\alpha$上的$F^{\perp}$－代数同态.

5.4　语义行为描述

终结F－共代数$(out: \nu F\to F(\nu F),\nu F)$若存在，则是唯一同构的. 终结共代数的终结性泛性质所确定的唯一同构性是研究共享系统数据模型CSD语义行为的主要工具. 作为终结F－共代数载体的数据结构νF是函子F的最大不动点，函子F指称复杂数据结构νF的语法析构，而态射out则从外部观察νF在该语法析构过程中一种语义行为.

应用定义 3.27 的等式函子Eq将F－共代数(α,C)映射为一个$F^{\perp}$－共代数$(Eq(\alpha): Eq(C)\to Eq(F(C))\cong F^{\perp}(Eq(C)),Eq(C))$，相应地，$Eq(\nu F)$为终结$F^{\perp}$－共代数的载体，即等式函子$Eq$保持终结对象. 记$Coalg(Eq)$为$F$－共代数范畴$\mathbf{Coalg}_F$到$F^{\perp}$－共代数范畴$\mathbf{Coalg}_{F^{\perp}}$的函子，并定义$Coalg(Eq)\overset{def}{=}Eq$，利用等式函子$Eq$将关系 fibration $Rel(P)$基范畴$\mathscr{B}$中的对象与态射映射为全范畴$Rel(\mathscr{T})$中相应的对象与态射，通过函子$Coalg(Eq)$进一步建立F－共代数范畴$\mathbf{Coalg}_F$到$F^{\perp}$－共代数范畴$\mathbf{Coalg}_{F^{\perp}}$的联系. $(out^{\perp}: Eq(\nu F)\to F^{\perp}(Eq(\nu F)))$是关系 fibration $Rel(P)$全范畴$Rel(\mathscr{T})$中的一个终结$F^{\perp}$－共代数，则$out^{\perp}$是out在函子$Coalg(Eq)$作用下的同态像，即$Coalg(Eq)(out)=out^{\perp}$. 终结$F^{\perp}$－共代数的终结性确保$out^{\perp}$是唯一同构的，这种唯一同构泛性质的存在为分析共享系统数据模型CSD的语义行为提供了便利.

令Q为P的商函子，与$Coalg(Eq)$类似，记$Coalg(Q)$为$F^{\perp}$－共代数范畴$\mathbf{Coalg}_{F^{\perp}}$到$F$－共代数范畴$\mathbf{Coalg}_F$的函子，并定义$Coalg(Q)\overset{def}{=}Q$，商函子$Q$将关系 fibration $Rel(P)$全范畴$Rel(\mathscr{T})$中的对象与态射映射为基范畴$\mathscr{B}$中相应的对象与态射. 伴随函子Eq与Q的伴随性质有$Coalg(Q)\dashv Coalg(Eq)$[46]，对任一个$F^{\perp}$－共代数$(\alpha: X\to F^{\perp}(X),X)$，有$Coalg(Q)(\alpha)=Q(X)\to F(Q(X))$，即$Coalg(Q)(\alpha)=Q(\alpha)$，则$Q(\alpha)$是$\alpha$在函子$Coalg(Q)$作用下的同态像，如图 5.2 所示. 若$g: X\to Eq(C)$是$\alpha$到$Eq(\beta)$的$F^{\perp}$－共代数态射，则$Q(\alpha)$到$\beta$的$F$－共代数态射$h: Q(X)\to C$是$g$上的$F$－共代数同态. 类似地，$g$是$h$上的$F^{\perp}$－共代数同态. 函子$Coalg(Eq)$的左伴随$Coalg(Q)$建立以$Q(X)$为载体的$F$－共代数与以$X$为

载体的 $F^{\perp}$ - 共代数间直观的互推导关系，为范畴共享系统数据模型 *CSD* 语义行为的分析与形式化描述提供了一种以 νF 为终结共代数载体的简洁与一致的建模方法.

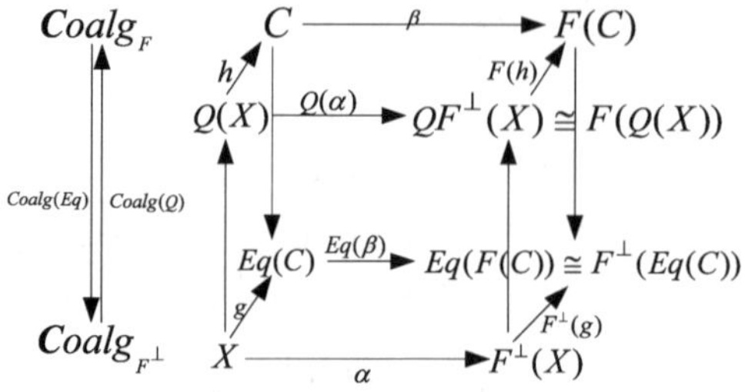

图 5.2　*CSD* 的语义行为分析

我们所建立的范畴共享系统数据模型 *CSD*，可以对共享系统中较为复杂的共归纳数据结构，如自动机与标签转换系统等，进行精确的语义行为分析与形式化描述.

设 $P:\mathscr{T}\to\mathscr{B}$ 是一个满足定理 3.6 的 bifibration，$\mathscr{B}$ 有积，且 P 有真值函子与商函子. $Rel(P):Rel(\mathscr{T})\to\mathscr{B}$ 为 P 的关系 fibration，$F:\mathscr{B}\to\mathscr{B}$ 是基范畴 $\mathscr{B}$ 上的一个恒等函子，νF 为终结 F - 共代数的载体，则 F 关于 $Rel(P)$ 的每一个保持等式的提升 $F^{\perp}:Rel(\mathscr{T})\to Rel(\mathscr{T})$ 都有一个可靠的基于 νF 的共归纳规则[46].

下面在 Fibrations 方法框架内分析与描述共归纳数据结构具有普适意义的共归纳计算规则，首先考虑共归纳数据结构的共递归计算. 基于范畴论的观点，共归纳数据结构的共递归计算源于终结共代数语义[40]. 以共归纳数据结构为终结 F - 共代数的载体 νF，应用基范畴 $\mathscr{B}$ 上恒等函子 F 构造共享系统数据模型 *CSD* 共归纳数据结构的共递归计算 $unfold:(C\to F(C))\to C\to\nu F$，对任意一个 F - 共代数 $(\beta:C\to F(C),C)$，在展现函数 *unfold* 的作用下，$unfold\beta$ 将 β 映射为 β 到终结 F - 共代数 *out* 的唯一 F - 共代数态射 $unfold\beta:C\to\nu F$. 源于终结共代数语义的 *unfold* 本质上是共归纳数据结构一个参数化的共递归计算，与折叠函数 *fold* 类似，*unfold* 的共递归计算也具有语义正确、扩展灵活与表达简洁等良好性质.

$Eq\circ F(C)\cong F^{\perp}\circ Eq(C)$，$Eq\circ F(\nu F)\cong F^{\perp}\circ Eq(\nu F)$，而由等式函子 Eq 保持终对象性质知，$Eq(\nu F)$ 为终结 $F^{\perp}$ - 共代数的载体，记 $\nu F^{\perp}=Eq(\nu F)$，$X=Eq(C)\in \boldsymbol{Obj}\,Rel(\mathscr{T})$. 类似地，以 F 保持等式的提升 $F^{\perp}$ 为工具构造全范畴 $Rel(\mathscr{T})$ 上描述共享系统数据模型 *CSD* 共归纳数据结构语

义行为的共递归计算 $unfold:(X\to F^{\perp}(X))\to X\to \nu F^{\perp}$，进而对 $\forall C\in \boldsymbol{Obj}\,\mathscr{B}$，$X\in \boldsymbol{Obj}\,Rel(\mathscr{T})_C$，在 Fibrations 方法的形式化框架内得到共享系统数据模型 *CSD* 共归纳数据结构具有普适意义的共归纳计算规则：

$Coind_{CSD}:(X\to F^{\perp}(X))\to X\to Eq(\nu F).$

若 $\alpha:X\to F^{\perp}(X)$ 是 F－共代数 $(\beta:C\to F(C),C)$ 上的 $F^{\perp}$－共代数，则 $Coind_{CSD}\,X\,\alpha:X\to Eq(\nu F)$ 是 $unfold\beta$ 上的 $F^{\perp}$－共代数同态.

5.5　主要工作与贡献

我们应用 Fibrations 方法在统一的形式化框架内建立范畴共享系统数据模型并定义 *CSD*，系统、深入地研究了 *CSD* 的语义性质和语义行为，主要工作和贡献是：

(1) 传统共享系统数据模型建模方法在语义性质和语义行为的分析与形式化描述等方面存在不足，例如自然数 *Nat* 的语义性质分析与确定有穷自动机 *DFA* 的语义行为描述，多类代数先将其语义性质与语义行为抽象为代数系统，再用相应的形式语言，如 OBJ、OCL 等描述，但这种描述局限于集合范畴，其抽象程度也难以表达其他范畴，如代数范畴、共代数范畴与 2－范畴等更为复杂的概念. 我们则应用 Fibrations 方法这个具有普适意义的数学工具，突破集合范畴的限制，在统一的范畴论框架内进行精确地形式化描述. 相对于多类代数、等式逻辑等传统的建模方法，我们的 Fibrations 方法与其具有同样的表达能力，但在语义性质和语义行为的分析与形式化描述方面比前者更强.

(2) 应用真值函子、等式函子与商函子等 Fibrations 方法工具建立 *CSD* 中数据结构与其语义性质和语义行为间的密切联系，增强 *CSD* 对复杂语义处理的能力，并利用基范畴上恒等函子构造等复杂数据结构上参数化的(共)递归操作，抽象描述具有普适意义的(共)归纳规则，不依赖于多类代数与等式逻辑等特定的计算环境，为 *CSD* 的语义计算提供坚实的数学基础和简洁、统一的描述方式.

本章不是纯粹的数学研究，而是基于共享系统的应用需求，借鉴 Fibrations 方法在面向对象程序设计语言、软件规范及形式语义学的最新研究成果，对共享系统数据模型核心要素的范畴结构、语义性质与语义行为等问题进行系统与深入的基础研究.

5.6 范畴共享系统数据模型研究当前面临的主要问题

范畴共享系统数据模型是共享系统数据模型研究中相对年轻的一个领域，尽管范畴共享系统数据模型及其应用已经引起一些学者的关注，同时也取得了一定的研究成果，但目前仍存在以下主要问题：

首先，描述共享计算本质的内在规律不具备普适性.

当前，工业界广泛应用的共享系统数据模型使用图形语言或文本语言工具，在直观上定义用户群体共享行为和业务共享过程，缺乏统一的概念和精确的形式化描述，在系统状态的一致性转换、模型转换的语义完整性等方面缺乏坚实的理论基础，导致数据模型的理论研究与实际应用脱节. 其主要原因在于现有数据模型缺乏对共享机制内在规律的精确描述和准确表达，而这种内在规律系统、全面、充分地反映共享计算的本质，是深入分析用户群体共享行为和业务共享过程的基础.

我们先期展开了对反映共享计算本质的内在规律的探讨与研究，提出并设计了约束用户群体共享行为和业务共享过程的共享规则，反映共享计算本质的内在规律，并对其进行了精确的形式化描述[109]. 反映共享计算本质的内在规律不拘泥于任何特定的共享计算环境，在较高的抽象层面描述用户群体共享行为和业务共享过程，有效解决用户群体组织自适应问题，增强用户群体共享行为的协调性和灵活性. 同时，共享规则的普适性也为共享系统的应用集成提供了有力支持. 全面、系统地研究共享计算的本质，提出与设计具有高度抽象性、灵活扩展性与普适性的共享规则仍需要进一步研究与完善.

其次，与传统数据模型的有机融合还需更多的研究工作和努力.

目前，范畴共享系统数据模型只是初步应用于数据结构、数据操作和语义约束的分析与处理中，它与多类代数、等式理论和泛代数等传统数据模型建模方法的有机融合，特别是充分利用共代数方法在面向对象语言、代数规范及语义计算中的研究成果对其进行深入分析，还需要更多的研究工作和努力.

应用范畴论方法建立数据模型上的形式语言模型，并进一步建立复杂共享系统的形式语言族模型，也是一个需要更多研究工作和努力的方向. 例如，现有文献只是应用范畴定义对形式语言族模型的范畴建模过程进行了简单证明，但是形式语言族模型构成复杂共享系统的许多元性质，如可靠性、完备性、可判定性、可观察性及一致性等重要理论问题尚未解决，这也是当前将范畴数据模型应用于复杂共享系统语义分析和软件规范描述研究中所面临的最大挑战和难题之一. 同时，应用函子的保持性质、反射性质和生成性质及自然变换复合定理深入分析数据模型构成高阶范畴的数学性质和语义解释也需要大量的研究工作.

最后，范畴论及其在共享系统数据模型中的应用仍需要进一步深化和完善.

现代科学研究中，范畴论为各学科间多样化的联系提供了抽象、统一和简洁的数学语言. 但范畴论自身也处于不断发展过程中，如 monad 与 comonad、fibration 与 opfibration 等对偶范畴概念分配律运算性质的深入研究、范畴$\mathscr{C}$上小范畴的切片范畴 $\boldsymbol{Cat}/\mathscr{C}$中基于分裂 Opfibrations 的 KZ-monads 代数结构、$\boldsymbol{Cat}/\mathscr{C}$中基于分裂 Fibrations 的 CoKZ-monads 代数结构、伴随函子的复杂性质与 Monads 结构、2 - 范畴理论的深入分析和数学解释、Comonadic 函子存在的前提条件及其数学性质、基于范畴角度对拓扑系统的研究等许多方面还需继续深化和完善，而且需要将上述研究成果进一步从基本范畴，如集合范畴与偏序集范畴等，推广到群、环、拓扑空间和拓扑斯等其他复杂范畴，拓宽范畴论自身的数学宽度和深度.

在形式语言理论与程序设计方法学研究中，范畴论在程序语言设计、形式语义分析和程序正确性验证等计算机科学领域有着广泛的应用. 数据模型可严格地建立在范畴论的数学基础上，虽然目前范畴数据模型研究已取得一定进展，但仍有许多问题并未引起足够关注和有效解决，基于素描的范畴论方法对形式语言模型复杂语义统一建模、模型范畴形式化框架内模型转换的正确性、对数据模型复杂语义约束的形式化描述、基于拉回、等值子和极限等范畴论工具对数据模型语义约束中各类异构对象的集成、Kleisli 范畴与 Cokleisli 范畴在共享系统中的研究与应用也是范畴共享系统数据模型研究中需要进一步深化和完善的问题.

参 考 文 献

[1]王兵山，毛晓光，刘万伟. 高级范畴论[M]. 北京：清华大学出版社，2012.

[2] FLOYD R W. Assigning meaning to programs [J]. Proc. of symposium in applied mathematics，1967，19：19 -32.

[3]HOARE C A R. An axiomatic basis for computer programming[J]. Comm. of the ACM，1969，12(10)：576 -580.

[4] MANNA Z，WALDINGER R. Special relations in automated deduction[J]. Journal of the ACM，1986，33(1)：1 -59.

[5]DIJKSTRA E W. The humble programmer[J]. Comm. of the ACM，1972，15(10)：859 -866.

[6] JORNER D B，JONES B. The vienna development method：The meta-language[M]. London：Springer-Verlag，1978.

[7]BROY M. On the algebraic definiation of programming language[J]. ACM transaction on programming language and systems，1987，9(1)：54 -99.

[8] 陆汝钤. 计算机语言的形式语义[M]. 北京：科学出版社，1994.

[9]张乃孝，郑红军. 程序设计语言的抽象与语言族模型[J]. 北京大学学报(自然科学版)，1997，33(5)：650 -657.

[10] 李未. 数理逻辑基本原理与形式演算[M]. 北京：科学出版社，2008.

[11]HAGINO T. A categorical programming language[D]. Edinburgh，UK：Laboratory for Foundations of Computer Science，Dept. of Computer Science，University of Edinburgh，1987.

[12]POLL E. Subtyping and inheritance for categorical data types[C]//Proc. of Theories of Types and Proofs，Kyoto：Japan，RIMS Lecture Notes 1023. 1998：112 -125.

[13] NOGUEIRA P, MORENO-NAVARRO J. Bialgebra views: a way for polytypic programming to cohabit with data abstract [C]// WGP'08 Proceedings of the ACM SIGPLAN Workshop on Generic Programming, New York, NY: ACM, 2008: 61 -73.

[14] 苏锦钿，余珊珊. 程序语言中的共归纳数据类型及其应用[J]. 计算机科学，2011，38(11): 114 -118.

[15] 苏锦钿，余珊珊. 强共归纳数据类型上的 Comonadic 共递归[J]. 华南理工大学学报(自然科学版)，2014，42(1)：128 -134.

[16] DOREL L, VLAD R. Program equivalence by circular reasoning [J]. Formal aspects of computing, 2015, 27(4): 701 -726.

[17] GHANI N, REVELL T, ATKEY R, et. al. Fibrational units of measure [EB/OL]. [2015-03-21]. http://personal. cis. strath. ac. uk/neil. ghani/pub. htm.

[18] KENNEDY A J. Relational parametricity and units of measure [C]// POPL '97: In Proceedings of the 24th ACM SIGPLAN-SIGACT Symposium on Principles of Programming Languages, New York: ACM, 1997: 442 -455.

[19] DENIS B, ALEXANDER D, ANNIE F. Categorical grammars with iterated types form a strict hierarchy of k-valued languages [J]. Theoretical computer science 450, 2012: 22 -30.

[20] USA: Department of Computer Science, University of Illinois at Urbana-Champaign. Formal semantics and analysis of behavioral AADL models in real-time Maude [R]. 2010.

[21] 屈延文. 形式语义学基础与形式说明[M]. 2 版. 北京：科学出版社，2010.

[22] 董云卫，王广仁，张凡，等. AADL 模型可靠性分析评估工具[J]. 软件学报，2011，22(6)：1252 -1266.

[23] ZHU H. An institution theory of formal meta-modelling in graphically extended BNF [J]. Frontiers of computer science, 2012, 6(1): 40 -56.

[24] GOGUEN J, BURSTALL R M. Institutions: Abstract model theory for specification and programming [J]. Journal of ACM, 1992, 39(1): 95 -146.

[25] JOHNSON M, ROSEBRUGH R. Fibrations and universal view updatability[J]. Theoretical computer science 388, 2007: 109 -129.
[26] JOHNSON M, ROSEBRUGH R, WOOD R. Lenses, fibrations and universal translations [J]. Mathematical structures in computer science, 2012, 22(1): 25 -42.
[27] 林惠民. 相对完备性与抽象数据类型的描述[J]. 中国科学(A辑), 1988, 6: 658 -664.
[28] BORONAT A, MESEGUER J. An algebraic semantics for MOF [J]. Formal aspects of computing, 2010, 22(3 -4): 269 -296.
[29] 苗德成, 奚建清, 贾连印, 等. 一种形式语言代数模型[J]. 华南理工大学学报(自然科学版), 2011, 39(10): 74 -78.
[30] BENGT N, KENT P, JAN M S. Martin-Löf 类型论程序设计导引[M]. 宋方敏, 译. 南京: 南京大学出版社, 2002.
[31] Reynolds J. Polymorphism is not set theoretic[J]. Lecture notes in computer science 173. Berlin: Springer-Verlag, 1984: 145 -156.
[32] PITTS A. Polymorphism is set theoretic, constructively [J]. Lecture notes in computer science 283. Berlin: Springer-Verl ag, 1987: 12 -39.
[33] HYLAND M. The effective topos [C]//The L. E. J. Brouwer Centenary Symposium, North-Holland, 1982: 165 -216.
[34] LONGO G, MOGGI E. Constructive natural deduction and its' Modest' interpretation[M]. In: Semantics of Natural and Computer Languages. Massachusatts: M. I. T. Press, 1990.
[35] COQUAND T, PAULIN-MOHRING C. Inductively defined types [J]. Lecture notes in computer science 417. Berlin: Springer-Verlag , 1990: 50 -66.
[36] DYBIER P. Inductive sets and families in Martin-Lof type theory and their set theoretical semantics[M]. Cambridge University Press, 1991.
[37] FU Y X. Recursive models of general inductive types[J]. Fundamenta informatica, 1996, 26: 115 -131.
[38] 傅育熙. 归纳类型的构造集语义[J]. 软件学报, 1998, 9(3): 236 -240.

[39] RUTTEN J J M M, TURI D. Initial algebra and final coalgebra semantics for concurrency[J]. Lecture notes in computer science 666. Berlin: Springer-Verlag, 1993: 477 - 530.

[40] RUTTEN J J M M. Universal coalgebra: A theory of systems[J]. Theoretical computer science, 2000, 249(1): 3 - 80.

[41] TURI D D, PLOTKIN G D. Towards a mathematical operational semantics[C]//Proc. of the 12th Symp. On Logic in Computer Science. Los Alamitos, CA: IEEE, Computer Science Press, 1997: 280 - 291.

[42] BIRD R. Introduction to functional programming using Haskell(2nd Edition)[M]. UK: Prentice-Hall, 1998.

[43] HUTTON G. Fold and unfold for program semantics[C]//Proc. Of the 3rd ACM SIGPLAN Int. Conf. on Functional Programming. NewYork: ACM, 1998: 280 - 288.

[44] 苏锦钿，余珊珊. 抽象数据类型的双代数结构及其计算[J]. 计算机研究与发展，2012，49(8)：1787 - 1803.

[45] 陈意云. 计算机科学中的范畴论[M]. 合肥：中国科技大学出版社，1993.

[46] HERMIDA C, JACOBS B. Structural induction and coinduction in a fibrational setting[J]. Information and computation, 1998, 145(2): 107 - 152.

[47] DYBJER P. Inductive families[J]. Formal aspects of computing, 1994, 6(4): 440 - 465.

[48] MORRIS P, ALTENKIRCH T. Indexed containers[C]// in Proceedings of the 24th Symposium on Logic in Computer Science, Los Angeles, California, 2009: 277 - 285.

[49] GHANI N, JOHANN P, FUMEX C. Generic fibrational induction[J]. Logical methods in computer science, 2012, 8(2): 1 - 27.

[50] GHANI N, JOHANN P, FUMEX C. Indexed induction and coinduction, fibrationally[J]. Logical methods in computer science, 2013, 9(3 - 6): 1 - 31.

[51]MIAO D C, XI J Q, GUO Y B, et. al. Inductive data types based on Fibrations theory in programming[J]. Journal of computing and information technology, 2016, 24(1): 1-16.

[52]苗德成，奚建清，戴经国. 程序语言中基于 Fibrations 理论的索引共归纳数据类型[J]. 计算机科学与探索，2016，10(10)：1482-1492.

[53] SPIVAK D I, KENT R E. Ologs: a categorical framework for knowledge representation[J]. Public library of science ONE, 2012, 7(1): 1-22.

[54]JACKSON M. Flat algebras and the translation of universal Horn logic to equational logic[J]. Journal of symbolic logic, 2008, 73(1): 90-128.

[55] SRINIVASAN R, MITHUN H, MARWAN K. Linear time distributed construction of colored trees for disjoint multiple routing [J]. Computer networks, 2007, 51(10): 2854-2866.

[56]WEISS M A. 数据结构与算法分析 C++描述[M]. 3 版. 张怀勇，译. 北京：人民邮电出版社，2007.

[57]PAWLAK Z. Rough sets, decision algorithms and Bayes' theorem [J]. European journal of operational research, 2002, 136(1): 181-189.

[58]ZIARKO W P, RIJSBERGEN C J V. Rough sets, fuzzy sets and knowledge discovery[M]. New York: Springer-Verlag, 1994.

[59]李德毅，刘常昱，杜鹢，等. 不确定性人工智能[J]. 软件学报，2004，15(11)：1583-1594.

[60]贺伟. 范畴论[M]. 北京：科学出版社，2006.

[61]BARR M, WELLS C. Category theory for computing science[M]. Prentice-Hall, 1990.

[62]GHANI N, JOHANN P, FUMEX C. Fibrational induction rules for initialalgebras[J] Lecture notes in computer science, 2010, 6247: 336-350.

[63] MATTHES R. An induction principle for nested data types inintentional type theory[J]. Journal of functional programming, 2009, 19(3-4): 439 - 468.

[64] HERMIDA C. Fibrations, logical predicates and related topics[D]. Edinburgh, UK: University of Edinburgh, 1993.

[65] GREINER J. Programming with inductive and co-inductive types, Tech. Report CMU-CS-92-109[R]. Pittsburgh, USA: School of Computer Science, Carnegie Mellon University, January 1992.

[66] HINZE R. Reasoning about codata[J]. Lecture notes in computer science, 2010, 6299: 42 - 93.

[67] GIMENEZ E, CASTERAN P. A Turorial on co-inductive types in coq [OL]. http: www. labri. fr/perso/casteran/RecTutorial. pdf, May, 1998.

[68] VENE V. Categorical programming with inductive and coinductive types[D]. Tartu, Estonia: University of Tartu, 2000.

[69] BONCHI F, PETRISAN D, POUS D, et al. Coinduction up-to in a Fibrational setting[C]// Proceedings of the Joint Meeting of the 23rd EACSL Annual Conference on Computer Science Logic and the 29th Annual ACM/IEEE Symposium on Logic in Computer Science, New York, NY: ACM, 2014: 1 - 18.

[70] ATKEY R, GHANI N, JOHANN P. A relationally parametric model of dependent type theory[J]. ACM SIGPLAN Notices, 2014, 49(1): 503 - 515.

[71] WORRELL J. On the final sequence of a finitary set functor[J]. Theoretical computer science, 2005, 338(1-3): 184 - 199.

[72] HASUO I, KATAOKA T, CHO K. Coinductive predicates and final sequences in a fibration[J]. Mathematics structure in computer science, 2018, 28: 562 - 611.

[73] MIAO D C, XI J Q. Indexed coinduction in a fibrational setting [J]. Lecture notes in computer science, 2018, 11338: 10 - 16.

[74]郝忠孝. 时态数据库设计理论[M]. 北京：科学出版社，2009.

[75]汤庸，叶小平，汤娜. 时态信息处理技术及应用[M]. 北京：清华大学出版社，2010.

[76] GREGERSEN H，JENSEN C S. Temporal entity-relationship models—a survey[C]// IEEE Transactions on Knowledge and Data Engineering，1999：464－497.

[77]BONIOLOG D，AGOSTINO M D，Di Fiore P P. Zsyntax：a formal language for molecular biology with projected applications in text mining and biological prediction[J]. PLoS ONE，2010，3(3)：1－12.

[78]SEAN P，YAN Z. A formal language for specifying complex XML authorisations with temporal constraints[J]. Lecture notes in computer science，2011，6151：443－457.

[79] COMBI C，DEGANI S，JENSEN C S. Capturing temporal constraints in temporal ER models[J]. Lecture notes in computer science，2008，5231：397－411.

[80]MCBRIEN P. Temporal constraints in non-temporal data modeling languages[J]. Lecture notes in computer science，2008，5231：412－425.

[81]HOANG Q，NGUYEN T V. Extraction of timeer model from a relational database[J]. Lecture notes in computer science，2011，6591：57－66.

[82]苗德成，奚建清. 一种时态数据形式语言模型[J]. 计算机科学，2012，39(4)：172－176.

[83]ARTALE A，FRANCONI E. Foundations of temporal conceptual data models[J]. Lecture notes in computer science，2009，5600：10－35.

[84]JOHNSON M，ROSEBRUGH R，WOOD R. Entity-relationship-attribute designs and sketches[J]. Theory and applications of categories，2002，10(3)：94－112.

[85] PIGOTT D J, HOBBS V J. Complex knowledge modeling with functional entity relationship diagrams[J]. Vine, 2011, 31(2): 192-211.

[86] LU R Q. Towards a mathematical theory of knowledge[J]. Journal of computer science and technology, 2005, 20(6): 751-757.

[87] SPIVAK D I, GIESA T, WOOD E, et al. Category theoretic analysis of hierarchical protein materials and social networks[J]. Public library of science ONE, 2011, 6(9): 1-15

[88] JOHNSON M, ROSEBRUGH R. Three approaches to partiality in the sketch data model[C]// Proceedings of Computing: the Australasian Theory Symposium. Melbourne: Australasian Computer Science Week, 2003: 1-18.

[89] 杨潇，马军，侯金奎. 基于特征和范畴理论的体系结构模型形式化描述[J]. 计算机集成制造系统，2009，15(7)：1317-1322.

[90] 王金全，郑宇军. 基于范畴计算的多目标语言程序生成架构[J]. 计算机科学，2011，38(4)：185-187.

[91] JOHNSON M, ROSEBRUGH R. Implementing a category information system[J]. Lecture notes in computer science, 2008, 5140: 232-237.

[92] BANCILHON F, SPYRATOS N. Update semantics of relational views[J]. ACM transactions on database systems, 1981, 6(4): 557-575.

[93] BOHANNON A, VAUGHAN J, PIERCE B. Relational lenses: A language for updatable views[C]. In: Proceedings of the twenty-fifth ACM SIGMOD-SIGACT-SIGART symposium on Principles of database systems, Illinois: USA. 2006: 338-347.

[94] FOSTER J, GREENWALD M, MOORE J, et al. Combinators for bi-directional tree transformations: A linguistic approach to the view update problem[J]. ACM Transactions on programming languages and systems, 2007, 39(3): 233-246.

[95] JOHNSON M, ROSEBRUGH R, WOOD R. Algebras and update strategies[J]. Journal of universal computer science, 2010, 16: 729 - 748.

[96] CHANG K H, GONG Y, KHAN A R, et al. DCWA: Distributed collaborative writing aid[R]. Alabama: Department of Computer Science and Engineering, Auburn University, 1994.

[97] 史美林，向勇，杨光信，等. 计算机支持的协同工作理论与应用[M]. 北京：电子工业出版社，2000.

[98] MAURO I, ROMOLO M, Davide C, et. al. The ultimate share-everything PDES system [C]// Proceedings of the 2018 ACM SIGSIM Conference on Principles of Advanced Discrete Simulation, Rome, Italy, 2018: 73 - 84.

[99] UKWANDU E, BUCHANAN W J, RUSSELL G. Performance evaluation of a fragmented secret share system [C]// International Conference On Cyber Situational Awareness, Data Analytics And Assessment (Cyber SA), London, England, 2017: 414 - 425.

[100] SHI X Y, WANG Y, LV F S, et. al. Finding communities in bicycle sharing system[J]. Journal of visualization, 2019, 22 (6): 1177 - 1192.

[101] HAYES R B. A blackboard architecture for control[J]. Artificial intelligence. 1985, 26(3): 251 - 321.

[102] CORKILL D D, KEVIN Q G, KELLY E M. GBB: a generic blackboard development system [C]// Proceedings of the Fifth National Conference on Artificial Intelligence. Philadelphia, Pennsylvania: AAAI Press, 1986: 1008 - 1014.

[103] RUSSOMANNO D J, BONNELL R D, BOWLES J B. A blackboard model of an expert system for failure mode and effects analysis [C]// Reliability and Maintainability Symposium. Las Vegas, NV. 1992: 483 - 490.

[104] ROBERT T C, EFRAIM T. Distributed intelligent executive information systems[J]. Decision support systems, 1995, 14(2): 117 - 130.

[105] CINDIO F D, MICHELIS G D, SIMONE C, et al. Chaos as coordination technology[C]// Proceedings of the ACM conference on Computer-supported cooperative work. New York: ACM Press, 1986: 325 - 342.

[106] MICHELIS G D, GRASSO M A. Situating conversations within the language/action perspective: the Milan Conversation Model[C]// Proceedings of the 5th ACM conference on Computer-supported cooperative work. Chapel Hill, North Carolina: ACM Press, 1994: 89 - 100.

[107] DEPAOLI F, TISATO F. A model for real-time co-operation[C]// Proceedings of the second conference on European Conference on Computer-Supported Cooperative Work. MA, USA: ACM Press, 1991: 203 - 217.

[108] GREGERSEN H. The formal semantics of the TimeER model[C]// Proceedings of the Third Asia-Pacific Conference on Conceptual Modeling. Hobart, Australia: Australia Computer Society, 2006: 35 - 44.

[109] 苗德成. 共享系统数据模型研究与应用[D]. 广州: 华南理工大学出版社, 2012.

[110] POWER J, WATANABE H. Combining a monad and a comonad [J]. Theoretical computer science 280, 2002: 137 - 162.

[111] POWER J, WATANABE H. Distributivity for a monad and a comonad[C]// Proceedings Second Workshop of CMCS'99, 1999: 1 - 14.

[112] POWER J, SHKARAVSKA O. From comodels to coalgebras: state and arrays[J]. Electronic notes in theoretical computer science, 2004, 7(5): 453 - 468.

[113] LENISA M, POWER J, WATANABE H. Distributivity for endofunctors, pointed and co-pointed endofunctors, monads and Comonads[C]// Coalgebraic Methods in Computer Science(CMCS'00), Electronic Notes in Theoretical Computer Science, number 33, 2000: 233 - 263.

[114] HUGHES J. A study of categories of algebras and coalgebras[D]. Pittsburgh PA: Carnegie Mellon University, 2001.

[115] STREET R. Weak distributive laws[J]. Theory and applications of categories, 2009, 22(12): 313-320.

[116] LEWIS J R, SHIELDS M B, MEIJER E, et al. Implicit parameters: dynamic scoping with static types[C]// Proceedings of 27th ACM SIGPLAN-SIGACT Symposiums on Principles of Programming Languages. New York: ACM Press, 2000: 108-118.

[117] UUSTALU T, VENE V. Signals and comonads[J]. Journal of universal computer science, 2005, 22(7): 1310-1326.

[118] UUSTALU T, VENE V. Comonadic functional attribute evaluation [J]. Trends in functional programming, 2007, 6: 145-162.

[119] HASUO I, JACOBS B, UUSTALU T. Categorical views on computations on trees [J]. Lecture notes in computer science, 2007, 4596: 619-630.

[120] MOGGI E. Notions of computation and Monads[J]. Information and computation, 1991, 93: 55-92.

[121] MøGELBERG R E, STATON S. Full abstraction in a metalanguage for state[J]. In Workshop on syntax and semantics of low level languages, 2010, 18: 126-145.

[122] EGGER J, MøGELBERG R E, Simpson A. Linearly-used continuations in the enriched effect calculus[J]. Lecture notes in computer science, 2010, 6014: 18-32.

[123] LEVY P B. Call by push value, a functional/imperative synthesis [J]. Semantic structures in computation, 2004, 2: 1-47.

索　引

B

不相交并(disjoint union)5

包含函子(inclusion functor)6

伴随函子(adjoint functors)17

不相交和(disjoint sum)30

标记(signature)34

巴克斯-诺尔范式(Backus-Naur form)34

部分函数(partial functions)44

标称集(nominal set)136

C

常态射(constant morphism)3

初始对象(initial object)4

常函子(constant functor)6

重索引函子(reindexing functor)62

粗糙集(rough sets)80

词范畴(lextensive category)119

叉积(cross product)132

D

对偶原理(duality principle)2

单态射(monomorphism)3

等值子(equalizer)11

单位(unit)17

对偶卡式射(opcartesian arrow)25

单射等价类(equivalence classes of monos)27

对偶裂纹(opcleavage)28

对偶重索引函子(opreindexing functor)63

单类索引归纳数据类型(single-sorts index inductive data types)69

多类索引归纳数据类型(many-sorts index inductive data types)69

多类代数(many-sorted algebra)77

点态(pointed)127

F

范畴值函子(category-value functor)6

泛性质(universal properties)11

分裂子(splitting)28

分裂性(split)28

泛和(universal sum)30

泛代数(universal algebra)40

泛映射(universal mapping)120

泛转换(universal translation)126

G

共论域(codomain)1

共常态射(coconstant morphism)3

骨架(skeleton)8

共锥(cocone)11

共等值子(coequalizer)11
共完备范畴(cocomplete category)13
共单位(counit)17
共折叠函数(unfold function)21
共模态(comonadic)39
共变幂域(covariant power set)42
归纳数据类型(inductive data types)55
共归纳数据类型(coinductive data types)55
构造演算(calculus of constructions)56
高阶对象(higher-ordered objects)57
共点态(copointed)127

H

恒等态射(identity morphism)1
恒等函子(identity functor)1
和范畴(sum category)4
函子范畴(category of functors)8
和共锥(sum cocone)13
核对(kernel pair)16
含幺半群(monoid)19
函子化提升(lifting functors)57
互递归(mutual recursion)75
红黑树(red black trees)79
环境传递(environment-passing)136

J

局部小范畴(local small category)2
积范畴(product category)4
集值函子(set-value functor)6
交换图表(commutative diagram)9
积锥(product cone)13
基范畴(base category)26
结构分析与设计语言(architecture analysis & design language)40
集值函数(set-valued functions)57
基变换(change of base)93
即时语义(instantaneous semantics)126
兼容性更新(compatible update)127
级联插入(cascade insert)128

K

可靠的(faithful)7
卡式射(Cartesian arrow)25
卡式闭范畴(Cartesian closed category)39

L

论域(domain)1
零态射(zero morphism)3
拉回(pullback)11
离散锥(discrete cone)11
离散共锥(discrete cocone)12
裂纹(cleavage)28
理论(theory)30

M

满态射(epimorphism)3

模(monad)19

模型范畴(model category)29

N

内核小语言(kernel small language)34

内涵函子(comprehension functor)58

内涵语义(intensional semantics)125

P

平行态射(parallel morphism)14

Q

切片范畴(slice category)2

全子范畴(full subcategory)4

群同态(group homomorphism)6

全范畴(total category)26

强共归纳(strong coinduction)39

全函数(total functions)45

前束范式(prenex normal form)57

丘奇编码(Church code)90

S

射范畴(arrow category)2

双态射(bimorphism)3

商范畴(quotient category)4

商函子(quotient functor)7

素描(sketch)29

数据模型(data model)29

素描范畴(category of sketch)32

双代数(bialgebras)39

索引归纳数据类型(indexed inductive data types)55

索引共归纳数据类型(indexed coinductive data types)55

时态数据模型(temporal data model)108

上下文依赖(context dependent)136

T

同构态射(isomorphism)3

同余关系(congruence relation)5

图表(diagram)9

图同态(graph homomorphism)9

推出(pushout)11

拓扑斯(topos)135

同态(homomorphism)139

W

完全的(full)7

完备范畴(complete category)12

完全偏序(complete partial order)45

外延语义(extensional semantics)125

X

效果计算(effects computation)21

纤维化(fibered)26

纤维(fiber)27
形式规约描述(formal specification description)33
纤维化归纳数据类型(fibered inductive data types)55

Y

遗忘函子(forgetful functor)6
有限完备范畴(finitely complete category)12
有限共完备范畴(finitely cocomplete category)13
有效数据类型(effectful data types)21
有限离散素描(finite discrete sketch)29
语言族模型(language family model)35
一阶谓词逻辑语言(object constraint language)54

Z

自然变换(natural transformation)1
摹状词(description)1
自对偶(endo-dual)3
终结对象(terminal object)4
自然性(natural property)7
锥(cone)11
正则单态射(regular monomorphism)14
正则满态射(regular epimorphism)15
正则范畴(regular category)16
正则函子(regular functor)16
折叠函数(fold function)20
指数对象类型(exponential object type)45
最小不动点(least fixed point)57
着色树(colored trees)79
最大不动点(maximal fixed point)94
脏计算(impure computation)136